四川盆地叠覆型致密砂岩气区
地质特征与评价方法

谢刚平　朱宏权　叶素娟　杨克明
张世华　张　庄　张克银　李　旻 等 著

科学出版社

北京

内 容 简 介

本书从构造、层序、沉积、储层等方面系统阐述了四川盆地致密砂岩气藏的地质特征。在气源对比和源储组合关系研究的基础上，将四川盆地陆相气藏划分为远源、近源和源内三大成藏体系。针对三大成藏体系，明确了不同体系成藏机理与时空叠覆关系，总结了不同成藏体系天然气成藏主控因素及多要素耦合下的油气富集规律。以油气运聚、成藏、富集、改造过程为评价主线，在成藏主控因素分析及油气富集规律研究的基础上，形成了叠覆型致密砂岩气区三级三元动态评价流程，针对不同成藏体系开展天然气高产富集区的动态评价，优选了有利勘探目标。

本书理论与实践相结合，既可供油气田生产单位使用，也可以作为石油大专院校的教学参考书。

图书在版编目（CIP）数据

四川盆地叠覆型致密砂岩气区地质特征与评价方法／谢刚平等著．—北京：科学出版社，2018.4

ISBN 978-7-03-057111-3

Ⅰ.①四… Ⅱ.①谢… Ⅲ.①四川盆地-致密砂岩-砂岩油气藏-地质特征-研究 Ⅳ.①P618.130.2

中国版本图书馆 CIP 数据核字（2018）第 070518 号

责任编辑：王 运 姜德君／责任校对：张小霞
责任印制：肖 兴／封面设计：铭轩堂

科 学 出 版 社 出版
北京东黄城根北街 16 号
邮政编码：100717
http://www.sciencep.com

北京汇瑞嘉合文化发展有限公司 印刷
科学出版社发行 各地新华书店经销

*

2018 年 4 月第 一 版 开本：787×1092 1/16
2018 年 4 月第一次印刷 印张：17 1/2
字数：420 000

定价：228.00 元
（如有印装质量问题，我社负责调换）

前　　言

致密砂岩气是非常规天然气的主要类型，在全世界各产气盆地中广泛分布，是常规天然气资源最重要的后备补充之一。与页岩气和煤层气等非常规天然气相比，致密砂岩气具有技术可采资源量大且可信度高、开发技术相对成熟、开发成本相对较低的特点，储量、产量在非常规天然气中占有主导地位（戴金星等，2012；张国生等，2012），是中国目前最为现实的非常规天然气资源。综合预测结果表明，中国致密砂岩气技术可采资源量为 $11\times10^{12}\,m^3$（贾承造等，2012；李建忠等，2012），预计到 2020 年中国致密砂岩气年产量将达到 $800\times10^8\,m^3$（张国生等，2012），约占天然气总产量的 40%，页岩气年产量达到 $200\times10^8\,m^3$，煤层气年产量达到 $150\times10^8\,m^3$（潘继平等，2016）。因此，在今后的 $10\sim20$ 年，致密砂岩气将成为中国天然气开发利用的主体资源之一，并在中国非常规天然气勘探开发中继续发挥先导作用。

四川盆地是中国致密砂岩气发现、开发最早的地区。自 1971 年在川西发现了中坝致密砂岩气田至今，已陆续发现了广安、合川、孝泉-新场、马井-什邡、新都-洛带、白马庙、邛西、磨溪、八角场等众多大中型致密砂岩气田，已发现的陆相产层有 11 个。截至 2015 年年底，四川盆地陆相碎屑岩层系累计探明天然气地质储量 $10284.08\times10^8\,m^3$。其中，新场须家河组、成都蓬莱镇组、广安须家河组及合川须家河组等气藏储量规模均超过千亿立方米，显示了四川盆地陆相油气勘探的巨大潜力。

随着致密砂岩气在四川盆地的陆续发现及勘探认识程度的不断提高，国内许多学者结合国内外已发现致密砂岩气藏地质特征的剖析对四川盆地致密砂岩气藏进行了类比分析和探讨（叶军，2003；杨克明，2006；邹才能等，2009；戴金星等，2012；杨克明等，2012；童晓光等，2012；李建忠等，2012；陈昭国，2012；王鹏等，2012；杨克明和朱宏权，2013；李剑等，2013）。与深盆气藏、连续型油气藏等典型致密砂岩气藏对比，四川盆地致密砂岩气具有以煤系地层为主要烃源岩、储层致密、气水关系复杂等共性特征，同时，在气藏纵横向分布特征、圈闭类型、源储关系、成藏期次、成藏动力及运聚方式等方面存在明显差异。四川盆地致密砂岩气纵向分布层位跨度大，气藏分布从深层上三叠统须家河组至中浅层侏罗系白田坝组、千佛崖组、沙溪庙组、遂宁组和蓬莱镇组及白垩系；气藏既可以分布在凹陷、斜坡区，又可以分布在构造高部位；圈闭类型多样，岩性圈闭、构造圈闭、构造-岩性圈闭等均有发育；源储组合关系复杂，既存在自生自储、源储一体的源内气藏，又存在下生上储、源藏伴生的近源气藏，还存在源储跨越的远源次生气藏；气藏多期次成藏，天然气充注时间可以在储层致密化前，也可以在储层致密化后或与储层致密化过程同步；运聚方式多样，短距离一次面状运移与长距离二次网状运移共存。

实践证实，四川盆地致密砂岩气藏在平面上广泛分布，含气边界不受构造控制，圈闭内高点、构造圈闭之外的低部位或凹陷斜坡区均可富集天然气。同时，储层普遍致密且具强非均质性，低孔致密储层及高孔优质储层中均可富集天然气。这种高位低位、高孔低孔富气共存、圈闭类型丰富多样、气水分布复杂多变的现象既不能用常规气藏成因理论予以解释，也不能用非常规深盆气藏或连续性气藏成因机制进行解释。因此，需要在分析总结四川盆地致密砂岩气藏地质特征、成藏机理、成藏模式和分布规律的基础上，提出新的概念及成藏地质理论以对该类型致密砂岩气藏的勘探实践提供理论指导。

四川盆地致密砂岩气藏经历了不同成藏动力、不同输导方式、不同类型气藏在时空上的复合叠加，是由不同烃源层系与不同储集层系，由多种成藏机制在盆地演化不同阶段形成的不同成因机制、不同类型气藏在时空上叠加而形成的复杂气藏群，称为叠覆型致密砂岩气区。气区具有纵向上多个成藏体系、多种类型气藏相互叠置、平面上大面积广覆连片、气藏形成演化具多阶段性、空间分布具多方位性的特征。叠覆型致密砂岩气区新概念的提出是中国致密砂岩气富集分布规律的深化，指导勘探思路"由简单构造带向复杂构造带、由隆起带向凹陷-斜坡区、由构造圈闭向大面积岩性圈闭、由单一气藏向多气藏"转变，"十二五"期间在川西地区发现并建成了成都、中江两个大中型气田，累计提交探明储量 $2253.1 \times 10^8 \mathrm{m}^3$。

本书以四川盆地叠覆型致密砂岩气区地质特征和富集规律为主要内容，从构造、沉积、储层等方面全面、系统阐述了四川盆地叠覆型致密砂岩气区的形成条件和基本地质特征，论述了四川盆地叠覆型致密砂岩气区多阶段、多来源、多类型气藏在时空上复合叠加的成因机制，总结了天然气成藏主控因素与富集规律，形成了叠覆型致密砂岩气区三级三元动态选区评价方法，对有利区带和目标进行了预测。全书共包含以下 7 个方面的内容。

（1）总结了四川盆地叠覆型致密砂岩气区构造背景、构造演化特征及构造样式。中生代以来众多小板块汇聚碰撞的动力学背景导致四川盆地经历了多期次、多边界构造运动，盆地类型多样，表现出多原型盆地叠合的特征。同时，受多期构造运动影响，构造样式具有多方向、多类型且相互叠加改造的特征。构造变形对油气富集具有一定的控制性作用。

（2）建立了四川盆地陆相等时地层格架，综合分析了川西前陆盆地陆相"脉冲式波动"二元体系域结构特征，明确了二元体系域层序结构形成机制，建立了二元体系域层序结构发育模式。受盆地周缘山系周期性的幕式逆冲挤压、松弛及古气候变化影响，川西前陆盆地层序地层呈现出特殊的"下粗上细"二元层序结构，垂向上构成了三角洲相砂体与湖相泥岩广覆式间互的沉积充填特征，造就了多套烃源岩、多套储集层、多套生储盖组合及大面积岩性圈闭的形成。

（3）系统研究了四川盆地陆相不同沉积时期的物源供给，刻画了不同层系沉积体系的展布。四川盆地多期次、多边界活动的构造背景造成了沉积物源的多源性，以及沉积体系的多样性和叠合性。晚三叠世至新生代四川盆地广泛分布来自不同物源的远源、近源三角洲沉积，表现出长短轴物源共存、近源远源汇砂、多物源供给、多沉积体系发育、砂体纵向多层叠置、横向广覆连片的特征，为四川盆地多层系、大面积连续分布的砂岩储集体及叠覆型致密砂岩气区的形成提供了沉积基础。

（4）系统分析了四川盆地陆相致密砂岩储层的纵横向变化规律，总结了叠覆型致密砂岩气区形成的储层条件，建立了川西坳陷主要储层段的孔隙演化模式，探讨了影响储层发育的主要地质因素，并在成岩相定量评价的基础上建立了储层综合定量预测模型。四川盆地碎屑岩储层总体属于低孔低渗致密-超致密砂岩储层，同时在岩石组分、储集空间类型、物性特征、孔隙结构特征、成藏物性及可充注孔喉下限等方面表现出极强的纵横向非均质性，储层类型多样，不同类型流体动力场共存。受叠合盆地多旋回沉积构造演化与多期复杂成岩作用等多种地质因素综合作用，储层形成演化具有多阶段性，各层段在不同地质历史时期发育不同类型的储层。储层总体表现出"沉积、成岩、构造-裂缝"控储的特征，同时不同层段有利储层发育的关键因素有所差别。总体上，远物源、高能沉积相带、中等强度成岩作用叠合、断层、裂缝发育带有利于储层的形成。根据岩石类型、沉积相、定量成岩相，以及构造、断层特征等研究成果，对有利储层的分布进行了综合定量预测评价。

（5）开展了四川盆地陆相气藏成藏机理及动态成藏模式研究。以气源对比研究为依据，以源储组合关系为核心，将四川盆地陆相气藏划分为远源、近源和源内三大成藏体系。针对三大成藏体系，开展气源、成藏时间及期次、成藏动力、运移机制、油气生运聚史，以及天然气充注、储层致密化过程、输导体系演化与油气运聚、成藏、富集、改造的时空配置关系等方面的研究，明确成藏机理，阐明动态成藏过程，建立动态成藏模式。

（6）阐述了叠覆型致密砂岩气区的基本特征及形成条件。针对气区内三大成藏体系，在典型气藏精细剖析的基础上，总结不同成藏体系天然气成藏主控因素及多要素耦合下的油气富集规律。叠覆型致密砂岩气区具有"叠合性、广覆性、节律性、模糊性、多样性"的地质特征。总体上，四川盆地叠覆型致密砂岩气区表现出"源控区，相控带，位控藏"三元控藏的特征，即有效烃源灶的控制范围决定了气藏的分布区域，有利沉积相带、成岩相带的展布决定了气藏的分布和形成规模，继承性的古隆起、古斜坡控制了天然气聚集区带，有效的裂缝系统控制了油气的高产富集。同时，不同成藏体系天然气富集规律有所差别。

（7）形成了叠覆型致密砂岩气区三级三元动态评价流程，针对不同成藏体系开展天然气高产富集区的动态评价，优选了有利勘探目标。以油气运聚、成藏、富集、改造过程为评价主线，在成藏主控因素分析及油气富集规律研究的基础上，分别梳理区带-圈闭-目标三个层级的控藏因素，以不同关键成藏期"源-相-位"三元控藏因素为评价指标，确定每一关键要素成藏标准，开展叠覆型致密砂岩气区天然气高产富集区的动态评价。优选出来的成都凹陷侏罗系及川西拗陷东斜坡侏罗系成为"十二五"期间天然气发展的重要阵地，发现并建成了成都、中江两个大中型气田，累计提交探明储量 $2253.1\times10^8\mathrm{m}^3$。同时，优选出川西梓潼凹陷须家河组四段和中侏罗统上沙溪庙组、川西成都凹陷中侏罗统下沙溪庙组、川西拗陷东坡须家河组二段和四段、阆中须家河组、通江凹陷须家河组二段和四段8个目标作为四川盆地陆相"十三五"期间的重点勘探目标。

本书依托国家科技重大专项"四川盆地碎屑岩层系油气富集规律与勘探评价"课题研究成果，是中国石油化工股份有限公司西南油气分公司"十二五"期间及之前几十年地质综合研究成果的总结。全书共分七章：前言由谢刚平、朱宏权、叶素娟等执笔；第一章由杨克明、李旻、郭卫星等执笔；第二章由张庄、叶素娟、张玲、阎丽妮、付菊等执笔；第三章由叶素娟、杨映涛、蔡李梅等执笔；第四章由张克银、叶素娟、南红丽、田军、吕志洲等执笔；第五章由朱宏权、杨克明等执笔；第六章由张世华、叶素娟、杨映涛、黎青、田军、王威、付菊、李学明、王莹等执笔；第七章由张世华、南红丽、叶素娟、黎青、张庄等执笔。全书由朱宏权、叶素娟统稿，最后由谢刚平对全书进行审阅定稿。杨永剑、何建磊、颜学梅、王玲辉、伍玲、李文茂等完成了大量图件的清绘工作。

作者对为本书的出版付出辛勤劳动和技术贡献的广大科技人员表示衷心的感谢。由于四川盆地的极其复杂性和勘探地域的局限性,本书研究存在一定的局限性和不均衡性,一些观点和认识难免有不足之处,请广大读者批评指正。

目　　录

第一章 四川盆地陆相层系构造特征

第一节 区域地质背景

一、大地构造背景

四川盆地位于扬子板块西北缘，西以龙门山为界与印度板块、青藏高原相邻，北以秦岭造山带为界与华北板块相接，位于几个板块的结合部位（图1-1）。

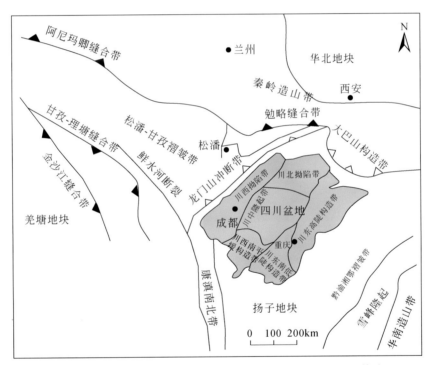

图1-1 四川盆地及邻区大地构造位置图（据杨克明等，2012 修编）

中生代以来受特提斯–喜马拉雅构造域、太平洋构造域的共同作用，扬子板块周缘构造活动十分活跃。自印支运动开始，四川盆地先后经历了古特提斯洋北支秦岭海槽的封闭、古特提斯洋的封闭、中特提斯洋的开启与封闭，以及新特提斯洋的开启与封闭等重大地质事件（图1-2）。

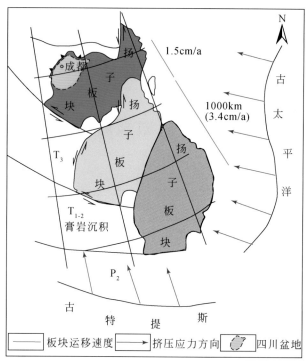

图1-2　四川盆地动力学背景及运动学特征图（据王二七和孟庆任，2008 修编）

1. 印支期，古特提斯洋闭合，龙门山全面造山，盆地表现出"二山一盆"的结构特征

在前人研究的基础上，本书结合地层接触关系、构造变形特征、沉积特征，对印支运动的动力学背景进行了梳理，印支期在四川盆地主要有四幕构造活动。

（1）印支Ⅰ幕（T_2-T_3）：表现为扬子板块与华北板块碰撞，古特提斯洋北支自东向西关闭，南秦岭造山并向南逆冲推覆。

本次运动是印支运动主幕，具有变革运动性质。结束了海相克拉通盆地的发育历史。造成四川盆地全面隆升，海水大面积自东向西退缩。中三叠统天井山组（T_2t）被剥蚀殆尽，中三叠统雷口坡组（T_2l）也遭到不同程度的剥蚀。盆地中三叠统与上三叠统广泛呈角度–平行不整合接触，在雷口坡组顶部发育与不整合面有关的优质碳酸盐岩储层。

勉略缝合带近 EW 向的展布特征，导致了板内近南北向的强烈挤压，在南秦岭一带形成一系列近 EW 向构造带，同时在四川盆地西部中段，形成了新场近 EW 向的巨型长垣，奠定了四川盆地西部中新生代"一隆两拗"的构造格局。因此，将此次构造事件称作"新场运动"（杨克明等，2012；杨克明，2014）。

（2）印支Ⅱ幕（$T_3t-T_3x^2$）表现为受古特提斯洋北支自东向西关闭的影响，平武地体与扬子板块发生碰撞，龙门山北段开始隆升。自下向上由海相碳酸盐岩沉积逐渐演变为海陆过渡相及陆相碎屑岩沉积，总体表现为地壳缓慢隆升，其间并无大的构造运动存在。

（3）印支Ⅲ幕是上三叠统须四段与须三段沉积之间的一场运动。王金琪（1990）将其命名为"安县运动"，认为此次运动具有区域性质。本书认为须三期末扬子板块与松潘造山带之间的陆陆碰撞只是一次局部事件，扬子与羌塘两大块体并未完全拼合，该次构造运动只在局部有反映，不具变革构造性质。依据如下：第一，龙门山前缘的大范围地面地质调查和川西拗陷大量地震勘探揭示，四川盆地内部不存在须三段与须四段之间的不整合接触（邓康龄，2007）；第二，须四段底部发育的一套扇三角洲沉积环境的底砾岩，只分布在德阳-什邡一线以北，代表北部地区的一次构造事件；第三，张敏等（2013）从分子地球化学角度，通过精细剖析研究区气源岩生物标志化合物组合特征，揭示四川盆地晚三叠世须家河期存在明显的海侵事件；第四，施振生等（2012）通过对露头及岩心样品黏土矿物、硼含量、有机地球化学等分析认为，四川盆地须一段—须三段为海相沉积，须三段之后，由于龙门山南段的抬升，四川盆地与外海逐渐失去联系，但仍受到海侵作用的影响；第五，郑荣才等（2008）在什邡金地地区须四段—须五段中发现海相生物化石。这些证据均表明海水并未彻底退出川西，在南部地区仍保持与特提斯海水相通的残余被动大陆边缘盆地性质。

（4）印支Ⅳ幕（T–J）表现为古特提斯洋完全闭合并向西南萎缩，龙门山全面造山，大规模隆升并向盆内逆冲推覆（图1-3），川西拗陷中北部由拗陷转变为剥蚀区，缺乏"须六段"，侏罗系与下伏地层呈明显角度不整合接触。该期构造运动主要影响四川盆地西部地区。

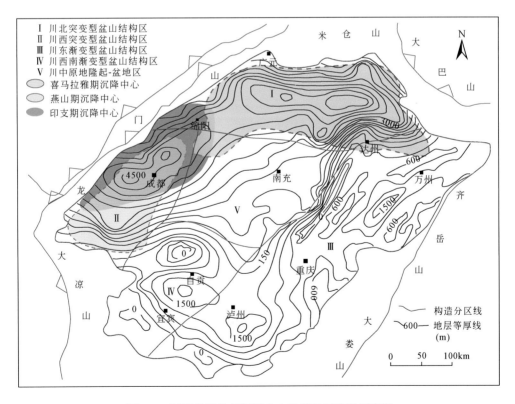

图1-3　四川盆地陆相沉降中心及其地层残留厚度图

综上所述，印支运动在四川盆地主要有四幕，其中印支Ⅰ幕运动是主幕，是印支期影响四川盆地最大的一次构造运动。

2. 燕山期，中特提斯洋闭合，太平洋板块扩张，米仓大巴逆冲造山，齐岳山隆升，盆地表现为"三山一盆"的结构特征

整个燕山期，受中特提斯构造域与太平洋构造域的影响，盆地西缘龙门山及北缘的米仓山、大巴山表现出频繁交替隆升的构造活动特征，其中龙门山表现相对平静，而扬子北缘的南秦岭表现较为活跃。燕山期在四川盆地主要有三幕五次构造活动。

（1）燕山早幕包括两次活动，分别发生于早侏罗世末和中侏罗世千佛崖期，二者在龙门山前表现均不十分明显，仅局部发育砾岩和微角度不整合（图1-3）。但在川西复合前陆盆地内部，燕山早幕形成了近EW向展布的3个"隆起"带：中坝–九龙山、绵竹–盐亭和邛崃–新津，成为后期油气聚集的关键地带。

（2）燕山中幕也有两次活动，分别发生于晚侏罗世蓬莱镇组沉积前和沉积后。对于前者，尽管缺乏不整合记录，但广元、安州等地莲花口组发育厚达千余米的冲积扇砾岩，反映了龙门山北部地区发生了新的构造运动。此外，川西拗陷中侏罗统上、下沙溪庙组总体以富长石为特征，同时龙门山前带可见较多岩屑砂岩，表现出明显的混源特征，进一步反映了燕山中期龙门山小规模的频繁活动。对于后者，除了同样发育的下白垩统砾岩外，龙门山中段前缘地震剖面上可见到清晰的角度不整合接触。燕山中期的构造运动使前期形成的NE向和近EW向构造得到进一步发展。

（3）燕山晚幕运动是整个燕山期对川西复合前陆盆地影响最强烈的事件。尽管对此次运动缺乏确切的时间记录，但基于以下几点将其置于早白垩世末是比较合理的。首先，早白垩世后整个四川盆地北部结束沉积、隆升遭受剥蚀；拗陷南段下白垩统也不同程度遭受剥蚀，邛崃地区剥蚀殆尽，并在晚白垩世和古近纪形成新的拗陷中心。其次，磷灰石裂变径迹热史模拟表明，龙门山北段前缘上侏罗统莲花口组砂岩大致于100Ma达到最大埋深，此后逐渐抬升到地表。再次，从变形上来看，北段在新生代无明显的新生断裂发育，且较南段的变形层次深，表明形成时间更早。燕山晚幕运动使早期发育的NE向和近EW向构造进一步强化，并最终使川西复合前陆盆地北段的近EW向构造和大部分NE向构造定型。

3. 喜马拉雅期，新特提斯洋闭合，印度板块与欧亚大陆碰撞，大凉山隆升，盆地表现为"四山一盆"的结构特征

始新世特提斯洋关闭，印度板块与欧亚大陆碰撞敛合，这一构造事件在四川盆地产生的影响主要表现在4个方面。

（1）结束了陆相沉积历史。古近纪至第四纪，随着新特提斯洋的关闭和印度–欧亚板块的陆陆碰撞，产生SN向的远距离挤压传递，形成青藏高原，同时使青藏高原东部向东挤出，与扬子板块西端的四川盆地相互挤压，结束了大范围的陆相沉积，四川盆地基本形成。之后进入陆内盆地强烈挤压褶皱构造变形和风化剥蚀改造阶段。

（2）川西前陆不断被卷入褶皱带，龙门山大规模向东推覆滑脱。龙门山褶皱造山的构造活动再次加强，且主要集中在中南段。龙门山前的构造挤压向东远距离传递整个四川盆地（图1-3），盆地内产生广泛的盖层褶皱。

（3）由于 EW 向的挤压，在康滇地区产生了 SN 向的盖层褶皱变形，受其影响，在川西前陆形成了合兴场–石泉场、汉王场、大兴西等 SN 向的构造带。

（4）盆地整体大幅度抬升，改变了早期陆相气藏及地层的温压条件，导致盆地陆相气藏大规模二次成藏。

二、四川陆相盆地构造单元划分

依据四川盆地所处的大地构造背景、盆地基底特征、盆内构造特征和沉积特征，将盆地划分为 6 个二级构造单元（表 1-1，图 1-4），划分依据如下。

表 1-1　四川盆地构造单元划分表

一级构造单元	二级构造单元	三级构造单元
四川盆地	川西拗陷带	龙门山前断褶带
		新场构造带
		龙泉山构造带
		中江斜坡
		梓潼凹陷
		成都凹陷
	川北拗陷带	米仓山冲断带
		九龙山背斜带
		通南巴背斜带
		仪陇–平昌低缓褶皱带
		通江凹陷
		池溪凹陷
		南江单斜带
	川中隆起带	
	川东高陡构造带	
	川东南低陡构造带	璧山–永川断褶带
		赤水褶皱带
	川西南平缓构造带	

1. 川西拗陷带

川西拗陷带西界为龙门山江油–都江堰–双石断裂带，东界为龙泉山断裂带，向北沿着梓潼向斜延伸至广元，北界和南界为盆地边缘。川西拗陷自晚三叠世以来，一直处于四川陆相盆地沉积中心，累计沉积陆相地层 6000～7000m，并且是四川盆地第四系沉积区。构造轴线以 NE 向、EW 向和 SN 向为主，浅层发育的褶皱与断裂，向下消失在中、下三叠统膏盐层中（图 1-5）。北部中坝、安县构造在印支期已经具有背斜雏形，燕山期又构造叠加，构造样式以断展背斜为主。中部孝泉–丰谷为印支期形成雏形、燕山期定型的构造带，

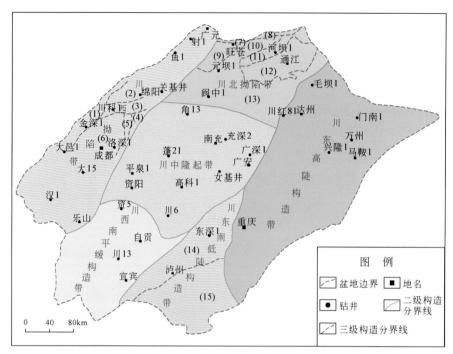

图 1-4 四川盆地构造分区图

（1）龙门山前断褶带；（2）梓潼凹陷；（3）新场构造带；（4）中江斜坡；（5）龙泉山构造带；（6）成都凹陷；
（7）米仓山冲断带；（8）南江单斜带；（9）九龙山背斜带；（10）池溪凹陷；（11）通南巴背斜带；（12）通江
凹陷；（13）仪陇-平昌低缓褶皱带；（14）壁山-永川断褶带；（15）赤水褶皱带

南部平落坝也为燕山期构造。西部、北部分别受到龙门山冲断带和米仓山冲断带的作用，
"5·12"大地震表明龙门山断裂仍然活动。由于受到多期构造运动影响，复合构造发育。

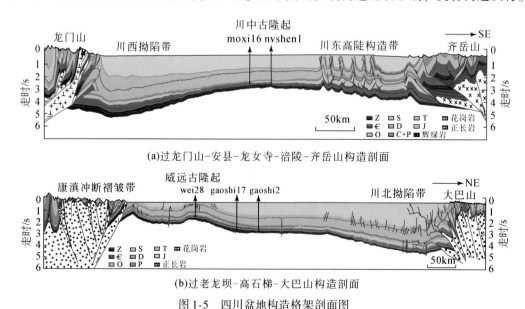

(a)过龙门山-安县-龙女寺-涪陵-齐岳山构造剖面

(b)过老龙坝-高石梯-大巴山构造剖面

图 1-5 四川盆地构造格架剖面图

根据沉积和构造形变特征，又可将川西拗陷带划分为 6 个三级构造单元（表 1-1，图 1-4）。

1）龙门山前断褶带

龙门山前断褶带西界为江油–都江堰断裂，东界彭县断裂向北延伸到双鱼石，向南延伸到名山一线。龙门山前缘构造的活动时期自北向南依次变晚，在其中段、南段，特别是南段，明显有构造形变逐步向川西拗陷内传播的特点。自北而南呈 NE 走向分布着双鱼石、中坝、安州、绵竹、白鹿场、鸭子河、金马、大邑和平落坝等构造，这些构造的走向与其邻近的龙门山推覆体构造前缘大致平行。龙门山前断褶带北窄南宽，反映自北向南龙门山形变由强减弱，北段为叠瓦状前展式构造样式，到中段则为后展式，到南段发育高家场、三合场–水口场、邛西–平落坝背斜带，其间向斜相隔。

2）新场构造带

新场构造带西界为龙门山前断褶带，北界为绵阳以北的梓潼凹陷，南界与成都凹陷和龙泉山构造带相接，东侧为川中隆起带。孝泉–丰谷为印支期形成雏形、燕山期定型构造带，为大型天然气富集带。

3）龙泉山构造带

龙泉山构造带位于川西拗陷的东侧，龙泉山构造带北面与新场构造带相接，西侧为成都凹陷，东侧为川中隆起。龙泉山构造带是川西前陆盆地的前隆部位，是龙门山冲断带的前锋与川中刚性地块相互作用的结果。龙泉山构造带北段为 SN 向构造，南段为 NE 向构造。

4）中江斜坡

中江斜坡是川中古隆起向西与川西拗陷过渡的斜坡带，整体构造形变较弱，主要包括黄鹿向斜和中江–回龙构造，构造走向为 NE 向、NEE 向和 NW 向。

5）梓潼凹陷

梓潼凹陷位于川西拗陷的北东侧，是川西拗陷构造形变最弱的区域，褶皱、断裂均不发育。

6）成都凹陷

成都凹陷位于新场构造带以南，熊坡断裂以北，西侧为龙门山前断褶带，东侧以龙泉山构造带为界，是古近系和新近系的沉积凹陷区，分布有马井、洛带和温江等背斜，发育中小型断裂，构造形变强于梓潼凹陷。

2. 川北拗陷带

川北拗陷带位于盆地的北部，在侏罗纪，受盆地北缘米仓山、大巴山推覆作用影响，在山前拗陷发生强烈沉降，形成川北拗陷带。同时，米仓山、大巴山 NE 向构造带向 SW 方向递进挤压，导致北部形变较强，南部形变较弱。总体上，构造挤压作用较小，以雷口坡组下部膏岩层为滑脱面，形成低幅度的断层相关褶皱（图 1-5）。

川北拗陷带可划分为米仓山冲断带、九龙山背斜带、通南巴背斜带、仪陇–平昌低缓褶皱带、通江凹陷、池溪凹陷及南江单斜带 7 个构造带（表 1-1，图 1-4）。

3. 川中隆起带

川中隆起带位于四川盆地中部，是上扬子陆核分布区，结晶基底坚固。川中加里东古隆起始于寒武纪，加里东期垂向隆升达到高峰，印支期—喜马拉雅期持续小规模抬升。现今构造受华蓥山逆冲推覆引起的构造传递影响，东部抬升较高，向西逐渐倾伏。同时，由于受盆地周缘构造作用影响小，构造平缓，断层不发育，一般背斜两翼倾角只有 1°~5°，闭合幅度 100m 左右（图 1-5）。主要包括龙女寺、南充、广安、营山、八角场等穹窿型背斜构造。

4. 川东高陡构造带

川东高陡构造带位于盆地东部，西界为华蓥山断裂带顺走向北东延伸到万源，向南沿着江津一线延到盆地边缘，东界和北界均为盆地边界。齐岳山断裂是川东隔挡式褶皱带与隔槽式褶皱带之间的分界断裂，也是四川盆地的东部边界（图 1-5）。

区内发育一系列 NE 向、NNE 向隔挡式高陡背斜带。北部区域，即达州–开州–云阳一线以北，因受到滨太平洋构造域与大巴山推覆带两应力场多期挤压作用，在达州、宣汉附近形成了 NE 向与 NW 向两组构造的叠加。

5. 川东南低陡构造带

川东南低陡构造带位于江津一线以西、合川–宜宾以东，南面为盆地边界。川东南低陡构造带受到东部滨太平洋构造域、西部特提斯构造域及南部黔中隆起共同作用，构造线呈 NNE 向、EW 向展布，褶皱幅度比川东区低一些（图 1-5）。

根据构造形迹走向及展布特征、构造形变的强弱，结合区域地震、地质特征，川东南低陡构造带又可划分为璧山–永川断褶带、赤水褶皱带（构造干涉）两个三级构造单元。其中赤水褶皱带又进一步划分为官渡构造带、太和–旺隆构造带、雪柏坪–西门构造带、五南–龙爪构造带、土城–元厚构造带、合江构造带 6 个亚三级构造单元。

6. 川西南平缓构造带

川西南平缓构造带主体为自流井凹陷，以基底垂向隆升为地质特征，无大的褶皱变形，海相地层内发育张性断裂体系，构造活动始于寒武纪，加里东期隆升活动达到高峰。燕山期开始出现挤压构造变形，构造变形较小，以低幅度局部褶皱变形为主，构造滑脱面位于雷口坡组下部膏岩层。发育一些平缓的 NE 向短轴背斜、小型逆断层。三叠系膏盐层不发育，属于平缓褶皱区（图 1-5）。

第二节　构造演化特征

一、晚三叠世以来盆地构造演化特征

长期的区域汇聚地球动力学背景决定了四川盆地以压性变形为主，并伴有一定压扭性构造变形。同时，后期构造变形往往叠加在早期构造变形之上，并对早期构造变形具有强烈的改造作用，最终形成现今的构造变形景观。中生代以来四川盆地自下而上由被动大陆边缘盆地、局限前陆盆地、成熟前陆盆地、构造残余盆地等多个原型盆地叠置而成，构造演化十分复杂。总体上，川西陆相盆地的演化可以分为 5 个阶段（表 1-2，图 1-6）。

表1-2　四川盆地构造演化、盆地原型及变形特征表

系	统	组	代号	年龄/Ma	接触关系	主要地质事件	构造运动	盆地运动(南段/中段/北段)	构造旋回	变形特征
第四系	全新统 更新统	中更新统-全新统 冲、洪积层				新特提斯闭合，印度板块内的喜马拉雅地块与欧亚大陆缝合	喜马拉雅晚幕	构造残余盆地	喜马拉雅旋回	龙门山再次活动，导致中北部地区遭受强烈的隆升和剥蚀作用，白垩系出露地表，盆地全面萎缩
新近系	上新统	下更新统-上新统 砾岩(大邑砾岩)		1.64						
古近系	始新统	庐山组	E_2l	56.5			喜马拉雅早幕			
	古新统	名山组	E_1m	65			燕山Ⅲ幕	盆地萎缩	燕山旋回	形成大量的局部构造和断裂，盆地开始萎缩
白垩系	上统	灌口组	K_2g			拉萨地块与古亚洲大陆碰撞拼合，中特提斯闭合，扬子板块向西陆内俯冲；同时米仓山开始逆冲、隆升	燕山Ⅱ幕			
		夹关组	K_2j	99.6						
	下统	古店组 剑阁组 七曲寺组（天马山组）	K_1q	145.5						米仓山发生浅层次逆冲断层，并推挤北侧的龙门山，龙门山发生NE向走滑变形和逆冲断裂作用
		汉阳铺组 白龙组	K_1b							
		剑门关组 苍溪组	K_1c				燕山Ⅰ幕	成熟前陆盆地		
侏罗系	上统	莲花口组 蓬莱镇组	J_3p			古特提斯闭合并向西萎缩，龙门山全面造山				
		遂宁组	J_3sn	161.2						
	中统	上、下沙溪庙组	J_2s+x							后龙门山发育韧性伸展构造
		千佛崖组	J_2q	175.6						
	下统	白田坝组 自流井组 大安寨段					印支Ⅳ幕	局限前陆盆地	印支旋回	
		马鞍山段	J_1z							
		东岳武庙段								
		珍珠冲段		199.6	上超削截					
三叠系	上统	须家河组 须五段	T_3x	203.6	上超削截	平武地体与扬子板块发生碰撞，龙门山北段开始隆升	印支Ⅲ幕			龙门山前发生NE向逆冲推覆构造变形，拗陷区发生NE向低幅构造变形，拗陷中北部地区部分抬升遭受剥蚀
		须四段								
		须三段				古特提斯北支松潘-甘孜海槽闭合，华北、扬子、羌塘板块拼合，龙门山北段隆升造山，古特提斯向西萎缩				
		须二段								
		小塘子组	T_3t	216.5		扬子、华北板块碰撞，古特提斯北支由东向西萎缩，米仓山开始造山	印支Ⅱ幕	被动大陆边缘		
		马鞍塘组 垮洪洞组	T_3m	238						
	中统	天井山组	T_2t				印支Ⅰ幕			形成近EW-NEE向隆起构造，新场构造带雏形开始形成
		雷口坡组	T_2l	245	上超削截					

1. 晚三叠世马鞍塘期被动大陆边缘阶段

中三叠世末期的早印支构造事件结束了四川碳酸盐岩台地沉积，四川盆地区域隆升遭受剥蚀，形成了区域分布的中三叠统侵蚀面。进入晚三叠世马鞍塘期，龙门山后山带及以西的松潘-甘孜地区大规模拉张裂陷成为松潘-甘孜海，沉积了巨厚的海相复理石或类复理石建造和大陆斜坡浊流沉积，发育多样鲍马序列，一般厚度大于3000m，最厚可达万米，产菊石、放射虫等浮游生物。而在川西地区和龙门山前山带沉积了一套浅海生物滩相和生物丘相生物灰岩。江油、安州、绵竹一带的马鞍塘组中发育海绵、海百合和珊瑚等正常浅海生物，表明川西拗陷与阿坝海盆之间没有大的岛屿，海水循环不受阻碍。由此可见，马鞍塘早期本区西缘海域是一个开阔浅海，龙门山冲断带尚未形成。马鞍塘晚期沉积环境发生重大变化，由碳酸盐岩沉积转变为泥岩沉积为主，夹少量砂岩和生物碎屑灰岩。沉积范围向东扩展，可达盐亭-峨眉山一线。马鞍塘组在盆内沉积厚度较小，呈东薄西厚的趋势。

2. 晚三叠世须家河期局限前陆盆地阶段

在马鞍塘期末，受NE-SW向挤压，松潘-甘孜地区褶皱回返，导致四川盆地在马鞍塘组沉积后隆升，并遭受短暂的侵蚀。进入小塘子组沉积时期，龙门山开始逆冲，九顶山和摩天岭上升成为岛屿，同时，在推覆体载荷的影响下，岩石圈挠曲下弯，龙门山前陆盆地形成。根据沉积和周缘山系特点，该阶段前陆盆地的演化可分为两个时期：小塘子期至须三期为前陆盆地形成期，须四期至晚三叠世末为前陆盆地发展期。

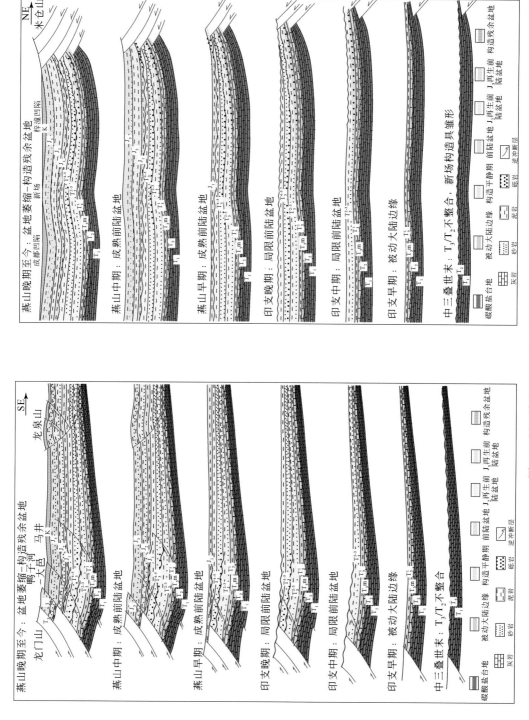

图1-6 川西前陆盆地SE向、NE向构造演化史剖面图

1）前陆盆地形成期

小塘子组为一套淡化潟湖海湾–滨海湖沼沉积。底部为深灰色页岩夹薄煤层，其上为灰白色石英砂岩，中上部为灰色砂质页岩夹粉砂岩，顶部夹砂质灰岩和碳质页岩。在江油、广元和南江一带的小塘子组下部，广泛分布着一层成分成熟度和结构成熟度均较高的石英砂岩，反映该区距物源区较远。小塘子组中部主要为细–中粒岩屑砂岩，岩屑类型以燧石、碳酸盐岩、砂岩和泥岩为主，重矿物以石榴子石为主，反映了变质岩和沉积岩的母岩类型。碧口群和古生界变质岩和沉积岩正位于该地区以北，其上缺失上三叠统。在成徽盆地和勉县一带，中、下侏罗统与上述地层为不整合接触。因此推测，摩天岭古陆可能已经隆起，成为盆地西北的母岩区。碳酸盐岩岩屑的存在，也反映了源区的位置应该较摩天岭更近。此外，在汶川县映秀湾和彭州市小鱼洞一带，可见须家河组多处超覆在中、下三叠统至元古宙花岗岩之上，表明九顶山此时已隆升成陆，其火成岩（主要是花岗岩）和沉积岩（古生界和中、下三叠统的碳酸盐岩和碎屑岩）遭受剥蚀，为本区提供了物源。摩天岭和九顶山的隆起，分隔了阿坝海域，形成了一个小塘子期的海湾。由于龙门山逆冲推覆的缩短效应，当时九顶山和摩天岭的位置显然应是在其现所在地以西。与马鞍塘组相比，小塘子组沉积速率明显增大，江油–邛崃以西厚度可达 600～800m。在剖面上明显呈西厚东薄的不对称形态（图1-7）。在什邡金河小塘子组中可见滑塌构造，说明当时的坡度较大，沉积速度也较快。

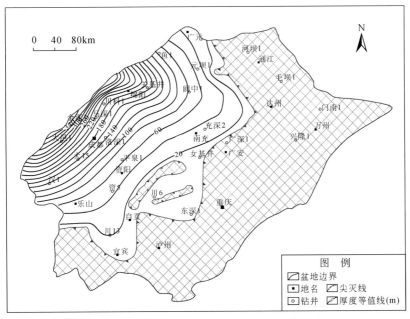

图1-7 四川盆地上三叠统小塘子组厚度等值线图

须二期，西边的岛屿有所扩大，四川盆地基本结束了海相沉积，进入陆相沉积，自西向东地层厚度逐渐减薄（图1-8）。物源除米仓山、大巴山和湘鄂西古陆外，还有龙门山中北段的岛屿。江油厚坝青林1井须二段发育三层砾岩，其成分以碳酸盐岩为主，累计厚度25m；中坝和大邑神仙桥须二段也见少量砾岩，均反映存在盆地西缘龙门山冲断带北段物源。龙门山冲断带的崛起导致了龙门山前陆盆地与特提斯洋的分离，龙门山前陆盆地成为陆相盆地（李勇等，2010）。

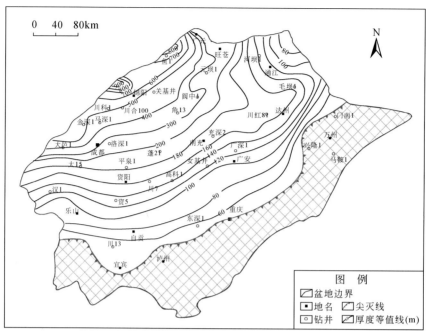

图 1-8　四川盆地上三叠统须二段厚度等值线图

须三期，以湖沼沉积为主，主要沉积了一套深灰色碳质泥页岩夹砂岩及煤层。这套地层中含少量半咸水双壳类，表明与特提斯海仍有连通。须三段厚度大，同样呈东薄西厚楔状（图1-9）。

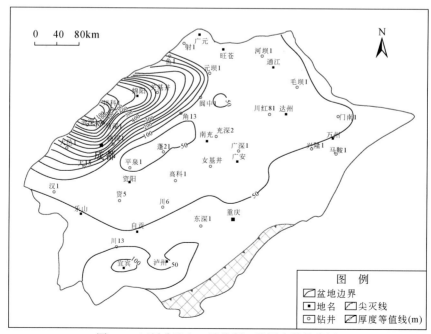

图 1-9　四川盆地上三叠统须三段厚度等值线图

2）前陆盆地发展期

须三期末至须四期，龙门山北段前缘，普遍发育以碳酸盐岩砾岩为主的砾岩层，其砾径一般在10cm左右，大者达0.7m，表明受安县构造事件的影响，龙门山北段此时已逆冲推覆成山，蚀源区与沉积盆地地形高差巨大。冲积扇的发育还反映了距离古陆很近。在安州、江油、彭州一带，须四段中富岩屑砂岩发育（如江油川参1井岩屑含量为73%，安州川36井岩屑含量为63%），特别是其中含有大量碳酸盐岩岩屑，表明龙门山出现了大面积以沉积岩为主的新物源区。彭州磁峰场须四段中灰岩砾石含二叠纪𰀀和有孔虫，以及前述来自三叠系和石炭系的碳酸盐岩岩屑，反映龙门山广泛分布的石炭系至中三叠统碳酸盐岩构成了须四段的母岩。从重矿物组合分区看，须二段在龙门山一带以九顶山和摩天岭古陆为中心呈舌状分布，而须四段则沿龙门山北段呈带状分布，同样证明龙门山北段已逆冲推覆成山。

在南江县以东的川东北地区，须家河组的轻重矿物组合在纵向上变化不大。重矿物为锆石、电气石组合。轻矿物中以石英为主（一般大于50%），其次为岩屑（20%~50%），长石较少（一般小于10%），以碳酸盐岩、砂岩和泥岩岩屑为主。紫阳县见中、下侏罗统不整合在志留系上，其间无上三叠统沉积，说明大巴山、米仓山及其以北地区中、下三叠统和古生界，以及秦岭变质岩和火成岩是四川盆地上三叠统的母岩之一。本区须四段也夹有冲积扇砾岩，但是，砾石成分不是碳酸盐岩而是石英岩、砂岩和燧石，显示印支期古秦岭的强烈上升，而非毗邻盆地的大巴山或米仓山沉积岩蚀源区的褶皱和隆起。川中、川东和川南须四期的沉积特点大致与须二期相似，主要为河流相与三角洲河口砂坝的叠覆。但在川西和川北普遍堆积了一套砂砾岩或砂岩、砾岩与泥岩的互层。其沉积厚度同样具西厚东薄特征（图1-10），沉积范围进一步向东扩展，沉降中心也由须二期的江油–都江堰以西向东迁移至江油–都江堰以东。

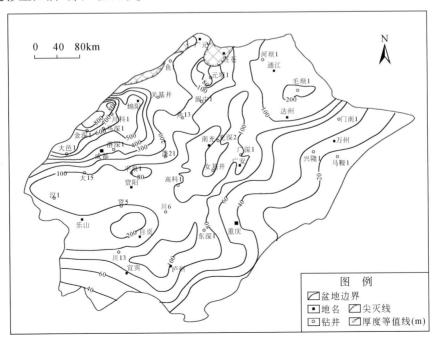

图1-10 四川盆地上三叠统须四段厚度等值线图

须五期，沉积一套湖沼相、泛滥平原相间河流相和沼泽相的泥岩，碳质页岩及薄煤层沉积，沉积范围进一步扩大，已覆盖整个四川盆地，仍具西厚东薄的特征（图1-11）。晚三叠世晚期须六期的沉积特征与须四期相似，主要为河道砂、三角洲河口坝及滨湖砂坝的叠置。受晚印支构造事件的影响，川西地区须六段和部分须五段遭受剥蚀。在地震剖面上可见侏罗系底部地层反射界面 T_4^1 对下伏地层的削蚀、削截现象。

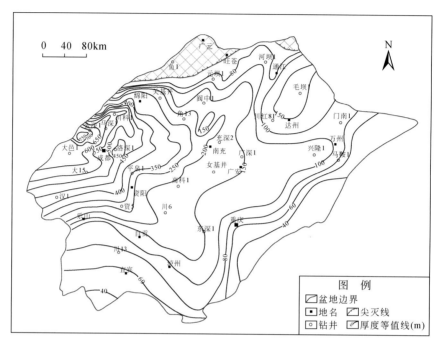

图1-11　四川盆地上三叠统须五段厚度等值线图

须家河组碎屑组分表明，须一段下部石英岩来自陆块物源，须二段、须四段物源区为再旋回造山带。从须一段至须五段，砂岩成分成熟度逐渐降低，不稳定矿物（岩屑）含量逐渐增加，特别是含有大量碳酸盐岩岩屑，反映了近物源快速堆积的特点，说明龙门山自西向东迁移，古陆距现今盆缘越来越近。

3. 侏罗纪成熟前陆盆地阶段

1）早、中侏罗世大巴山前陆盆地阶段

由于晚印支构造事件的影响，龙门山及四川盆地西部隆升遭受剥蚀，形成了侏罗系与下伏地层的明显不整合。晚印支构造事件对川东地区的影响较弱，须家河组与上覆侏罗系为连续过渡沉积。晚印支构造事件后，龙门山逆冲推覆活动处于相对平静期，秦岭造山带及其南缘的大巴山逆冲推覆带转而发生了强烈的构造隆升，岩石圈因负荷挠曲在川北、川东北地区形成了深拗陷，四川盆地进入大巴山类前陆盆地阶段。该阶段类前陆盆地具有如下特点。

（1）沉降中心转移到了大巴山前的万源-南江一带。川北的大巴山前，万源一带沉积了厚达4000m的中、下侏罗统。向南西龙门山前地层迅速减薄，呈明显的不对称箕形（图1-12～图1-14）。

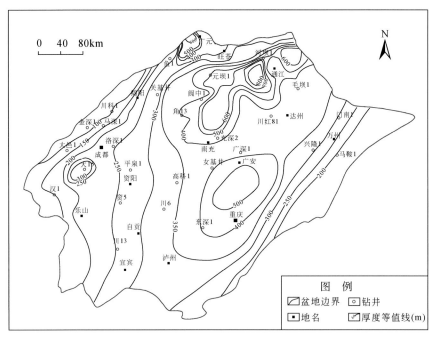

图 1-12 四川盆地下侏罗统白田坝（自流井）组厚度等值线图

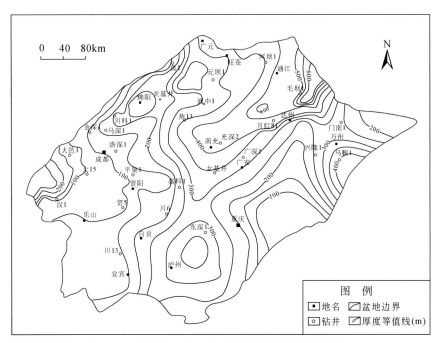

图 1-13 四川盆地中侏罗统下沙溪庙组厚度等值线图

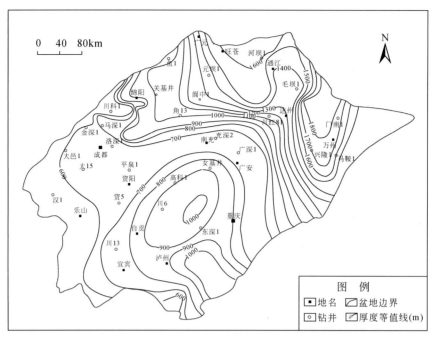

图 1-14　四川盆地中侏罗统上沙溪庙组厚度等值线图

（2）沉降中心与沉积中心不一致。该阶段沉降中心位于大巴山前的万源一带，而沉积中心却位于川中地区，如自流井期位于仪陇-平昌一带，上沙溪庙期位于南充地区。

（3）由下侏罗统至中侏罗统，沉积相总体由河流相-半深水湖相逐渐过渡为河流相-洪泛平原相，沉积物颜色总体由灰黑色变为紫红、棕红色。

（4）受早燕山构造事件的影响，威远地区和龙门山前缘地区小幅隆升遭受剥蚀，造成这些地区缺失了千佛崖组和大安寨段的部分地层。

（5）该阶段盆地内的构造形变与秦岭造山带活动密切相关，区域挤压应力方向为近 SN 向，因而在盆内形成了一系列 NEE 走向的大型平缓背向斜构造。

2）晚侏罗世龙门山前前陆盆地阶段

四川盆地及其周缘山系在遂宁期进入相对平静期，盆内沉积了一套厚度横向变化不大的湖相鲜红色泥质岩。地层厚度在龙门山北段和南段略有加厚（图 1-15），且沿龙门山走向展布，表明此时龙门山又开始隆升。进入蓬莱镇期，龙门山隆升显著加快，为盆地提供了大量的物源，在龙门山前沉积了厚达 1200～1800m 的莲花口组砾岩，向川中川南地区沉积厚度迅速减薄，至沉积中心乐山一带仅厚 200～300m（图 1-16），沉积物也由砾岩变为暗紫红色泥岩夹砂岩。

4. 早白垩世—始新世盆地萎缩期

进入白垩纪后，受中燕山构造事件的影响，广大的川东地区因受 NW-SE 向挤压而形成了平缓的 NE 向褶皱，并遭受剥蚀。早白垩世沉积仅局限于盆地西部和北部（图 1-17），由 4～5 套砾岩、砂岩、泥岩组成正韵律层序，以山麓冲积扇和辫状河流沉积为主。沉降中心位于万源-广元一带，说明此时龙门山北段，米仓山和大巴山活动强烈。中、晚白垩

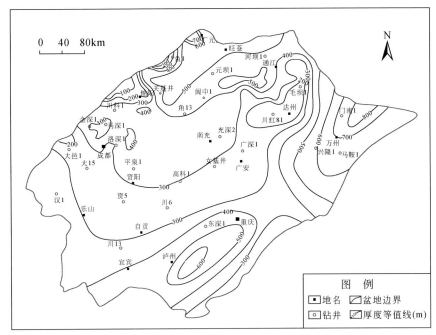

图 1-15 四川盆地上侏罗统遂宁组厚度等值线图

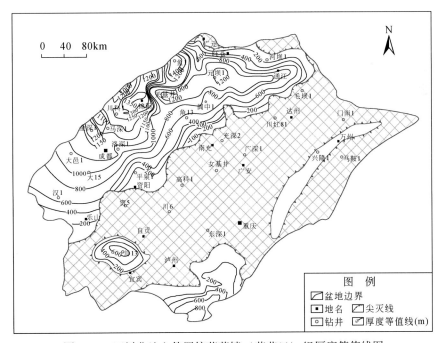

图 1-16 四川盆地上侏罗统蓬莱镇（莲花口）组厚度等值线图

世受龙门山中、南段强烈活动的影响，沉降中心迁移至龙门山中、南段前缘，沉积范围也随之迁移至川西南和川南地区。灌口期沉积为河流相砂泥岩，向上逐渐过渡为干旱湖相含石膏、钙芒硝层系。在宜宾、古蔺地区还发育风成沙漠相砂岩。古近纪沉积盆地继续萎缩，古新世、始新世为一套干旱环境下的冲积扇相、河湖相和风成沙漠相砂、泥岩沉积，夹石膏和钙芒硝层。始新世中、晚期受华北构造运动的影响，四川盆地发生了强烈隆升和变形，自此盆地进入以剥蚀为主的构造残余盆地发展阶段。

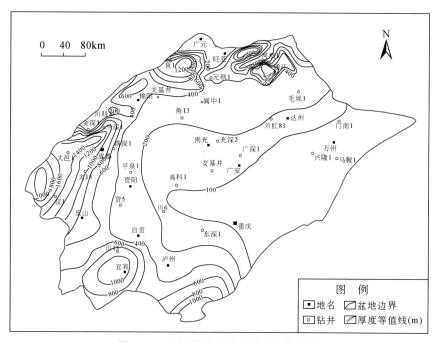

图 1-17 四川盆地白垩系厚度等值线图

5. 喜马拉雅期至现今构造残余盆地

1）渐新世—上新世构造残余盆地阶段

发生于古新世的四川构造事件，改变了之前各次构造事件在盆内仅形成大隆大拗的局面，在盆内形成了具一定幅度的 NEE 向背斜构造。据万天丰（1993）研究，四川期由于印度-澳大利亚板块北部朝北偏东方向迁移，冈底斯地块较迅速地向北与羌塘地块碰撞，中国区域构造挤压应力方向为 NNE-SSW 向，在四川盆地局部为近 SN 向，在川西、川中地区形成了一系列近 EW 向的背斜，如孝泉-合兴场、石龙场等 NEE 向背斜构造。始新世晚期，太平洋板块与菲律宾板块运动方向发生了突然转变，由 NNW 向转为 NWW 向，板块向西运移速度达 9cm/a。正是由于太平洋板块快速朝 NWW 向运移，我国在华北期形成了以 NWW 向最大主压应力方向为特征的应力场，受这一应力场的影响，川东地区发生了强烈变形，形成了一系列 NNE 走向的高陡背斜，同时四川盆地整体快速隆升，结束了大面积接受沉积的历史，进入以剥蚀为主的阶段。喜马拉雅早期受印度、澳大利亚板块向北运移的影响，形成了近 SN 向的挤压，喜马拉雅山脉开始形成，青藏高原开始快速隆升，秦岭造山带再次隆升，大巴山推覆构造带形成，在川北和川中形成了一系列 NW 向构造。早喜马拉雅构造事件对川西及龙门山影响较小，仍以隆升为主，未出现明显形变，因此大邑组（Q_1）与下伏地层为微角度不整合。

2）第四纪盆地改造阶段

进入第四纪，受喜马拉雅山脉形成和青藏高原快速隆升侧向挤压的影响，川西地区最大主压应力方向转变为 NWW-SEE 向，龙门山再次发生快速逆冲推覆作用，受载荷作用影响四川盆地西部挠曲下沉，形成了成都第四纪类前陆盆地，沉积了厚逾 500m 的第四系。这一时期的类前陆盆地有如下特点。

（1）中、晚更新世沉积范围逐渐扩大，自西向东超覆明显，第四系呈西厚东薄的箕状。

（2）具前陆隆起，即合兴场-石泉场 SN 向和龙泉山 NNE 向逆冲构造带。

（3）类前陆盆地发展过程中伴随有明显的构造变形。发生在早、中更新世间的中喜马拉雅构造事件造成更新统以下的地层强烈变形，使中、下更新统呈明显角度不整合。由于中喜马拉雅构造事件的影响，龙门山逆冲推覆作用强烈，彭灌杂岩体上升至地表遭受剥蚀，为中更新统提供了大量岩浆岩碎屑沉积物。受这次构造事件的影响，川西拗陷开始形成近 SN 向和 NNE 向构造。中更新世末发生了晚喜马拉雅构造事件，受该次构造事件影响，龙门山进一步逆冲推覆，由于高差巨大，受应力作用影响在龙门山前山带形成了众多滑覆构造——彭灌飞来峰群，有的直接覆盖在第四系砾石层之上，如彭州万年场葛仙山飞来峰。盆地内早期形成的 NNE 向构造在此期形变强度进一步增大。晚更新世以后，构造形变相对较弱，但受现代 NW-SE 向地应力作用的影响，成都盆地内及其周缘部分 NNE 向构造仍在继续活动，并控制着第四纪的沉积和地貌。在四川盆地的其他地区，第四纪主要表现为隆升和遭受剥蚀，未发生明显构造形变。

综上所述，四川盆地中生代以来经历的 5 个大的发展演化阶段与龙门山和秦岭造山带的活动密切相关。龙门山强烈活动时，四川盆地表现为龙门山推覆带的前陆盆地；秦岭及其南缘的大巴山强烈活动时，四川盆地又表现为大巴山逆冲推覆的前陆盆地。因为走向大致正交，这两个造山带的强烈活动表现出此起彼伏的特征，在某一区域应力作用下总是一个表现为相对压性，出现强烈隆升和变形，另一个则表现为相对张性，构造相对平静。

二、川西"三隆两凹"演化特征

1. 川西"三隆两凹"演化过程

川西复合前陆盆地作为四川盆地的一部分，北邻秦岭造山带，西受青藏高原东缘构造带所限，同时受扬子地块自身的推挤作用，自晚三叠世以来形成 NW-SE 向、SN 向和 EW 向三大动力系统交汇叠加的局面。印支、燕山和喜马拉雅旋回中多期次的活动在川西复合前陆盆地内部形成了多个构造运动界面，以及 NE 向龙门山前构造带、近 EW 向新场构造带和近 SN 向龙泉山构造带三组主要构造及成都凹陷和梓潼凹陷，即"三隆两凹"。

1）印支期，龙门山基本定型，新场构造带具微弱雏形

印支早幕南秦岭与秦岭板块沿勉略结合带全面碰撞造山，受这一构造运动的影响，马鞍塘组—小塘子组沉积时期，在川西拗陷中段形成总体上北东高、南西低的大陆斜坡，新场地区出现 EW 向构造雏形（图 1-18）。

须二期，米仓山、大巴山古陆出现，龙门山开始上升为岛状隆起，龙门山北段开始隆

升，前陆盆地开始形成。新场 EW 向构造加强。随着龙门山半岛的继续上升，河流沉积更为发育，在河流入海或入湖口，往往形成河控三角洲体系。此时龙门山古隆起向北西方向后退，川西地区沉降加剧，沿龙门山前形成拗陷，拗陷中心位于彭州-安州一带。向南拗陷快速消失，至郫县（现郫都区，下同)-德阳-绵阳一线向南转为川中古隆起北侧缓斜坡（图 1-19)。

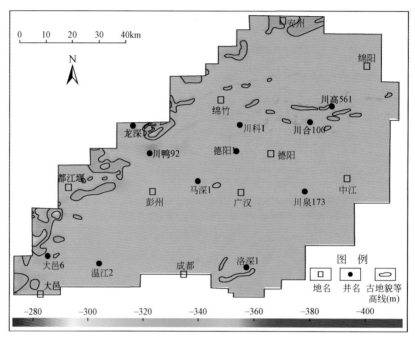

图 1-18　川西拗陷中段晚三叠世小塘子期古地貌

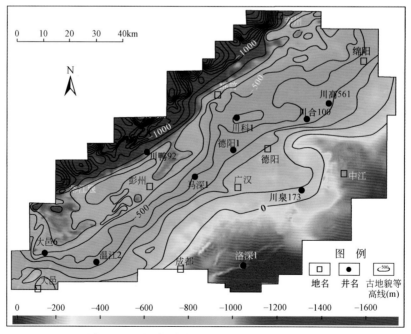

图 1-19　川西拗陷中段晚三叠世须二期古地貌

须三期，龙门山中段开始隆升，形成倾向 NW、NE 方向延伸的前陆盆地，龙门山前持续沉降过程，拗陷中心向西转至德阳北部，长度较前期缩短，但宽度向南延伸，米仓山前开始隆升过程，造山构造活动开始出现（图 1-20）。在龙门山北部和米仓山前缘，须三段下部以浅湖相砂泥岩夹灰岩沉积为主，中上部以粗粒碎屑岩沉积为主，反映了龙门山北段、米仓山在经历了须三期初相对平静之后复活，构造活动逐渐增强。

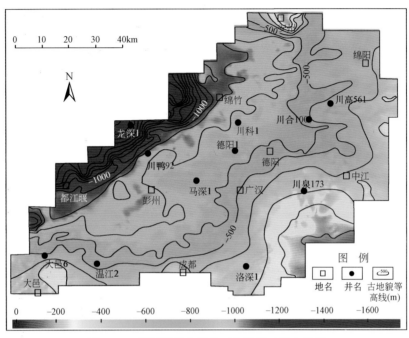

图 1-20　川西拗陷中段晚三叠世须三期古地貌

须四期，龙门山进一步隆升，前陆盆地范围扩大，进一步发展，川西拗陷向北东扩展至安州，沿都江堰-安州一带形成川西前陆盆地，同时川中古隆起北斜坡向南退却，前陆盆地扩展至龙门山前中北段川西大部分地区（图 1-21）。从地震剖面上看，须四段包括了 3 个不连续的沉积带，即楔顶带（wedge-top）、前渊带（foredeep）和前缘凸起（forebulge），具典型的前陆盆地变形与沉积特征。同时由于秦岭的上升，新场构造进一步发育（图 1-22）。

须五期、须六期，龙门山普遍抬升并遭受剥蚀，北部和西北部完全隆升成陆地，川西拗陷向南退缩，宽度急剧减小，仅分布于彭州、德阳一带，地层厚度不足 800m，如图 1-23 所示。在拗陷中段彭州-广汉-绵阳地区和南段蒲江分别发育两个三角洲体。

2）燕山期，龙门山中段、新场构造带基本定型，南北向构造带具雏形

晚三叠世末印支运动晚幕，龙门山、大巴山进一步冲断、褶皱成山。此时，气候也转变为炎热、干旱。在这种构造、气候背景下，川西拗陷发生侏罗纪—白垩纪沉积，形成大型的再生前陆盆地。

早侏罗世沉降中心在盆地北部的梓潼-巴中一线，自流井组最大厚度可达 1000m。厚度变化具有由北向南逐渐减薄的特征。整个自流井期，沉积中心、沉降中心均呈 NNE 向或近 EW 向展布。龙门山前北段盆地则广泛抬升，拗陷区向龙门山南段山前转移；此时龙

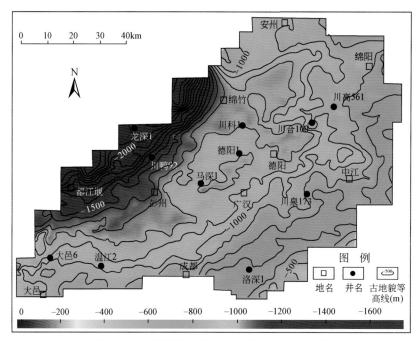

图 1-21　川西拗陷中段晚三叠世须四期古地貌

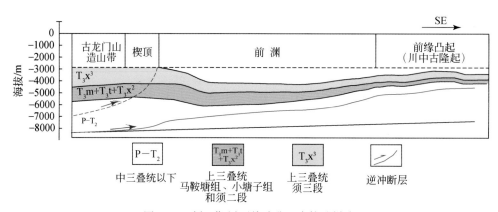

图 1-22　须四期川西前陆盆地古构造样式

门山南段开始造山隆升过程，山前普遍褶皱变形，龙门山前的构造挤压开始沿雷口坡组底部膏盐层向盆地内部传递，彭县断裂和龙泉山断裂开始出现（图 1-24）。

中侏罗世早期（对应千佛崖期）大体上继承了早侏罗世的沉积格局，沉积和沉降中心仍在北部的广元-巴中-万州一带，呈近 EW 向展布。盆地南部由于燕山运动早幕抬升作用的影响，在都江堰-大邑-宜宾一线以西缺失千佛崖组沉积。中侏罗世中期下沙溪庙组沉积期，受燕山早幕的影响，沉积格局发生了一些变化，即沉积相带趋于 NE-SW 向展布，沉积厚度明显表现出东部厚、西部薄的特征。川西地区龙门山持续其造山过程，北段山前盆地整体抬升，而南段造山活动加强，并在山前形成一次级拗陷，开始了龙门山前再生前陆盆地的序幕（图 1-25）。

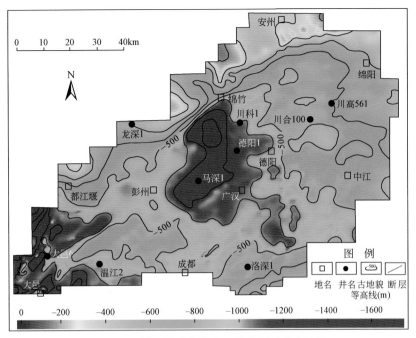

图 1-23 川西拗陷中段晚三叠世须五期古地貌

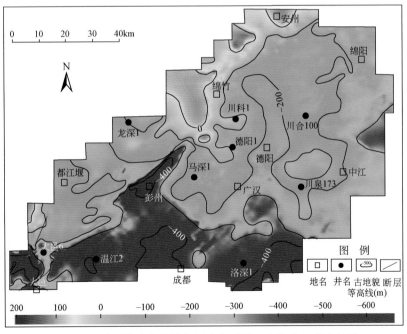

图 1-24 川西拗陷中段早侏罗世白田坝（自流井）期古地貌

晚侏罗世，龙门山南北两段开始强烈造山活动，山前广泛抬升，在广元–崇州一线形成巨型再生前陆盆地（图 1-26），拗陷中心位于龙门山北段安州–广元南侧，厚度最大达 2000m。

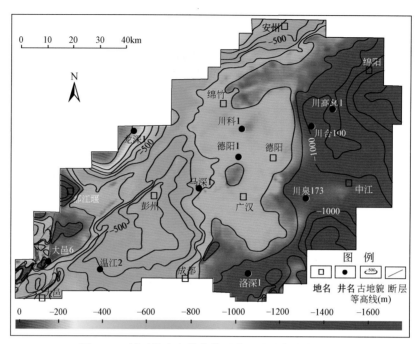

图 1-25　川西拗陷中段中侏罗世下沙溪庙期古地貌

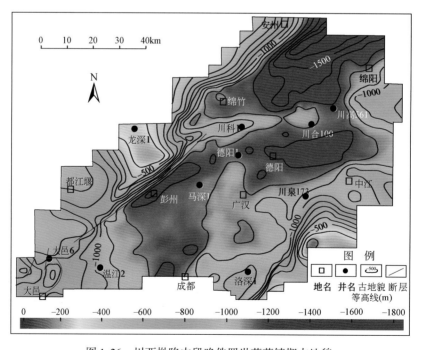

图 1-26　川西拗陷中段晚侏罗世蓬莱镇期古地貌

燕山中幕运动使四川盆地普遍抬升、褶断，晚期燕山运动使前陆盆地周缘山系相继褶断抬升，内部褶断构造格局成型，前陆盆地全面萎缩。川西山前逆冲褶断作用强烈，龙门山向盆地内的构造挤压传递作用导致近 SN 向展布的龙泉山构造形成，新场构造带基本定型，SN 向构造带具雏形（图 1-27）。

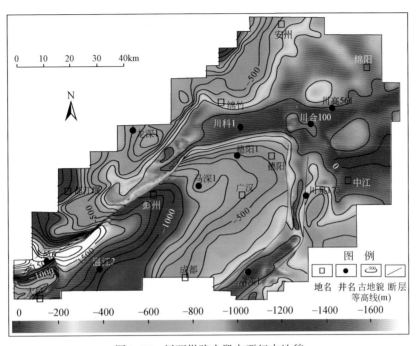

图 1-27　川西拗陷中段白垩纪古地貌

3）喜马拉雅期，龙门山南段、SN 向构造带基本定型，"三隆两凹"格局形成

喜马拉雅期，龙门山逆冲挤压作用增强，构造挤压应力向盆地内传递，龙泉山构造进一步发育，形成现今的川西构造格局。

2. 川西"三隆两凹"演化过程物理模拟

在明确区域构造背景的基础上，运用相似原则、选择原则、分解原则、逐步近似原则、统计原则，设计构造物理模拟实验，再现川西"三隆两凹"构造单元的形成过程。

1）实验装置

实验砂箱模型长 73cm，宽 73cm，高 20cm，边界泡沫为直角三角形，两直角边分别为 45cm 和 31.5cm，厚 3cm，放置在砂箱挡板的左侧。左侧挡板与前侧挡板均与马达相连。基底先部分铺设 0.6cm 厚生胶，黏度约 20000Pa·s，并预设 3 个生胶隆起带，高度约 1.0cm，其中中部 NEE 向、近 EW 向的两个隆起呈右阶雁列式展布，而南部的隆起则呈 SN 向铺设。然后再铺设 3.5cm 厚的石英砂 [图 1-28（a）]。

2）实验条件

实验温度 25℃，先假定左侧为 NW 向，右侧为 SE 向。1 号马达代表来自大巴山方向的力源，由北向南挤压；2 号马达代表来自龙门山方向的应力，由北西向南东挤压。1 号马达速度 1.0mm/min，2 号马达速度 0.5mm/min。实验包括两期挤压：第一期 1 号、2 号马达同时挤压，形成近 EW 向的构造带后，1 号马达停止；第二期 2 号马达单独挤压。

拍照间隔 2min/张，实拍照片 53 张。

3）关键实验过程

（1）实验开始前，砂体表面平整，实验开始后，1 号、2 号马达同时挤压，当挤压量达到 $d_1 = 1.2$cm，$d_2 = 0.6$cm 时，在龙门山边界前缘附近首先发育了一条形态与边界一致的断裂 F1。

（2）继续挤压，当挤压量达到 $d_1 = 2.2$cm，$d_2 = 1.1$cm 时，在大巴山边界附近发育了逆冲断层 F2，构成了大巴山山前褶皱冲断带［图 1-28（b）］。

（3）当挤压量达到 $d_1 = 4.0$cm，$d_2 = 2.0$cm 时，F1 断裂南东侧形成了逆冲断层，导致龙门山山前褶皱冲断带进一步发育。同时，在大巴山前缘的冲断带也得到了进一步的发展，在 F2 断裂的前缘发育次级断裂。两套冲断带均显示新生断层发育在老断层下盘，呈现逐渐向前陆推进的前展式逆冲叠瓦扇及断层相关褶皱组成的构造样式［图 1-28（c）］。

（4）当挤压量达到 $d_1 = 4.8$cm，$d_2 = 2.4$cm 时，中部雁列式排列的滑脱层隆起附近发育了两条逆冲断层 F3、F4，两条断裂也呈右阶雁列式排布［图 1-28（d）］。

（5）当挤压量达到 $d_1 = 6.0$cm，$d_2 = 3.0$cm 时，沿雁列式滑脱层隆起带附近依次发育了 F5、F6、F7、F8 断裂（后 3 条为反冲断层），并且构成了 3 组右阶雁列式排列的冲起构造，这与研究区内的新场构造带相对应。此时停止 1 号马达挤压，进入第二期左侧 2 号马达单独挤压阶段［图 1-28（e）］。

（6）2 号马达开始第二期挤压。当挤压量达到 $d_1 = 6.0$cm，$d_2 = 5.2$cm 时，沿近 SN 向生胶层隆起带附近先后发育了 F9 和 F10 断裂，构成了一 SN 向的冲起构造带，这与研究区龙泉山构造带相当［图 1-28（f）］。

4）模拟结果与实际构造形态对比分析

模拟结果与实际构造形态吻合得较好，具体表现在下列几方面。

（1）实验边界条件与实际动力学背景吻合较好。

（2）实验模型左侧代表龙门山构造带，前缘发育褶皱-冲断构造，其走向为 35°~40°，与构造图上的实际走向（45°）比较接近。

（3）模型北侧发育近 EW 向的冲断-褶皱构造，与大巴山-秦岭构造带的走向一致，其与新场构造带之间的地带构造不发育，没有明显的近 EW 向构造变形，与实际的构造形态比较相似。

（4）模拟出的 NEE 向背冲式构造带的走向与实际的新场构造带的走向完全一致，其 SWW 端与龙门山构造带的交接关系也相似。

（5）模拟出的 NEE 向构造带具有明显的分段性，至少包括 4 个次级褶皱，呈右阶式雁列状排列，其间的距离及其排列方式与新场构造带须三段定界构造图内发育的次级褶皱构造的排列方式和间距比较近似。

（6）模拟出的近 SN 向构造带与实际的龙泉山构造带的形态、走向及其与 NE 向构造带的交接关系均非常吻合，近 SN 向构造带在南部略向龙门山构造带方向倾斜的趋势也相似。

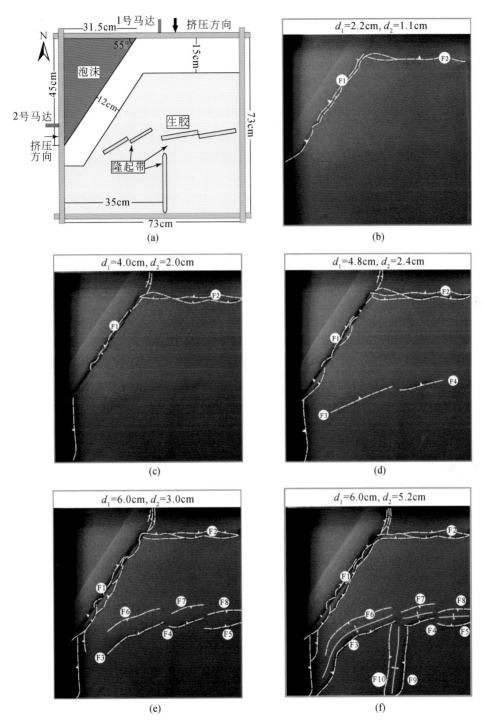

图 1-28 先双向同时挤压、后单向挤压叠加变形模拟结果

三、压性盆地构造运动特征

压性盆地的幕式挤压活动具有"长期积蓄、短期释放"的特征。盆地基底在挤压作用下发生弹性变化，也可以发生一定程度的塑性及弹性形变，同时当应力超过挠曲极限时将会发生破裂。因此当应力在基底弹性变形允许的范围内时，挤压应力使挠曲变形强度不断增加，该过程是一个缓慢的应力积蓄过程，经历的地质时期较长。当应力强度超出基底弹性变化范围时发生破裂，应力突然释放，早期长期遭受挤压而发生挠曲变形的基底在较短时间内迅速反弹。盆地基底应力积累与释放过程不是一个渐进的过程，而是一个"应力长期缓慢积累、短期瞬时释放"的脉冲式波动过程，与现今的地震活动类似，长时间的应力积蓄在短时间的地震事件中瞬间释放。

川西前陆盆地是在晚三叠世早期扬子板块西缘被动大陆边缘的基础上形成，受北部南秦岭和西部龙门山逆冲推覆作用复合控制，是一个由晚三叠世须家河期局限前陆盆地、侏罗纪—白垩纪成熟前陆盆地和新生代构造残余盆地叠加而形成的多旋回叠合盆地（图1-6）。受特提斯构造域和环太平洋构造域共同作用，中生代以来扬子板块与周缘板块发生多次间歇式的碰撞汇聚。在此区域构造背景下，川西拗陷中生代以来表现出受北部南秦岭和西部龙门山两个边界条件交替作用的构造演化特征。随着南秦岭米仓山-大巴山和龙门山的相继隆升，川西拗陷的应力特征呈现挤压与松弛交替出现的二元特点：挤压期周缘山系逐渐隆升，应力逐渐集中，发生强烈的构造挤压变形和挠曲沉降，拗陷具有最大挠曲的地貌特征；松弛期周缘山系隆升至最高，断层冲断至地表，应力集中到最大后释放，拗陷呈现整体抬升的地貌特征。

自晚三叠世以来川西地区主要经历了四次挤压、松弛二元结构交替过程。

（1）小塘子期—须二期。小塘子组沉积之前，受古特提斯洋关闭的影响，扬子板块逐渐由南向北运动，川西拗陷表现为近SN向挤压应力逐渐增强的挤压特征。

（2）须三期—须四期。须三期，受扬子板块顺时针旋转，古特提斯洋关闭时剪切应力的影响，龙门山北段逐渐隆升，由此产生逐渐增强的近NW-SE向挤压应力，形成自北西向南东的逆冲挤压。

（3）须五期—早侏罗世东岳庙期。须五期，南秦岭再次隆升，川西拗陷表现出近SN向挤压应力逐渐增强的挤压特征。

（4）早侏罗世马鞍山期—中侏罗世千佛崖期。燕山Ⅰ幕之前，川西拗陷表现为NNE-SSW向挤压应力逐渐增强的挤压特征。

第三节　构造变形特征

一、构造样式

四川盆地四周被造山带环绕，西有龙门山、北有米仓山和大巴山、东有齐岳山、东南有大娄山、西南有大凉山，不同盆山体系对应明显不同的构造变形特征。

（1）川西地区处于青藏高原构造域，受板缘造山作用的影响，具有典型的前陆盆地特征，造山带逆冲推覆强烈。

（2）川北地区处于秦岭构造域，受板缘造山作用的影响，具有明显的前陆盆地特征，造山带隆升作用强烈。

（3）川东地区位于雪峰板内构造域，构造渐变，发育系列高陡的"隔挡式"背斜。

（4）川东南地区位于雪峰板内构造域，构造渐变，发育若干背斜带。

（5）川西南地区走滑变形特征明显。

（6）川中地区受周缘山系构造作用弱，以基底升降作用为主（图1-29，表1-3）。

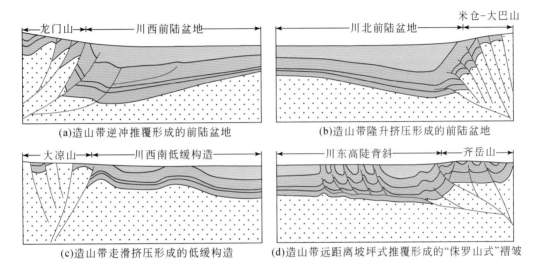

(a)造山带逆冲推覆形成的前陆盆地　(b)造山带隆升挤压形成的前陆盆地

(c)造山带走滑挤压形成的低缓构造　(d)造山带远距离坡坪式推覆形成的"侏罗山式"褶皱

图1-29　四川盆地典型的4种盆山类型

表1-3　四川盆地构造变形特征

构造体系	盆山类型	构造变形特征	定型时期
川西–龙门山	突变型，受板缘造山作用影响，发育大型断裂带	具前陆盆地结构特征，盆缘变形强，盆内发育中低断褶构造；构造呈 NE 向和近 SN 向展布	印支晚期—喜马拉雅期
川北–米仓山、大巴山	突变型，受板缘造山作用影响，发育大型断裂带	具前陆盆地结构特征，盆缘变形强，盆内发育低缓背斜；构造呈 NE 向、NW 向和 EW 向展布	印支晚期—燕山晚期
川东–齐岳山	渐变型，受板内造山作用影响，地貌反差小	受多层次滑脱变形影响，由盆缘向盆内构造变形差异小，发育系列"隔挡式"高陡背斜；构造呈 NE 向展布	燕山晚期
川东南–大娄山	渐变型，受板内造山作用影响，地貌反差小	盆山构造变形差异相对明显，受滑脱层影响，盆内发育若干背斜带；构造大体呈 NE 向展布，南端呈 EW 向	燕山晚期—喜马拉雅早期
川西南–大凉山	渐变型，受板缘造山作用影响，发育走滑断裂带	盆山构造变形差异不明显，发育低缓褶皱；构造主体为 NW 向，叠加 NE 向构造	喜马拉雅中、晚期
川中隆起	盆地区	受控于基底升降运动，受周缘山系影响弱；为近 EW—NEE 向的穹窿构造	长期构造稳定

以川西地区为例，对盆缘向盆内构造样式的变化进行说明。

川西复合前陆盆地是晚三叠世以来在四川盆地西部发育起来的前陆拗陷，经历了印支、燕山和喜马拉雅多期次构造运动。构造样式在不同构造部位差异明显，龙门山前缘受造山冲断带影响，发育 NE 向断褶构造带；拗陷内北部梓潼凹陷、中部新场构造带由于同时受到龙门山、米仓山构造带影响，发育 NE 向、近 EW 向构造；南部成都凹陷、SN 向断褶带受到龙门山冲断带和川滇构造带的影响，发育 NE 向、近 SN 向构造。同时，上述 NE 向、近 EW 向和近 SN 向 3 组构造在多期次构造活动中相互叠加，形成同轴复合、横跨复合、斜接复合、多向复合和联合的叠加构造，构造特征复杂（表1-4）。

龙门山前缘主要发育叠瓦构造、三角楔构造、对冲构造与背冲构造。地表出露下三叠统、中三叠统、上三叠统及侏罗系。在安州、绵竹和大圆包地区，三叠系出露区发育叠瓦构造，由若干倾向 NW 的逆冲断层组成；三叠系—侏罗系过渡区，受滑脱层影响发育三角楔构造和双重构造（图1-30）；石板滩地区，在侏罗系单斜下方由倾向相反的逆冲断层组成对冲构造和背冲构造。

表1-4　川西–龙门山构造样式及其特征

构造单元		构造样式	基本特征	剖面
龙门山冲断带		基底卷入式冲断构造	褶皱和断裂发育，韧性变形为主；发育茂汶、北川–映秀、安州–都江堰和关口等大型断层	
龙门山前缘	北段	叠瓦构造	安州、绵竹和鸭子河地区：三叠系出露区发育叠瓦构造，由若干倾向 NW 的逆冲断层组成；三叠系—侏罗系过渡区，受滑脱层影响发育三角楔构造和双重构造	
	中段	三角楔构造		
	南段	对冲构造背冲构造	大邑和石板滩：侏罗系单斜下方，倾向相反的逆冲断层组成对冲构造和背冲构造	
前陆拗陷（成都凹陷和梓潼凹陷）		断展褶皱	在邻近山前或拗陷内构造变形较强部位，可见断层向上尖灭于地层中，其上盘形成断展褶皱	
		共轭剪切构造	岩层共轭剪切形成的逆冲断层，呈"X"形、"Y"形或"人"形	
前陆隆起（龙泉山）		反冲构造	龙门山构造挤压沿中、下三叠统滑脱层向东传递，在龙泉山形成大型反冲背斜	
新场构造带		滑脱背斜	拗陷内中、下三叠统滑脱层之上地层，受挤压发生褶皱变形，滑脱层在背斜处增厚	

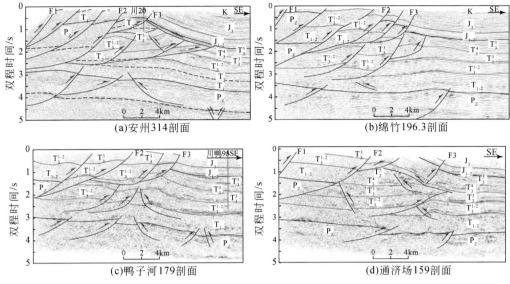

图 1-30　川西地区典型地震剖面构造解释图

　　前陆坳陷发育薄皮滑脱构造、断展褶皱和共轭剪切构造。薄皮滑脱构造是坳陷内中、下三叠统滑脱层之上地层受弱挤压发生褶皱变形、滑脱层在背斜处增厚所致；断展褶皱形成于靠近山前或坳陷内构造变形较强部位，常见于向上尖灭于地层中的断层上盘；岩层共轭剪切构造分布于大邑和龙泉山等地区，其形成的逆冲断层呈"X"形、"Y"形或"人"形（表 1-4，图 1-30）。

二、构造变形纵横向差异性分析

　　四川盆地构造样式丰富，不同部位构造变形差异明显。总体以挤压变形为主，在盆山边界和构造转换带发育走滑构造，深层海相地层则发育伸展构造。构造变形的差异与基底条件、边界条件、构造位置和变形层系等多种因素有关。

　　1. 受基底影响的差异形变

　　1）基底结构的三分性

　　四川盆地自西向东，由龙门山、龙泉山、华蓥山和齐岳山断裂分割成 NE 向展布的川西、川中、川东三大块体（图 1-31）。重磁资料解释和盆缘出露的基底岩石学研究表明，四川盆地前震旦系基底具有双层结构：下部为以太古宇—古元古界康定群为代表的结晶基底；上部为以中元古界黄水河群和新元古界板溪群为代表的褶皱基底。川中块体由康定群及更老基性-超基性岩所构成，上部褶皱基底缺乏，具单层基底结构，古元古代末固化构成盆地基底核心，能干性较高；川西和川东块体均具双层结构，川西块体褶皱基底由中元古界变质火山-沉积岩系构成，川东南块体褶皱基底则主要由新元古界板溪群浅变质沉积岩构成，两者形成于晋宁期（10 亿~8 亿年），能干性相对较弱。

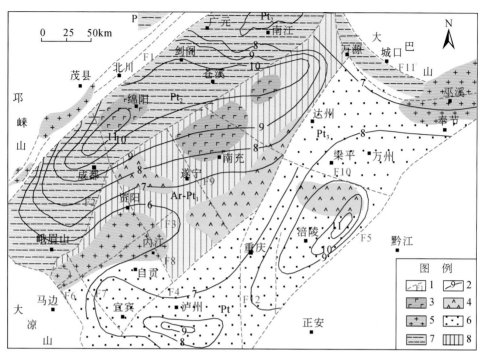

图 1-31　四川盆地基底结构（据罗志立，1998 修编）

1. 推测大断裂；2. 基岩埋深等高线（km）；3. 基性杂岩；4. 中基性火山岩；5. 花岗岩；6. 新元古界板溪群；
7. 中元古界黄水河群；8. 太古宇—古元古界康定群

F1. 龙门山断裂带；F2. 龙泉山-三台-巴中-镇巴断裂带；F3. 犍为-安岳断裂；F4. 华蓥山断裂；F5. 齐岳山断裂；F6. 荥经-沐川断裂；F7. 乐山-宜宾断裂；F8. 什邡-简阳-隆昌断裂；F9. 绵阳-山台-潼南断裂；F10. 南部-中显断裂；F11. 城口断裂；F12. 纂江断裂

2）构造变形的三分性

以乐山-龙泉山-阆中和宜宾-华蓥山-达州一线为界，川西、川中、川东表现出明显的三分性：①川西主体构造为 NE 走向，显示受龙门山冲断活动控制。北段受米仓山构造活动影响，主要发育近 EW 向构造，同时又具有明显的 NE 和 EW 走向的复合联合构造，如绵阳弧形构造和孝泉-新场-丰谷构造带。南段受南北向康滇构造带影响，呈现出 NE 和近 SN 走向叠加构造。②川中地表构造较为平缓，显示 NE 和 NW 走向的复合联合叠加构造，局部发育 EW 走向构造。龙门山冲断作用对川中区的影响明显减弱，局部受其东部川东构造带的影响，同时叠加大巴山和盆地西南缘断褶带作用下的 NW 向构造。③川东以 NE—NNE 走向平行排列的隔挡式背向斜为典型特征，其走向自北向南由近 E-W 向转为 NNE 向再转为 S-N 向。北段由于受大巴山与八面山弧形带联合控制形成向东收敛向西撒开的收敛双弧。中段俗称川东高陡构造带，以 NNE 向隔挡式平行褶皱为特征。南段泸州-贵州习水区域显示 NE、EW 和 SN 向的复合联合叠加构造。

四川盆地的现今构造形迹与基底轮廓具良好的对应性，表明构造变形可能受控于基底结构。

2. 受板块部位影响的差异形变

板块部位对构造变形的影响体现在两个方面，一是平行于挤压方向上的变化，即倾向上的变化；二是垂直于挤压方向上的变化，即走向上的变化。

（1）平行于挤压方向，即从造山带向拗陷内，变形强度由强变弱，变形样式由基底卷入型逐渐过渡为盖层滑脱型。从龙门山→川西拗陷→川中，由大规模的叠瓦逆冲构造向滑脱逆冲构造再向轻微挠曲变形转变；从齐岳山→川东→川中，由大规模的基底逆冲构造、三角带构造向盖层滑脱型"隔挡式"褶皱再向轻微挠曲变形转变。

（2）垂直于挤压方向，板块边界形状和所处位置的不同引起受力方式及其变形方式的差异。如图 1-32 所示，丁山构造和林滩场构造同处于山前构造带上，但二者构造形态却有较大差别，丁山为短轴背斜（平面形态近圆形），林滩场为长轴背斜（平面形态为椭圆形）。构造形态的差异可能与两个因素有关：①板块边界形态的差异，具体的边界形态尚不清楚；②受力方式的差异，丁山构造受东侧的齐岳山和南侧的大娄山双重构造作用控制，而林滩场构造则仅受南侧大娄山单方向构造作用影响。

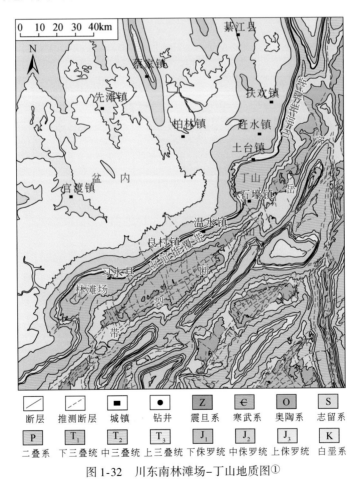

图 1-32　川东南林滩场–丁山地质图①

---

① 刘增乾.1977.1∶20万綦江幅区域地质调查报告。

3. 受滑脱层控制的分层差异形变

断层通常在能干岩层中发育，终止于非能干岩层（即滑脱层）。滑脱层通常为盐岩（膏盐岩）、泥岩或煤层等塑性地层。四川盆地川西地区的滑脱层主要包括中、下三叠统膏盐岩，上三叠统须三段和侏罗系遂宁组泥岩。受雷口坡组膏盐岩滑脱层、须三段含煤滑脱层及遂宁组泥岩滑脱层的控制，川西前陆盆地中新生界地层存在两个变形层，即马鞍塘组—须三段下变形层与须四段—遂宁组上变形层。同时，根据局部滑脱层可将上变形层进一步细分为 3 个次级变形层（图 1-33）。下变形层早期活动以断层三角带、构造楔逆冲变形为主，断层一般消失于须三段含煤滑脱层内部，未切穿须四段底部，后期构造活动改造弱；上变形层早期受下变形层影响，以滑脱褶皱为主，后期以逆冲推覆变形为主，后期变形对早期变形有明显的改造作用。这可能是川西前陆盆地须二段的油气潜力好于须四段，浅层侏罗系次生气藏发育的原因之一。一般而言，塑性层之下的地层变形相对较弱，形成原生内幕油气藏或就近后期调整原生油气藏的可能性大于上部地层。

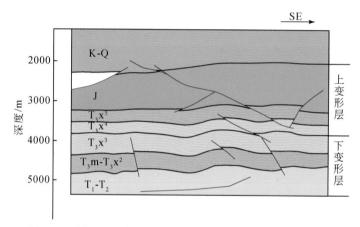

图 1-33　川西地区合兴场构造 InLine1925 测线剖面构造样式

川东南地区构造总体上受控于寒武系与中、下三叠统膏盐滑脱层，多数断层均沿滑脱层滑脱，仅发育在齐岳山前基底式的大型断层可穿过寒武系滑脱层（图 1-34）。同时由于下部寒武系膏盐层提供的摩擦阻力较小，来自齐岳山的挤压作用迅速向坳陷内传播，形成坳陷内多个背斜与向斜的组合（侏罗山式褶皱）。

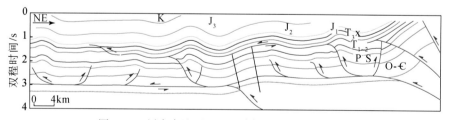

图 1-34　川东南地区 2002-1 剖面地震解释成果图

第二章 四川盆地致密砂岩层序与沉积特征

第一节 层序地层特征

一、层序地层划分方案

四川盆地是中国典型的多旋回叠合含油气盆地，中生代以来经历了被动大陆边缘盆地、局限前陆盆地、成熟前陆盆地、构造残余盆地等多个演化阶段。震旦系—中三叠统为海相沉积，中三叠世末发生的印支运动使上扬子板块结束了自震旦纪以来大规模海域分布的历史，进入陆相沉积盆地发展演化阶段，随后不断隆起的龙门山构造带一直作为陆相中新生代四川盆地西部最重要的物源区。其中，盆地西部上三叠统马鞍塘组和小塘子组属海相或海陆过渡相沉积，全盆上三叠统须家河组至古近系则为巨厚的陆相地层，最厚逾万米，总体特征是西厚东薄，北厚南薄。

陆相层序地层学与适用于构造相对稳定的克拉通盆地和离散型被动大陆边缘盆地的基于 Vail 等的经典层序地层学理论具有一定的差异性，陆相盆地二级层序是构造运动和海平面变化叠加效应的结果，层序界面通常是构造运动及相对海平面突然下降的叠加（郑荣才等，2008）。在前人对盆地内层序地层认识的基础上，通过单井岩性、测井及古生物组合分析，结合野外露头观察、地震合成记录等多种方法，确定层序界面的地质和地震识别标志，建立层序地层划分方案。

根据野外露头及钻井层序界面的识别，结合地震层序地层划分，四川盆地上三叠统—白垩系中发育 7 种类型层序界面（表 2-1）。在层序界面识别及层序界面成因类型分析的基础上，确定了四川盆地上三叠统—白垩系层序地层划分方案（表 2-2），共划分出 8 个构造层序（TS1 ~ TS8）和 17 个三级层序（SQ1 ~ SQ17）。

表 2-1 四川盆地上三叠统—白垩系层序界面特征

层序界面表现形式	典型特征
不整合面（古风化壳）	地层缺失、生物化石带缺失、地球化学突变面
古喀斯特作用面	岩溶角砾岩，溶蚀孔洞和外来物的充填作用，大气淡水胶结物，铁泥质氧化壳，地球化学突变
大型底冲刷面	不规则冲刷面，滞留砾岩，岩性和岩相突变面
间歇暴露面	薄层泥岩、页岩和粉砂岩之间的古土壤层和沉积超覆面
超覆面	盆缘的超覆接触关系（上超面）和盆内的下超接触关系（下超面）
岩性岩相转换面	界面上下岩性特征及沉积相类型明显不同，但界面规则
最大湖泛面	细粒暗色岩性和相对较深水的岩相，以特征的高伽马值电性特征为主要识别标志，在地震剖面中最大湖泛面主要依靠地震上的最远上超点来加以识别

表2-2 四川盆地上三叠统—白垩系层序划分方案

地层系统				川西地区		川西南地区		川东北地区		川东南地区	
界	系	统	组	构造层序	层序	构造层序	层序	构造层序	层序	构造层序	层序
新生界	古近系		名山组			▨	▨	▨	▨	▨	▨
中生界	白垩系	上统	灌口组	TS8	SQ17	TS8	SQ17	▨	▨	▨	▨
			夹关组	TS8	SQ17	TS8	SQ17	▨	▨	▨	▨
		下统	古店组	TS7	SQ16	▨	▨	TS7	SQ16	▨	▨
			七曲寺组	TS7	SQ16	▨	▨	TS7	SQ16	▨	▨
			白龙组	TS7	SQ16	▨	▨	TS7	SQ16	▨	▨
			苍溪组	TS7	SQ16	▨	▨	TS7	SQ16	▨	▨
	侏罗系	上统	蓬莱镇组（莲花口组）	TS6	SQ15	TS6	SQ15	TS6	SQ15	TS6	SQ15
			蓬莱镇组（莲花口组）	TS6	SQ14	TS6	SQ14	TS6	SQ14	TS6	SQ14
			遂宁组	TS6	SQ13	TS6	SQ13	TS6	SQ13	TS6	SQ13
		中统	上沙溪庙组	TS5	SQ12	TS5	SQ12	TS5	SQ12	TS5	SQ12
			下沙溪庙组	TS5	SQ11	TS5	SQ11	TS5	SQ11	TS5	SQ11
			千佛崖组	TS5	SQ10	TS5	SQ10	TS5	SQ10	TS5	SQ10
		下统	白田坝组（自流井组）	TS4	SQ9	TS4	SQ9	TS4	SQ9	TS4	SQ9
			白田坝组（自流井组）	TS4	SQ8	TS4	SQ8	TS4	SQ8	TS4	SQ8
	三叠系	上统	须家河组 六段	TS3	▨	TS3	SQ7	TS3	SQ7	TS3	SQ7
			须家河组 五段	TS3	SQ6	TS3	SQ6	TS3	SQ6	TS3	SQ6
			须家河组 四段	TS3	SQ5	TS3	SQ5	TS3	SQ5	TS3	SQ5
			须家河组 三段	TS2	SQ4	TS2	SQ4	TS2	SQ4	TS2	SQ4
			须家河组 二段	TS2	SQ3	TS2	SQ3	TS2	SQ3	TS2	SQ3
			小塘子组	TS1	SQ2	▨	▨	▨	▨	▨	▨
			马鞍塘组	TS1	SQ1	▨	▨	▨	▨	▨	▨
		中统	天井山组								
			雷口坡组								

（1）TS1（马鞍塘组—小塘子组）：SQ1（马鞍塘组）、SQ2（小塘子组）。

（2）TS2（须二段—须三段）：SQ3（须二段）、SQ4（须三段）。

（3）TS3（须四段—须六段）：SQ5（须四段）、SQ6（须五段）、SQ7（须六段）。

　　（4）TS4（白田坝组/自流井组）：SQ8（白田坝组/自流井组）、SQ9（白田坝组/自流井组）。

　　（5）TS5（千佛崖组—上沙溪庙组）：SQ10（千佛崖组）、SQ11（下沙溪庙组）、SQ12（上沙溪庙组）。

　　（6）TS6（遂宁组—蓬莱镇组）：SQ13（遂宁组）、SQ14（蓬一段—蓬二段）、SQ15（蓬三段—蓬四段）。

　　（7）TS7（下白垩统）：SQ16（下白垩统）。

　　（8）TS8（上白垩统）：SQ17（上白垩统）。

二、层序对比及层序地层格架

　　在构造层序和三级层序划分和结构特征分析的基础上，选取穿越四川盆地的典型剖面进行层序对比，并在此基础上建立了层序地层格架。在进行层序单元划分与对比的过程中，主要遵循以下 3 条原则。

　　1）最大沉积间断、逐级划分对比

　　通常选择规模大、沉积间断持续时间长的二级、三级不整合面为层序界面进行追踪对比。

　　2）井震标定、横纵统一

　　通过地震合成记录标定，将纵向上具有较高分辨率的录、测井资料与横向上可连续追踪对比的地震资料结合，建立地质–地震统一的等时地层格架。

　　3）逐级统一、规模一致

　　在对不同级别层序进行横向追踪对比时，遵循盆地内二级层序界面统一，拗陷内三级、四级层序界面统一，相同构造带内准层序界面统一的逐级统一的原则。

　　层序对比结果表明，四川盆地上三叠统 TS1 构造层序在川西拗陷发育齐全，向西向东沿威远–合川–大竹–南江一线尖灭。TS2 构造层序在全盆相对稳定，各个区域发育齐全，自冲断带–前渊带–隆起带，TS2 构造层序具有由厚减薄的趋势。TS3 构造层序在全区发育齐全，在川西和川西北地区部分缺失，其中 SQ6（须五段）自东向西沿什邡金河–绵阳–南江一线尖灭，SQ7（须六段）湖盆继续萎缩，自东向西沿天全–眉山–三台–巴中–通江–万源一线尖灭。由于其湖缩体系域受到冲刷侵蚀，TS3 构造层序具有湖扩体系域的厚度明显大于湖缩体系域厚度的不对称特征。

　　对于侏罗系，则是在川西等时地层格架建立的基础之上进行外推，充分利用过川西拗陷内部钻井的二维地震大剖面进行地层界面追踪。首先，选取拗陷内具明显层序界面标志的单井进行层序地层划分；其次，通过井震合成记录，分析各层序界面的地震反射特征，在完成过井二维、三维地震剖面解释的基础上，建立了四川盆地侏罗系层序地层格架（图 2-1，图 2-2）。川西地区龙门山剑阁、广元一带莲花口组与川西拗陷蓬莱镇组，以及龙门山前缘白田坝组与川西拗陷及以东地区自流井组具有可对比性，属于等时异相。川西地区千佛崖组与川中、川西南地区的凉高山组具有一定的可对比性，川中地区重庆群重一段、重二段、重三段、重四段与川西地区下沙溪庙组、上沙溪庙组、遂宁组及蓬莱镇组具有一定的可对比性。最终实现了四川盆地侏罗系的地层对比（表 2-3）。

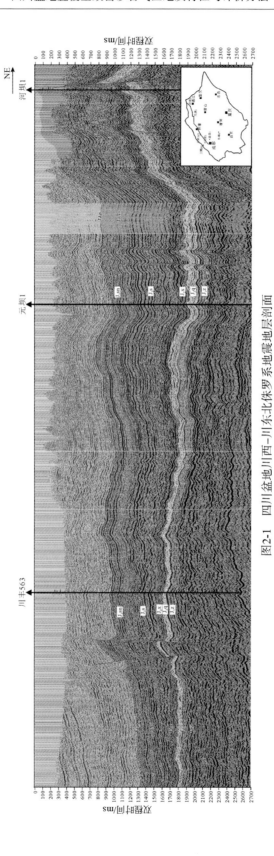

图2-1 四川盆地川西-川东北侏罗系地震地层剖面

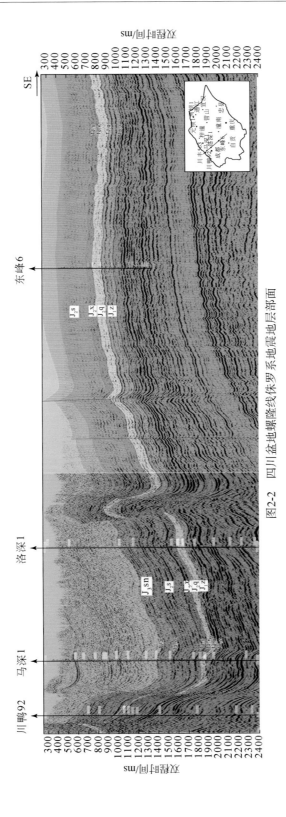

图2-2 四川盆地螺岭线侏罗系地震地层剖面

表2-3　四川盆地侏罗系地层划分对比表

地层 ＼ 地区		川西地区	川西南地区	川中地区	川东北地区	川南地区
白垩系						
侏罗系	上统	蓬莱镇组	蓬莱镇组	蓬莱镇组	蓬莱镇组	蓬莱镇组
		遂宁组	遂宁组	遂宁组	遂宁组	遂宁组
	中统	上沙溪庙组	上沙溪庙组	上沙溪庙组	上沙溪庙组	上沙溪庙组
		下沙溪庙组	下沙溪庙组	下沙溪庙组	下沙溪庙组	下沙溪庙组
		千佛崖组	凉高山组	凉高山组	千佛崖组	凉高山组
	下统	白田坝组（自流井组）	自流井组	自流井组	自流井组	自流井组
三叠系		须家河组				

　　总之，四川盆地在晚三叠世—白垩纪所形成的构造层序在不同地区可以完全对比，但同一个构造层序内所包含的三级层序个数及完整性可能有所不同，表明构造升降及湖平面变化在整个四川盆地具有一致性，而三级层序及其湖平面变化规律在盆地不同地区、不同相带具有一定的差异性。

三、层序二元结构特征

1. 川西陆相层序结构特征

　　与经典层序地层学层序主要受海平面变化控制不同，陆相盆地层序地层主要受幕式构造活动控制。在层序内部结构划分上，经典层序地层学和传统断陷盆地层序地层学均表现为三元层序结构，即高位体系域、海侵（湖侵）体系域和低位体系域，这些体系域与基准面（相对海平面或相对湖平面）变化引起的滨线迁移密切相关。而在川西拗陷前陆盆地则发育特征明显的二元体系域层序结构，即每个层序基本仅由低位粗碎屑体系域（LST）与湖侵超覆的细碎屑体系域（EST）两个体系域构成，顶部高位体系域（HST）不发育，且具有明显的脉冲式波动的周期变化特征。主要表现在以下几个方面。

　　1）露头剖面

　　川西地区植被覆盖率高，仅少数地区露头剖面上可见到相对完整的层序发育。以广元泡石沟剖面为例，出露了须家河组一个较完整的二级层序（TS2：须二段+须三段层序），这个二级层序的"二元体系域结构"特征明显，下部须二段层序（SQ3）发育辫状河及三角洲平原、前缘粗碎屑沉积，而上部须三段层序（SQ4）底部可见碳质页岩超覆在须二段砂岩之上，发育滨–浅湖粉细砂岩与泥岩互层沉积，整个层序具有明显的岩性突变及下粗上细的粒序特征（图2-3）。

(a)须二段/须三段岩性突变面　　　　　　(b)须三段底部黑色碳质页岩

图2-3　广元泡石沟剖面须二段、须三段层序界面特征

对侏罗系来说，野外露头剖面上也可见到完整的二元层序发育特征，以什邡李冰陵蓬莱镇组剖面为例，出露一个较完整的三级层序（SQ15：蓬三段+蓬四段层序），该三级层序下部发育蓬三段三角洲前缘砂体沉积，上部为蓬四段滨浅湖相粉细砂岩与泥岩互层，整个层序也具有较明显的下粗上细的"二元"结构特征。

2）钻井

在川西地区所揭穿的各单井中，上三叠统须家河组各二级层序岩性组合、沉积微相构成和测井曲线均具下粗上细的"二元"结构，层序下部低位体系域自然伽马曲线值较低，发育粗粒三角洲前缘水下分流河道、河口坝砂体；而上部湖侵超覆段自然伽马曲线值较高，发育细粒湖泊相泥岩、粉砂岩与泥岩互层（图2-4）。侏罗系钻井资料也显示侏罗系各三级层序岩性组合、沉积微相构成和测井曲线也具有较明显的下粗上细的"二元"结构，尤其在伽马曲线上其下部低位体系域的低值段和上部湖侵超覆的高值段周期性交互出现（图2-5）。

3）地震连井剖面

川西地区钻井、地震连井剖面上也可见明显的"二元"结构，从须家河组地震反演连井剖面可以看出，须家河组各二级层序均表现出下部相对较粗三角洲沉积–上部相对较细滨浅湖沉积的"二元"结构特征，且这种"二元"结构呈现脉冲式波动的突变特征，整体表现为多个二元层序结构的垂向叠置（图2-6）。

从侏罗系钻井、地震反演连井剖面也可以看出，侏罗系各三级层序下部以相对较粗的三角洲沉积为主，而上部则以粒度较细的滨浅湖沉积为主，整体表现出多个二元层序结构的垂向叠置（图2-7）。

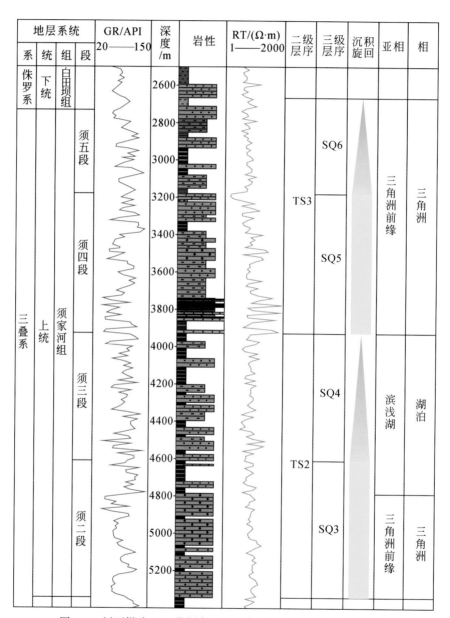

图 2-4　川西拗陷 CK1 井须家河组层序"二元体系域"结构特征

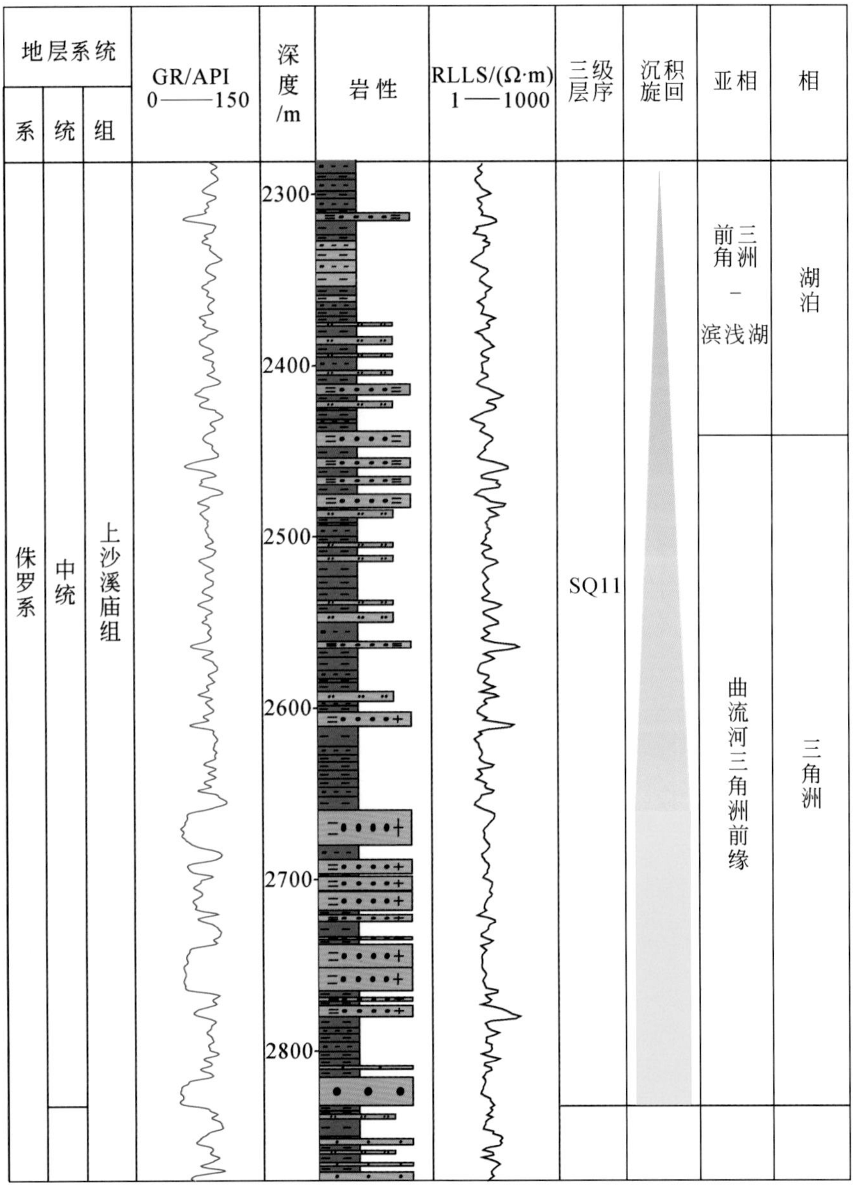

地层系统			GR/API 0——150	深度 /m	岩性	RLLS/(Ω·m) 1——1000	三级层序	沉积旋回	亚相	相
系	统	组								
侏罗系	中统	上沙溪庙组		2300 2400 2500 2600 2700 2800			SQ11		三角洲前缘–滨浅湖	湖泊
									曲流河三角洲前缘	三角洲

图 2-5 川西拗陷 GJ7 井侏罗系上沙溪庙组层序"二元体系域"结构特征

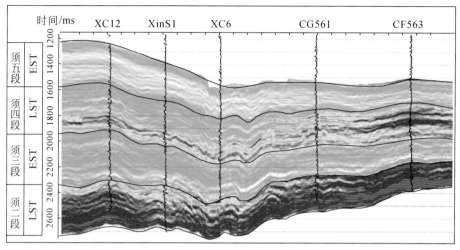

图 2-6　川西拗陷须家河组连井地震反演剖面脉冲式波动 "二元" 结构特征

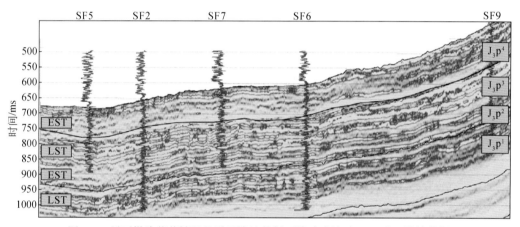

图 2-7　川西拗陷蓬莱镇组地震反演连井剖面脉冲式波动 "二元" 结构特征

2. 川西陆相脉冲式波动 "二元" 层序结构形成机制

压性盆地基底应力积累与释放过程不是一个渐进的过程，而是一个 "应力长期缓慢积累、短期瞬时释放" 的脉冲式波动过程，与现今的地震活动类似，长时间的应力积蓄在短时间的地震事件中瞬间释放（吴嘉鹏，2014）。经历幕式挤压盆地可容空间的变化规律与典型的海相盆地层序的海平面控制机制有很大不同。典型海相盆地的可容空间大小主要受海平面变化控制，并随海平面的波动而逐渐增大或减小，具有 "正弦式" 的周期波动变化特征；而受幕式逆冲挤压作用控制的陆相沉积盆地可容空间主要受控于构造运动，其变化具有脉冲式波动的突变特征。

川西前陆盆地是在晚三叠世早期扬子板块西缘被动大陆边缘的基础上形成，受北部南秦岭和西部龙门山逆冲推覆作用的复合控制，是一个由上三叠统须家河组局限前陆盆地、侏罗系—白垩系再生前陆盆地及新生界构造残余盆地叠加而形成的多旋回叠合盆地。受特提斯构造域和环太平洋构造域共同作用，中生代以来扬子板块与周缘板块发生了多次间歇式的碰撞汇聚，整体表现为自南向北顺时针的运动特征。在此区域背景下，川西拗陷中生代以来表现为受北部南秦岭和西部龙门山两个边界条件交替作用的构造演化特征。随着南秦岭米仓山–大巴山和龙门山的相继隆升，川西拗陷的应力特征呈现挤压与松弛交替出现的二元特点：挤压期周缘山系逐渐隆升，应力逐渐集中，发生强烈的构造挤压变形和挠曲沉降，拗陷具有最大挠曲的地貌特征；松弛期周缘山系隆升至最高，断层冲断至地表，应力集中到最大后释放，拗陷呈现整体抬升的地貌特征。这种周期性、脉冲式的挤压与松弛后沉积耦合的作用过程，是导致川西前陆盆地层序地层呈现出脉冲式波动"二元"结构特征的主要机制。

小塘子期，即逆冲挤压期，应力缓慢积累导致前陆盆地发生强烈挠曲沉降，湖盆水体逐渐加深，进入湖侵体系域发育阶段，可容空间增加，沉积物堆积速率巨大，滨岸退积上超，粗粒碎屑岩沉积主要发育在湖盆边缘，而盆地主体则以半深湖–深湖的细粒碎屑岩沉积为主。当应力强度超过基底弹性形变临界点后发生破裂，应力突然释放进入松弛期，即须二期。该阶段湖平面快速下降，可容空间快速减小，低位粗碎屑体系复活，即由高位体系域向低位体系域过渡的时间很短暂，以致尚未形成相应规模的高位体系域沉积，湖平面便迅速下降，进入下一期的低位体系域演化阶段（图2-8）。

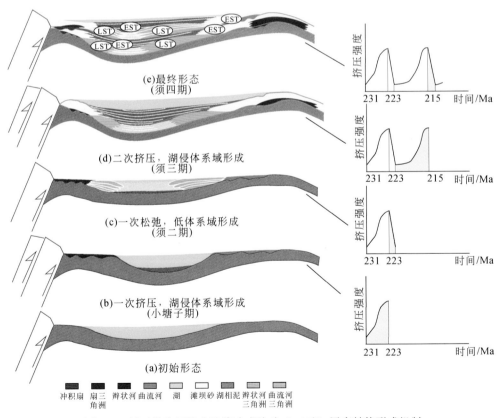

图2-8　川西拗陷压性盆地脉冲式波动"二元"层序结构形成机制

3. 川西陆相脉冲式波动"二元"层序结构发育模式

根据脉冲式波动"二元"层序结构的形成机制及其在露头、测井及地震剖面上的特征，建立了川西陆相压性盆地脉冲式波动"二元"层序构成及层序地层格架模式（图2-9）。

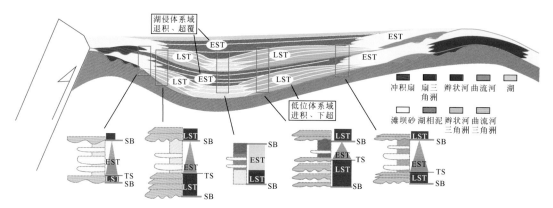

图2-9　川西拗陷压性盆地脉冲式波动"二元"层序地层格架模式

结合四川盆地构造演化及川西前陆盆地陆相层序结构发育特征（图2-10）可以看出，晚三叠世—中侏罗世千佛崖期，川西地区主要经历了4次挤压、松弛的二元结构交替过程。

（1）马鞍塘期—小塘子期—须二期。马鞍塘期—小塘子期，受古特提斯洋关闭的影响，扬子板块逐渐由南向北运动，川西拗陷表现为近SN向挤压应力逐渐增强的挤压特征，该时期逆冲作用发育，一方面导致物源区强烈抬升，增大物源区与沉积区的高差，另一方面导致川西前陆盆地发生强烈的构造挠曲沉降，可容空间增大，处于欠补偿状态；小塘子期末发生印支Ⅱ幕运动，挤压应力得到突然释放，进入松弛期，该阶段以剥蚀卸载驱动的抬升为特征，湖平面快速下降，可容空间快速减小，沉积速率较低，低位体系域开始发育，以粗粒的三角洲沉积为主，砂地比超过80%。小塘子组与须二段之间存在一个明显的沉积间断面，该界面在区域上以平行不整合为主，界面之下以小塘子组顶部煤层/页岩为特征，之上为须二段厚层粗粒砂岩。

（2）须三期—须四期。须三期，受扬子板块顺时针旋转，古特提斯洋关闭时剪切应力的影响，龙门山北段逐渐隆升，由此产生逐渐增强的近NW–SE向挤压应力，形成自北西向南东的逆冲挤压。随着挤压作用的持续，在川西前陆盆地产生新的挠曲沉降，湖盆水体逐渐上升，滨岸退积上超。此时，可容纳空间的增加量超过沉积物补给量，沉积速率增大，湖侵体系域开始发育，因此该阶段主要发育细粒的滨浅湖沉积；须三期末—须四期初发生印支Ⅲ幕运动（安县运动），龙门山中、北段进入强烈构造隆升阶段，北川–映秀断裂冲断至地表，应力集中到最大后迅速释放，川西拗陷须四段底部广泛分布主要来自龙门山中、北段的碳酸盐质砾岩，表明该阶段的构造、沉积格局和盆山耦合关系主要受龙门山逆冲推覆挤压应力的释放控制。同时，该层序在盆地边缘具有强烈的向西超覆的特征，其在地震剖面上显示为一个明显的削截面，均表明此不整合面的形成可能与构造平静期的均衡回弹有关。须四段沉积期，湖平面迅速降低，进入了构造相对平静期，高位体系域尚未

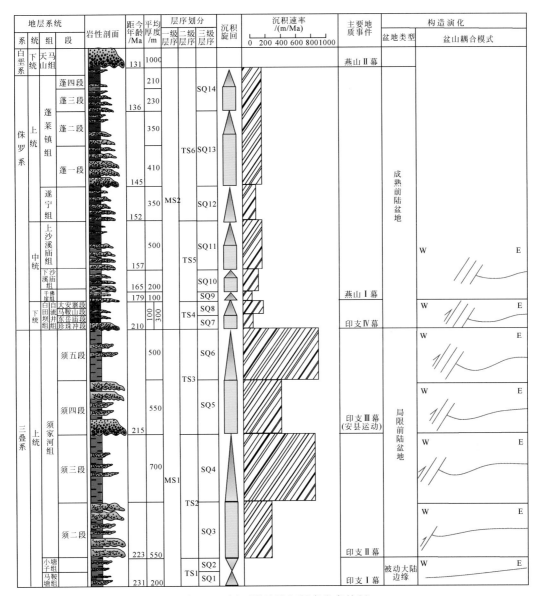

图 2-10　川西拗陷陆相层序发育特征

大量发育就进入 TS3 构造层序的低位体系域演化阶段。此时，可容空间快速减小，沉积速率降低，低位体系域开始发育，发育粗粒的辫状河和三角洲沉积。

（3）须五期—早侏罗世东岳庙期。须五期，南秦岭再次隆升，川西拗陷表现出近 SN 向挤压应力逐渐增强的挤压特征，湖盆水体逐渐上升，滨岸退积上超，可容纳空间增大，沉积速率也增大，湖侵体系域开始发育，须五段以细粒的滨浅湖沉积为主；须五期末—东岳庙期初发生印支Ⅳ幕运动，造山断裂冲断至地表，应力集中到最大后释放，在三叠系与侏罗系之间表现为一个区域性的构造不整合面，以下侏罗统底部冲积扇砾岩大幅度截切超覆在须五段滨浅湖砂泥岩地层之上为特征。

(4) 早侏罗世马鞍山期—中侏罗世千佛崖期。燕山Ⅰ幕之前，川西拗陷表现为 NNE-SSW 向挤压应力逐渐增强的挤压特征，湖侵体系域开始发育，以滨浅湖沉积为主，拗陷东部地区还可见滨浅湖-半深湖介屑滩沉积发育；燕山Ⅰ幕构造运动导致大巴山隆升，造山断裂冲断至地表，应力集中到最大后释放，在千佛崖组底部发育广泛分布石英质砾岩沉积，千佛崖组与下伏地层间存在一个区域性的构造不整合面。此后，川西拗陷进入长期的构造平静期，沉积速率较低。

4 次挤压、松弛二元结构交替过程形成了具明显周期性和脉冲波动性特征的须家河组、下侏罗统 3 个二级层序的二元体系域结构，包括构造平静期的低位体系域（须二段、须四段、下侏罗统珍珠冲+东岳庙段）和逆冲挤压期的湖侵体系域（须三段、须五段、马鞍山+大安寨段），此时气候持续处于温暖潮湿环境，构造作用是控制二元体系域层序结构发育的主要因素。

进入中、晚侏罗世，川西拗陷进入了以成熟前陆盆地为主的演化阶段，构造活动相对较弱，气候条件总体干旱炎热，湖泊范围较小，可容空间主要受控于气候变化引起的湖平面变化，二级层序的二元体系域层序结构特征不明显，而三级层序的二元体系域结构特征较明显。这种三级层序内的二元体系域结构主要受干旱气候背景下气候的三级周期变化控制。理想条件下，气候三级周期变化基本符合正弦曲线（李勇等，2000）。但是，川西地区中、晚侏罗世气候的三级周期变化并不完全符合正弦曲线，即降水量逐渐减少、气候逐渐变干旱→降水量逐渐增加、气候逐渐变潮湿［图 2-11（a）］，而是呈现降水量逐渐减少、气候持续干旱、湖平面不断降低、可容空间逐渐减小、粗碎屑沉积→降水量突然增加、注入湖盆水量及可容空间迅速增加、细碎屑沉积的特征［图 2-11（b）］。洪水期到干旱期间隔时间短，导致川西拗陷中、上侏罗统三级层序缺乏高位体系域沉积，表现出较为明显的"下粗上细"的二元结构特征。

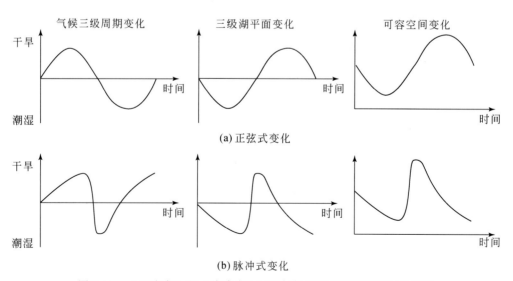

图 2-11 "正弦式"和"脉冲式"三级气候周期对可容纳空间的影响

四、层序发育特征

根据"二元体系域"划分原则，对川西拗陷二级层序进行了研究。结果表明，在局限前陆盆地期，构造作用是控制二级层序发育的主要因素，二元体系域分别指一个构造旋回早期挤压应力短期瞬时释放的松弛期低位体系域和晚期应力长期缓慢积累的逆冲挤压期湖侵体系域；对于成熟前陆期盆地，由于远离构造相对强烈地区，湖泊范围较小，垂向上多形成短期气候旋回，而构造运动形成的二级层序的旋回特征不明显。

1. 印支早期被动大陆边缘盆地（TS1 构造层序）层序发育特征

该构造层序以印支运动Ⅰ幕造成的区域性不整合面为底界，顶界为与须二段之间的岩性岩相转换面。由细粒沉积物为主的海侵体系域（相当于上三叠统马鞍塘组）和粗粒沉积物为主的高位体系域（相当于上三叠统小塘子组）组成（图 2-10）。主要分布在龙门山以东的川西地区，在盆地北部通江平溪、固军坝地区缺失。

2. 印支中晚期局限前陆盆地（TS2+TS3 构造层序）层序发育特征

TS2 构造层序底界为岩性岩相不整合面，顶界为安县运动造成的区域性不整合面。根据二元体系域划分原则，层序内部可进一步细分为松弛期低位体系域和逆冲挤压期湖侵体系域，分别对应 SQ3（须二段）和 SQ4（须三段）层序（图 2-10）。其中，松弛期低位体系域以粗粒沉积物为主，退积-加积式准层序组发育，由于物源供给能力强，可容空间相对较小，在拗陷内部形成多个三角洲分流河道砂体的叠置；逆冲挤压期湖侵体系域以细粒沉积物为主，发育退积式准层序组，物源供给能力弱，挤压应力作用导致前陆盆地发生强烈的挠曲沉降，可容空间增加，盆地呈饥饿状态，盆地内部广泛分布三角洲前缘亚相和滨浅湖沉积。

TS3 构造层序由 SQ5（须四段）、SQ6（须五段）和 SQ7（须六段）构成（图 2-10）。TS3 构造层序发育早期，由于受印支运动Ⅱ幕安县运动的影响，龙门山进入强烈隆升阶段，不仅龙门山北段遭受剥蚀，龙门山中段和南段也开始隆升遭受剥蚀，向盆地供源。由于物源供给能力强，可容空间相对较小，沉积物填平补齐，过补偿充填层序，从而形成须四段厚层砂体沉积；逆冲挤压期，湖盆水体逐渐加深，湖滨岸线已退至九龙山-安州一线，除在龙门山山前带及拗陷中北部发育一些三角洲平原-三角洲前缘沉积外，拗陷大部分地区以前三角洲-滨浅湖沉积为主。

3. 燕山期成熟前陆盆地（TS4+TS5+ TS6 构造层序）层序发育特征

TS4 构造层序发育期，四川盆地从晚三叠世的局限前陆盆地演变为成熟前陆盆地，在盆地北西边缘为白田坝组，盆地内部为自流井组，可进一步划分为 SQ8（珍珠冲段、东岳庙段）和 SQ9（马鞍山段和大安寨段）（图 2-10）。须五期末—东岳庙期初发生印支Ⅳ幕运动，造山断裂冲断至地表，应力集中到最大后释放，在下侏罗统底部形成冲积扇砾岩；燕山Ⅰ幕之前，表现出 NNE-SSW 向挤压应力逐渐增强的挤压特征，湖侵体系域开始发育，以滨浅湖沉积为主，盆地中东部地区还可见滨浅湖-半深湖介屑滩沉积发育。

TS5 构造层序由 SQ10（千佛崖组）、SQ11（下沙溪庙组）和 SQ12（上沙溪庙组）构成（图 2-10）。龙门山处于相对平静期，秦岭造山带及大巴山推覆带强烈隆起，在四川盆地北部形成了新的拗陷（图 1-3）。大量陆源碎屑从盆缘山系搬运而来，盆地下降速度小于沉积物堆积速度，沉积环境由湖泊演变为河流为主（安红艳等，2011）。由于拗陷盆地湖盆较小，多形成短期气候旋回。受气候因素的影响，盆地枯水期和洪水期频繁交替出现，不能形成大型湖侵和大型湖退，二级层序二元体系域旋回不明显，而三级和四级旋回明显，三级旋回在垂向上表现为加积式相互叠置（图 2-10）。

TS6 构造层序由 SQ13（遂宁组）、SQ14（蓬一段、蓬二段）和 SQ15（蓬三段、蓬四段）组成（图 2-10）。层序底界在盆地西缘表现为侵蚀间断，在盆内表现为相关整合面；顶界面为上侏罗统与白垩系之间的构造不整合面，对应燕山运动Ⅱ幕。川西拗陷北段莲花口组厚达千余米的砾岩发育表明龙门山北段发生了新的冲断活动，并在其前缘形成新的拗陷中心。这一时期湖盆较浅，构造活动和气候共同控制着层序发育的样式，二级层序二元体系域的旋回性在这一时期同样不明显。以三级层序内部发育的最大湖泛面为界，可以划分出湖进体系域和湖退体系域，表现为不对称的二元结构。

第二节　沉积充填特征

一、沉积物源分析

沉积物源分析可以确定源区位置、物源方向、母岩类型、搬运路径及距离，对研究盆地沉积和构造演化具有重要意义。物源分析方法较多，目前应用较为广泛的包括碎屑组分分析、重矿物分析、沉积法、原始地层厚度分析、地球化学和同位素法等。单一研究方法存在多解性和不确定性，因此本书采用碎屑组分分析、重矿物分析、古水流方向分析、盆地周边砾岩分布特征分析、古地貌分析、微量元素分析等手段，结合地震平面属性、成像测井资料等多属性研究方法，对四川盆地须家河组及川西拗陷侏罗系的物源体系进行了综合研究。

1. 晚三叠世物源特征

晚三叠世须家河期四川盆地的周缘存在多个造山带，包括西缘龙门山、东北缘米仓山–大巴山和秦岭–大别山、东部江南（雪峰）古陆，以及西南部康滇古陆和南部的峨眉山–瓦山古隆起等（谢继容等，2006；戴朝成等，2014；陈斌等，2016）。总体上，四川盆地须家河组具有多源性，同时不同时期各物源区对盆地的供源能力及主次关系有所差异。

1）马鞍塘组—小塘子组

马鞍塘期—小塘子期沉积范围局限于川西、川中地区，自龙门山向川中、川北及川南地区厚度逐渐减薄，安岳、大足和重庆等地区地层厚度不足 20m（图 1-7）。马鞍塘早期盆地西缘海域是一个开阔浅海，龙门山冲断带尚未形成，马鞍塘晚期沉积环境发生重大变化，由碳酸盐岩沉积转变为碎屑沉积物–泥岩沉积为主，沉积范围向东扩展，可达盐亭–峨眉山一线。小塘子组为一套淡化潟湖海湾-滨海湖沼沉积。

在江油、广元和南江一带的小塘子组下部，广泛分布着一层成分成熟度和结构成熟度均较高的石英砂岩 [图 2-12 (a)，(b)]，反映距物源区较远。元坝地区以及旺苍高阳剖面小塘子组砂岩中岩屑含量多大于 30% [图 2-12 (c)，(d)]，明显高于广元工农镇剖面，且具有明显不同的重矿物组合特征（图 2-13），表明它们可能来自不同的物源区。谢继荣等（2006）根据盆地构造演化特征，结合砂岩碎屑组分、砂岩厚度百分比等数据指出该期以北部古秦岭高地为主物源区，次为南部的康滇古陆。陈斌等（2016）在龙门山中段、南段小塘子组中发现来自松潘-甘孜褶皱带的砾石和岩屑，同时川西地区小塘子组主要发育岩屑砂岩和岩屑石英砂岩，岩屑以变质岩和火成岩为主，均表明存在龙门山西侧古岛弧链物源。陈杨等（2011）通过对川西地区小塘子组碎屑锆石的 U-Pb 年龄研究，发现碎屑锆石优势年龄以代表古元古代的 1900～1750Ma 为主，同时可见较多代表扬子西缘来源的 850～700Ma 年龄的锆石，指出物源主要来自 NE 方向、北部的秦岭造山带，部分来自龙门山早期隆升形成的古岛屿。综上分析，推测该期物源主要来自北部古秦岭，同时南部康滇古陆及龙门山西侧古岛弧链也提供了部分物源。

(a)细粒石英砂岩,广元工农镇,T_3t,(+)

(b)薄中层细粒石英砂岩,广元工农镇,T_3t

(c)岩屑砂岩,YB204井,4747m,T_3t,(+)

(d)岩屑砂岩,旺苍高阳,T_3t,(+)

图 2-12　川北广元、元坝、旺苍小塘子组岩石类型

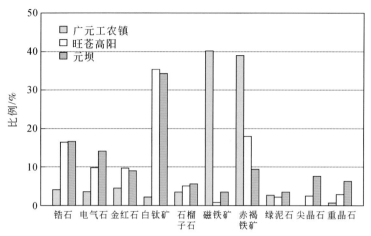

图 2-13　川北广元、旺苍、元坝地区小塘子组重矿物组合特征对比图

2）须二段、须三段

须二段—须三段沉积期，四川盆地内沉积范围进一步向东、向南超覆扩展，川西拗陷继续由海相沉积向陆相沉积转变。这一时期的物源除北部古秦岭山地、康滇古陆外，大巴山物源区及江南古陆物源区开始作贡献（谢继容等，2006）。

四川盆地重矿物 ZTR 指数①分布特征证实须二段具有川西北部、川东北部及盆地东南部多个 ZTR 指数低值区，分别反映了不同的物源方向（施振生等，2011）。

根据砂岩碎屑组分分布特征（图 2-14），四川盆地须二段物源具有多样性及分区性：

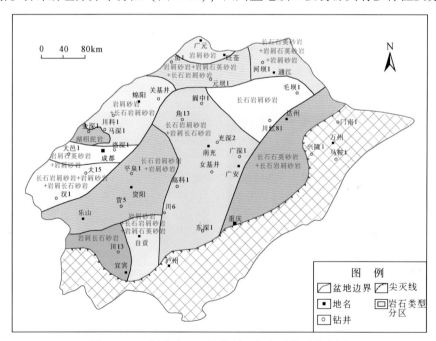

图 2-14　四川盆地上三叠统须二段岩石类型分布图

---

① ZTR 指数表示重矿物中最稳定的锆石（zircon）、电气石（tourmaline）、金红石（rutile）在重矿物中所占的比例。

①川西拗陷须二段普遍具有富石英、贫长石的特征，反映该区距物源较远，在大邑-温江-新都一线石英含量达到最高，出现较多的岩屑石英砂岩，表现出自北向南、自南向北石英含量逐渐增加的趋势，表明川西地区主要存在西北龙门山和松潘-甘孜褶皱带，以及西南康滇古陆两个方向物源。由于川西须二段中代表早期龙门山隆起剥蚀的碳酸盐岩岩屑很少，说明物源应该主要来自西侧的松潘-甘孜褶皱带。松潘-甘孜东缘逆冲在扬子板块西缘之上形成古岛弧并遭受剥蚀，为川西前陆盆地须家河组下部提供了主要物源（杨映涛等，2013；陈斌等，2016）。②川中、川南地区须二段具有较高的长石含量，广泛分布长石岩屑砂岩和岩屑长石砂岩，见少量岩屑砂岩，岩屑以变质岩和沉积岩为主，少量火成岩岩屑，未见碳酸盐岩岩屑，物源主要来自西南康滇古陆和川南峨眉山-瓦山古陆（胡诚，2011），部分来自东部江南（雪峰）古陆。③川东地区须二段以长石石英砂岩和长石岩屑砂岩为主，岩屑以变质岩为主，推测其主要受东北侧大巴山及东部江南（雪峰）古陆物源影响。④川北地区须二段以岩屑砂岩和岩屑长石砂岩为主，变质岩和沉积岩岩屑含量较高，物源主要来自东北部秦岭大巴山变质岩区及逐渐隆起的龙门山北段碳酸盐岩区。

　　须三段砂岩碎屑组分分布特征（图2-15）反映物源方向与须二段存在继承性：①川西地区北部主要分布岩屑砂岩和岩屑石英砂岩，岩屑类型以碳酸盐岩岩屑为主，含有少量的泥岩、粉砂岩岩屑及变质岩岩屑；南部长石含量略有增加，岩屑以沉积岩和岩浆岩为主。砂地比等值线呈现"中部低，南北高"的特征，重矿物ZTR指数表现出相反的趋势，均表明该区主要存在北部龙门山北段及西南部康滇古陆两个方向物源。②川北地区须三段以岩屑砂岩和岩屑石英砂岩为主，西部见大量碳酸盐岩岩屑，物源主要来自龙门山北段，中东部则以变质岩和沉积岩岩屑为主，主要受东北部米仓山-大巴山及秦岭-大别山物源影响。③川东、川南须三段长石含量较高，主要为细粒岩屑砂岩和长石岩屑砂岩，岩屑以沉

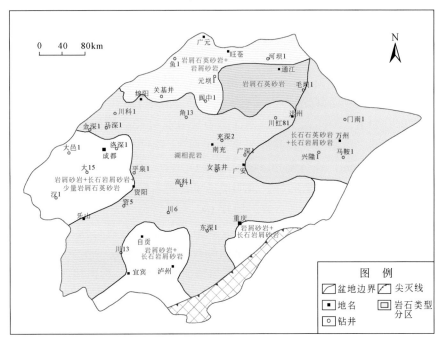

图2-15　四川盆地上三叠统须三段岩石类型分布图

积岩岩屑和变质岩岩屑为主，物源主要来自东北部米仓山-大巴山、东部江南（雪峰）古
陆和川南峨眉山-瓦山古陆。

　　3）须四段、须五段

　　诺利期末发生的安县运动使龙门山中北段抬升、封闭，形成盆地西界，川西南的康滇
古陆逐渐消失，不再作为盆地物源区，盆地西部物源发生改变（谢继容等，2006）。

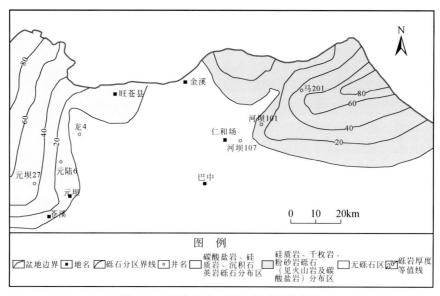

图 2-16　川东北地区须四段砾石分布图

　　川西北、川东北须四段砾岩的对比分析（图 2-16）表明广元-旺苍与南江-通江可能
具有不同的物源区。广元工农镇及旺苍剖面中砾石层单层层厚达几米至数十米，砾石砾径
一般为 0.5~20cm，大者大于 30cm，砾石较粗。在广元工农镇剖面中，砾岩累计层厚达
130m，砾石成分以碳酸盐岩砾石为主［图 2-17（a）］，含量高达 65.5%，浅变质岩砾石、
火山岩砾石不发育。元坝西部元坝 6 井、元坝 21 井、元坝 123 井、元坝 204 井砾岩砾石成
分以碳酸盐岩砾石为主，与广元工农镇剖面砾石成分具有较高相似性。南江-通江两条剖
面砾石特征明显不同，单层厚仅有几厘米至几十厘米，很少超过 1m，砾石累计厚度小于
50m，砾径仅为 0.5~2cm，砾石成分以硅质岩为主，含千枚岩、粉砂岩等浅变质岩及少量
碳酸盐岩、火山岩砾石，砾石磨圆好，说明经历了长距离搬运，物源可能来至北部的秦岭
造山带。通南巴地区马 201 井、马 2 井、河坝 102 井砾岩砾石成分以硅质岩砾石为主［图
2-17（b）］，含碳酸盐岩砾石和火山岩砾石（玄武岩、凝灰岩砾石），砾石成分明显不同
于工农镇剖面，与南江桥亭及通江诺水河剖面砾石特征十分类似。

　　施振生等（2011）对四川盆地须四段重矿物特征进行研究，指出须四期具有川西北部、
川东北部、川西南部及盆地东南部多个 ZTR 指数低值区，分别对应了不同的物源方向。

　　岩石成分平面分布特征（图 2-18）表明，四川盆地须四段物源具有明显的分区性：①川
西地区以岩屑砂岩和岩屑石英砂岩为主，含有大量的碳酸盐岩岩屑，反映龙门山中北段物源
的影响逐渐增大。②川北地区须四期主要存在西北部龙门山、东北部米仓山-大巴山两个方

 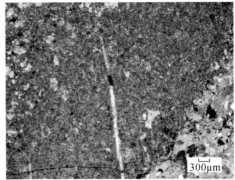

(a)厚壁虫灰岩砾石(-),广元工农镇剖面　　　　　(b)硅质岩砾石(+)，M201井

图 2-17　川东北须四段砾岩特征

向物源。其中，元坝西部以岩屑砂岩为主，长石含量普遍低于 10%，以富含碳酸盐岩岩屑为特征，物源主要来自西北部龙门山；阆中和元坝中东部须四段长石、石英含量较高，岩屑成分以变质岩和沉积岩为主，同时可见少量火成岩，物源主要来自北部及东北部米仓山–大巴山。③川中地区以岩屑长石砂岩和长石砂岩为主，岩屑成分以浅变质岩岩屑为主，极少见碳酸盐岩岩屑，表明基本不受西部龙门山物源影响。川中须四段稀土配分模式与须二段相似度很高，推测二者的物源性质相似（胡诚，2011），物源主要来自川南峨眉山–瓦山古陆，同时东北部米仓山–大巴山和东部江南（雪峰）古陆提供了部分物源。④川东地区以长石岩屑砂岩和岩屑长石砂岩为主，岩屑类型主要为沉积岩和浅变质岩，物源主要来自东部江南（雪峰）古陆。⑤川南地区以长石岩屑砂岩和岩屑砂岩为主，岩屑以沉积岩和浅变质岩岩屑为主，物源主要来自西部龙门山南段和川南峨眉山–瓦山古陆，部分来自东部江南（雪峰）古陆。

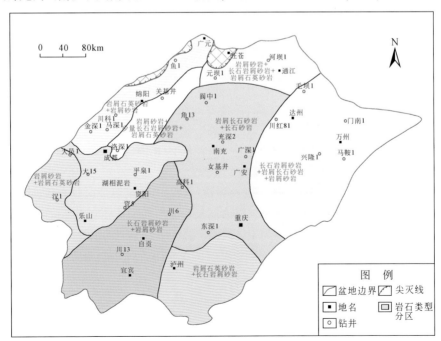

图 2-18　四川盆地上三叠统须四段岩石类型分布图

2. 川西拗陷侏罗纪物源特征

川西拗陷侏罗系地层保存完整，四川盆地其他地区中、上侏罗统均遭受不同程度的剥蚀。

针对川西拗陷中、上侏罗统碎屑岩物源问题，前人已经开展了较多研究工作。基于龙门山前冲积扇的分布、砾石定向排列及由西向东沉积相类型的变化情况，前人研究提出川西侏罗系主要受西部龙门山物源控制，以近源、短轴三角洲沉积为主，沉积相带及砂体展布主要呈 NW-SE 向展布，其中龙门山北段物源主要影响北部凹陷地区，其对川西拗陷中、南段的影响较小（叶茂才等，2000；谭万仓等，2008；朱志军等，2009；王大洋和王峻，2010；钱利军等，2013）。安红艳等（2011）、叶素娟等（2014b）、刘君龙等（2016）根据轻、重矿物，微量元素，古流向及古地貌等研究成果，指出川西拗陷侏罗系存在龙门山中段、北段及米仓山-大巴山等多个物源，具有长短轴物源共存、近源远源汇砂的特点。

1）下侏罗统白田坝组（自流井组）

白田坝组砾岩主要分布在龙门山南段邛崃大邑、中段彭州梅子林和安州及北段广元和南江一带。砂岩主要在川西拗陷新场、洛带以西地区分布，盆地中东部则以自流井组珍珠冲段砂岩和大安寨段、东岳庙段碳酸盐岩为主。白田坝组及珍珠冲段砂岩基本不含长石，主要由岩屑砂岩和岩屑石英砂岩组成。龙门山为白田坝组主要物源区，砂地比等值线平行龙门山走向呈带状分布，且自北西向南东方向逐渐降低。

2）中侏罗统千佛崖组、下沙溪庙组和上沙溪庙组

千佛崖组砾岩主要分布在龙门山中北段，物源主要来自龙门山，在川西拗陷表现为北西和北东两个方向物源，同时北东方向远源物源的影响范围逐渐增大，成为川西拗陷的主要供源区。砾岩主要分布于龙门山中段、南段，北段欠发育，但在北段有巨厚的砂泥岩沉积，表明在此时期北段仍然有稳定的物源供给。

下沙溪庙组砂岩碎屑组分平面分布特征表明，砂岩类型及岩屑组合具有明显的区域特征［图 2-19（a）］。自北西向南东，砂岩成分成熟度呈现出递减趋势，表明龙门山中段中、北部不是下沙溪庙组的主物源区，研究区存在东北、西南方向的物源。岩屑组合在区内具有明显差异［图 2-19（b）］，龙门山前带以沉积岩为主，拗陷中、东部则以变质岩和岩浆岩为主，反映出多物源的特征。从川西拗陷下沙溪庙组重矿物组合分区及 ZTR 等值线图［图 2-20（a）］可以看出，中区（绵竹-温江一线）为锆石、电气石富集区，具有最高的 ZTR 值；西南区（彭州-大邑一线）为白钛石、锆石富集区，具有中等 ZTR 值；东北区（江油-德阳-洛带一线）为石榴子石富集区，具较低 ZTR 值。总体上，研究区存在东北方向米仓山-大巴山和西部龙门山中、北段多个物源。

上沙溪庙组在龙门山安州以北地区，以及绵竹、都江堰、聚源地区具有较高的岩屑含量，拗陷内部大部分地区砂岩具较高长石含量，以岩屑长石砂岩为主［图 2-19（c）］。岩屑组合特征表明，绵竹、孝泉一带以沉积岩岩屑为主，聚源、温江至拗陷中部以变质岩岩屑为主，拗陷中东部砂岩则含有较多的岩浆岩岩屑［（图 2-19（d）］。上沙溪庙组重矿物组合分区及 ZTR 值特征［图 2-20（b）］与下沙溪庙组相似。其中，彭州-温江一带为白钛石、锆石富集区，具有中等 ZTR 值；绵竹-新繁一带为锆石、电气石富集区，具有较高的 ZTR 值；江油-德阳-洛带一线为石榴子石富集区，ZTR 值最低。总体上，研究区上沙溪庙组与下沙溪庙组类似，主要受到东北方向米仓山-大巴山物源影响，同时存在西部龙门山绵竹、聚源等次一级物源。

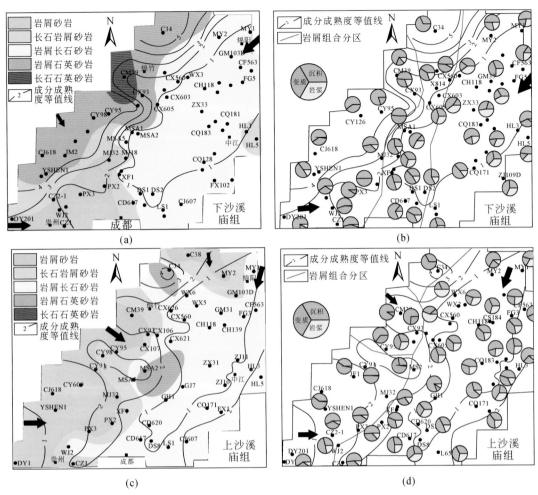

图2-19　川西拗陷中段上、下沙溪庙组岩石类型、岩屑组合分布图

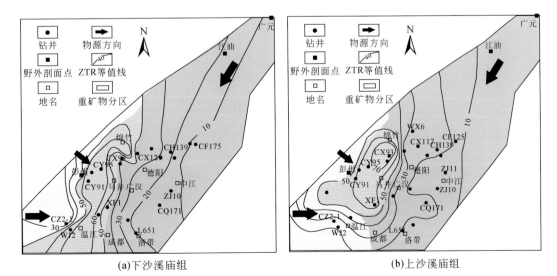

图2-20　川西拗陷上、下沙溪庙组重矿物组合分区及ZTR等值线图

3）上侏罗统遂宁组和蓬莱镇组

遂宁组自西北向东南，砂岩成分成熟度呈现递增趋势［图2-21（a）］，沉积物主要来自西部龙门山中段。岩屑组合特征显示区内存在两个不同的岩屑组合区，拗陷西北部以沉积岩岩屑为主，拗陷南部及东部则以变质岩岩屑为主，并见较多岩浆岩岩屑［图2-21（b）］。推测研究区物源主要来自龙门山中段北部绵竹及龙门山中段聚源、金马场地区。根据遂宁组重矿物组合分区及ZTR等值线图（图2-22）可以看出，重矿物组合具明显分区性。其中，安州以北地区为钛磁铁矿、绿帘石富集区，ZTR值较低；马井–丰谷一线为锆石、电气石、石榴子石富集区，具有较高的ZTR值；温江–广汉一线为锆石、白钛石富集区，具中等ZTR值。总体上，川西拗陷遂宁组主要受到西部龙门山物源影响，同时可见部分来自北东方向物源。

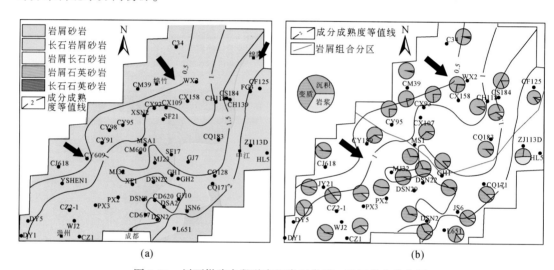

图2-21　川西拗陷中段遂宁组岩石类型、岩屑组合分布图

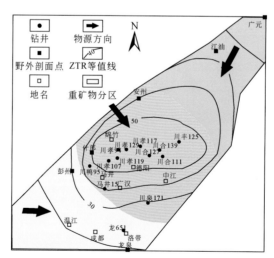

图2-22　川西拗陷遂宁组重矿物组合分区及ZTR等值线图

蓬一段沉积时，石英含量低、岩屑含量高的砂岩主要分布在西部龙门山，自龙门山向东，砂岩成分成熟度呈递增趋势［图2-23（a）］。岩屑组合也具有明显的分带性，北部以沉积岩岩屑为主，向南变质岩岩屑含量明显增加［图2-24（a）］，指示川西拗陷北部与南部具有不同的物源体系，其中北部主要受龙门山北段物源控制，南段物源则主要来自龙门山中段"沉积岩+变质岩母岩供给区"。重矿物组合平面上可分为拗陷外围"钛磁铁矿+白钛石+锆石"区及拗陷中央"锆石+电气石+石榴子石"区，ZTR高值区位于成都凹陷马井、温江一带［图2-25（a）］。该时期物源主要来自龙门山中段和北段，其中龙门山中段物源的影响范围较广。

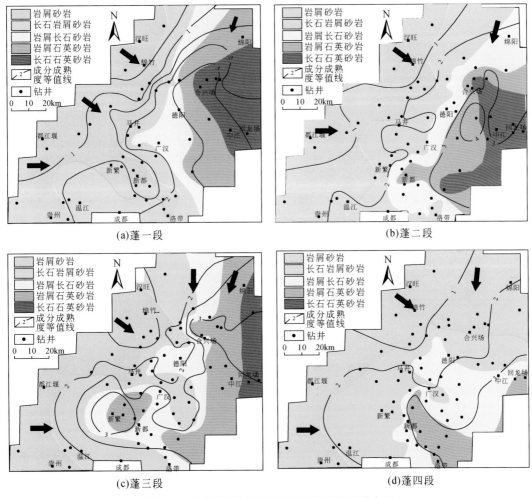

(a)蓬一段　　　　　　　　　　　　　　　　(b)蓬二段

(c)蓬三段　　　　　　　　　　　　　　　　(d)蓬四段

图2-23　川西拗陷中段蓬莱镇组岩石类型分布图

蓬二段砂岩碎屑组分的平面分布与蓬一段砂岩具有一定的相似性，但是岩屑砂岩的分布范围有所减小［图2-23（b）］。长石相对高值区（达15%）主要分布在东北部丰谷、中江一带，向西南长石含量逐渐降低至5%，反映存在北东方向高长石砂岩的输入。岩屑组合在绵竹、孝泉一线以沉积岩为主，向东、向南出现较多变质岩岩屑，东部出现较多岩

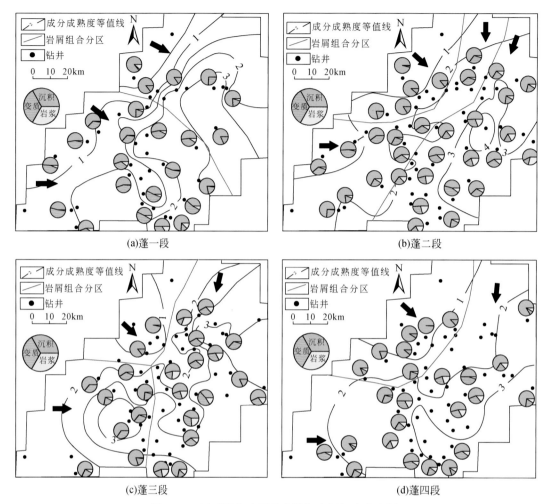

(a)蓬一段　　　　　　　　　　　　　　　　　　(b)蓬二段

(c)蓬三段　　　　　　　　　　　　　　　　　　(d)蓬四段

图 2-24　川西拗陷中段蓬莱镇组岩屑组合分布图

浆岩岩屑［图 2-24（b）］。重矿物组合平面上可以分为西、北部"白钛石+钛磁铁矿"区、中部"锆石+电气石+石榴子石"区及东部"石榴子石+钛磁铁矿"区，ZTR 高值区分布在孝泉、新场、成都凹陷马井地区［图 2-25（b）］。该时期物源主要来自龙门山中段，同时龙门山北段向东部地区提供部分物源。

蓬三段在绵竹一带具有较低的成分成熟度，自西向东、向南，石英、长石含量逐渐增加，砂岩成分成熟度由 1 增至 3［图 2-23（c）］。与蓬一段、蓬二段比较，蓬三段可见较多岩屑长石砂岩分布，表明北东方向高长石物源的影响程度逐渐增大。岩屑组合特征显示，绵竹、孝泉一线以沉积岩岩屑为主，西南马井、新繁、温江一带为沉积岩岩屑+变质岩岩屑组合，东部则为沉积岩岩屑+变质岩岩屑+岩浆岩岩屑组合［图 2-24（c）］。重矿物组合具明显分区性，ZTR 高值区主要分布在孝泉、马井一带，为龙门山中段、北段多个物源的汇水区，东部为石榴子石富集区，物源主要来自龙门山北段［图 2-25（c）］。

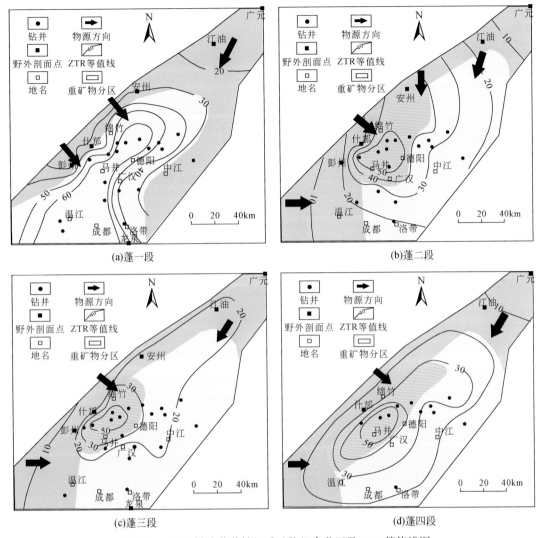

图 2-25　川西拗陷蓬莱镇组重矿物组合分区及 ZTR 等值线图

蓬四段在龙门山及拗陷北部具较低成分成熟度，向东、向南石英、长石含量逐渐增加 [图 2-23（d）]，反映存在西北、北部、东北、西南多个物源。岩屑组合可以分为 2 个区，绵竹、孝泉一带以沉积岩岩屑为主，向东、向南则见较多变质岩和岩浆岩岩屑 [图 2-24（d）]。重矿物组合特征与蓬三段相似 [图 2-25（d）]。

综上所述，川西拗陷蓬莱镇组具有龙门山中段、北段多个物源区。其中，拗陷西部物源主要来自龙门山中段，东部沉积物主要来自龙门山中段北部及龙门山北段，中部属于汇水区，同时具有龙门山中段、北段物源供给。同时，蓬莱镇组不同时期主要物源体系存在差异。自蓬一段至蓬四段，主物源方向由西、北西向北、北东转变，主物源区由龙门山中段向龙门山北段迁移。

二、沉积体系划分

通过对四川盆地周缘野外露头剖面及盆内钻井岩心的详细观察，综合盆地内200余口钻井的录井、测井资料，运用识别沉积相的岩石颜色、岩石结构、沉积构造及古生物化石等沉积学标志，以及粒度标志和测井相标志，结合地震相研究成果，将四川盆地上三叠统—白垩系划分为3个沉积体系组：大陆沉积体系组、海陆过渡沉积体系组和海洋沉积体系组（表2-4）。

表2-4 四川盆地上三叠统须家河组—白垩系沉积类型表

体系组	沉积体系		亚相	典型特征	主要分布层位
大陆沉积体系组	冲积扇		扇根、扇中、扇缘		须四段，上侏罗统莲花口组，白垩系剑门关组、夹关组、灌口组
	河流	辫状河	河床滞留、心滩、泛滥平原		侏罗系、须家河组
		曲流河	河床滞留、边滩、河漫滩		
	湖泊		滨湖、浅湖、深湖		侏罗系、须家河组
	扇三角洲		扇三角洲平原、扇三角洲前缘、前扇三角洲		须四段
	陆相三角洲体系		三角洲平原、三角洲前缘、前三角洲		须家河组、侏罗系
海陆过渡沉积体系组	海陆过渡三角洲		三角洲平原、三角洲前缘、前三角洲		须家河组
海洋沉积体系组	滨岸	无障壁海岸	后滨、前滨、近滨		小塘子组
	浅海陆棚		浅水陆棚、深水陆棚		马鞍塘组

三、沉积相平面展布特征

在物源分析、典型控制井层序和沉积（微）相分析及区域地层等时对比的基础上，结合砂岩厚度、含砂率等数据统计结果，以及各级层序二维、三维地震砂体预测成果，完成各级层序沉积体系展布研究及平面沉积相图的编制。

1. TS2 构造层序（须二段—须三段）

1）须二段

发生于中三叠世的印支期构造运动，导致了四川盆地及周缘地区大范围的海退事件，中三叠世晚期碳酸盐岩沉积结束进而发生暴露，卡尼期的沉积出现在四川盆地西缘。受印支运动早幕的影响，中三叠世晚期四川盆地发生了大规模的构造抬升，在盆地周缘旺苍-渠县-合川一线以东，永川-隆 32 井-高莃 1 井一线以南地区及自贡-安岳-潼南、大足等地未接受沉积。周缘陆源碎屑的大量补给及龙门山造山带持续性隆升导致海水进一步东扩至南充-遂宁-资阳-犍为一线。至须二期初龙门山北段不断隆升且向东推移，形成摩天岭隆起及九顶山隆起等，为川西地区北部区域提供了大量陆源碎屑。此时水体向东进一步扩张，越过开江古隆起进入川东地区。此外，金河地区须二段发现海相生物化石，表明此时古龙门山岛链（或古隆）尚没有完全闭合，仍然存在与西部特提斯海相通的通道。

该时期雅安-峨眉山-宜宾-永川一线以南，开江-梁平一线以东地区为剥蚀区，未接受沉积。龙门山北段、米仓山-大巴山、康滇古陆和江南（雪峰）古隆起提供了主要物源。由于具有持续稳定的物源供给，整体表现为三角洲沉积体系和海湾沉积体系的特征，三角洲沉积体系广泛分布，且以发育三角洲前缘、三角洲平原亚相为特征。受盆地周缘陆源碎屑大量补给的控制，盆内发育 6 个朵状砂体，分别位于梓潼-绵阳-中江地区、元坝-平昌-通江-达县地区、合川-潼南-遂宁地区、自贡-内江-威远地区、雅安-大邑-彭山-简阳地区、营山-渠县地区。该类朵状砂体厚度较大，为多期河道叠加的结果，是有利的油气储集砂体沉积区域。海湾-前三角洲沉积区域主要分布于温江-新都-金堂-龙泉一带，为有利的烃源岩沉积区域（图 2-26）。

2）须三段

须三段沉积时期，受龙门山北段持续隆升的影响，形成自北西向南东的逆冲挤压。随着挤压作用的持续，在川西前陆盆地产生新的挠曲沉降，湖盆水体逐渐上升，盆地可容纳空间达到须家河期最大值，水体向东、向南扩张，在南部已越过泸州古隆起，超覆在嘉陵江组、雷口坡组之上，沉积范围已扩大至整个四川盆地。其中，川西拗陷沉降幅度最大，川东北拗陷和川东南拗陷以稳定低幅沉降为主，川中古隆起则以稳定低幅隆升为主（郑荣才等，2009）。四川盆地与甘孜-阿坝海域仍有连通，盆地受间歇性海水影响，因此本期主体为受海水改造的湖泊沉积。

该时期射 1 井-龙 4 井-通江-开州一线以北，川东南地区石柱-建平 1 井-奉节一线地区发育三角洲平原亚相。江油-梓潼-仪陇-宣汉一线以北，渠县-广安一线以东，都江堰-新都-金堂-简阳-资阳-乐山一线以西，宜宾-自贡-内江-荣昌-赤水一线以南发育三角洲

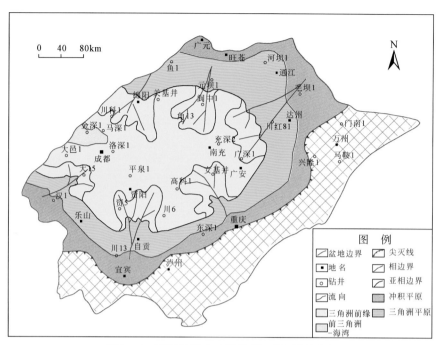

图 2-26　四川盆地上三叠统须二段沉积相图

前缘亚相,为有利的油气储集砂体沉积区域。上述区域之外,盆地内部大面积区域以前三角洲泥-海湾沉积为主,为有利的烃源岩沉积区域(图 2-27)。

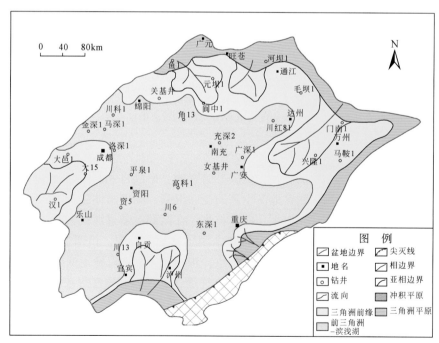

图 2-27　四川盆地上三叠统须三段沉积相图

2. TS3 构造层序（须四段—须六段）

1）须四段

须四期是四川盆地上三叠统沉积演化的重要时期。此时期，松潘–甘孜地区全面褶皱隆起，普遍缺失上覆地层，仅在山间盆地沉积了磨拉石建造的八宝山组，含中酸性火山岩夹煤层。松潘–甘孜褶皱带成为晚三叠世晚期的物源区，沿龙门山零星可见须四段与下伏地层的假整合或不整合接触。龙门山岛链连成一体，海水逐渐从龙门山退出，成为四川盆地的西部屏障，仅在龙门山中段靠南的地区存在一个与海连通的出口，受间歇性海水改造，盆地成为一个受间歇性海水改造的陆相盆地。

须三期末—须四期初发生印支Ⅲ幕运动（安县运动），龙门山中、北段进入强烈构造隆升阶段，川西拗陷须四段底部广泛分布来自龙门山中段、北段的碳酸盐质砾岩，该阶段的构造、沉积格局和盆山耦合关系主要受龙门山逆冲推覆挤压应力的释放控制。川西拗陷和川东北拗陷盆缘地区发育规模巨大的冲积扇群，自盆缘向盆地内部发育冲积扇–辫状河–辫状河三角洲–滨浅湖沉积体系。川孝 108 井–联 150 井–魏 1 井–川花 52 井–平昌一线以北地区，达州–长寿以东地区，沐川–宜宾–江津–巴南一线以南地区为河流–三角洲平原沉积，大邑–雅安地区、荣县–自贡地区、大足–铜梁–河床–广安–渠县地区、阆中–仪陇地区、绵阳–三台地区为三角洲前缘沉积，为有利的油气储集砂体沉积区域。射洪–简阳–眉山–乐山地区为前三角洲–滨浅湖沉积，是有利的烃源岩沉积区域（图 2-28）。

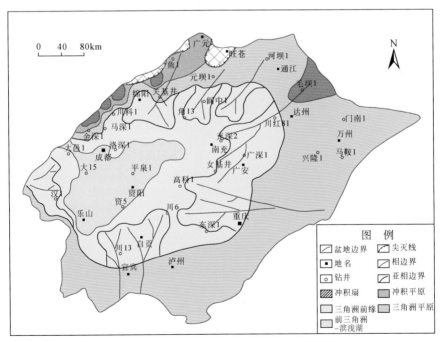

图 2-28　四川盆地上三叠统须四段沉积相图

2）须五段

须五段反映了 SQ5 层序之后的稳定沉积与沉积充填过程。该时期南秦岭再次隆升，近 SN 向挤压应力逐渐增强，湖盆水体逐渐上升，可容纳空间增大，湖侵体系域开始发育，以细粒的滨浅湖沉积为主。盆地西北部的安州–梓潼–旺苍–南江一线以北地区隆升遭受剥蚀，沉积物主要沿东北和东南方向注入盆地。魏1井–关基井–元坝1井–通江一线以北，宣汉–开江–梁平–涪陵一线以东地区，沐川–宜宾–泸州–江津一线以南地区为三角洲平原亚相沉积。大邑1井–金深1井–川孝108井–川35井一线以西地区，川丰563井–川石55井一线以北，以及达州地区、重庆地区、自贡–宜宾地区发育三角洲前缘亚相，为有利的油气储集砂体沉积区域。川中中部遂宁地区，中南部简阳、仁寿、自贡、安岳等地，川西南浦江、峨眉山、犍为等地，以及东、东南部营山、渠县、南充、广安地区为前三角洲–滨浅湖沉积环境，为有利的烃源岩沉积区域（图2-29）。

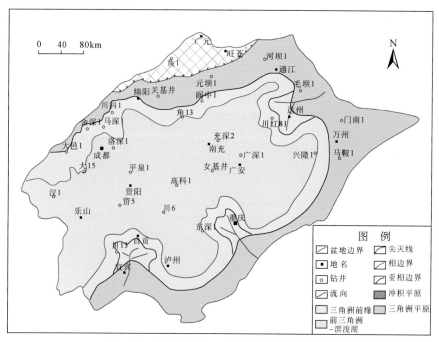

图2-29　四川盆地上三叠统须五段沉积相图

3）须六段

受晚三叠世末期—早侏罗世早期（印支运动晚幕）龙门山逆冲推覆构造运动加剧的影响，川西、川北地区须六段遭受大面积剥蚀，较完整的须六段沉积记录主要保存在盆地西南部、中部和东南部，呈NE向宽带状展布。通江–盐亭–射洪–新津–雅安一线以北地区为大面积剥蚀区，川东、川南大部分地区以河流–三角洲平原沉积为主，自贡–资阳地区、铜梁–潼南地区、营山–渠县–岳池地区发育三角洲前缘沉积，乐山–眉山地区、荣昌地区及遂宁–南充地区为前三角洲–滨浅湖沉积环境（图2-30）。

3. TS4构造层序（白田坝组/自流井组）

该时期主要发育湖泊相紫红色泥岩、杂色泥岩为主夹石英砂岩、介壳灰岩、介壳粉砂岩沉积。盆缘的龙门山、米仓山、大巴山前缘发育环带状的河流沉积，其中安州一带形成冲积扇，其余广大地区为浅湖相，沉降–沉积中心向川东北迁移，介屑滩沿湖呈环带展布。川东营山–万州发育半深湖沉积，介屑滩环湖普遍发育，中江、苍溪、南充、合川、内江、

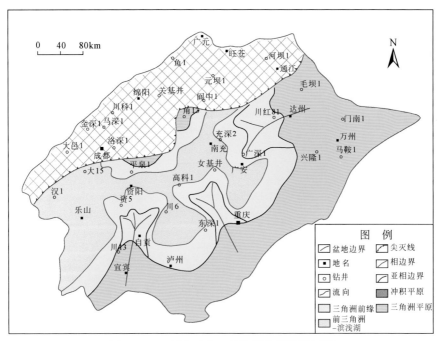

图 2-30　四川盆地上三叠统须六段沉积相图

乐山、梁平等地均有介屑滩发育。此外，在湖盆边缘还发育多个浅湖砂坝带，沿龙门山、米仓山、大巴山前缘呈带状分布（图 2-31）。

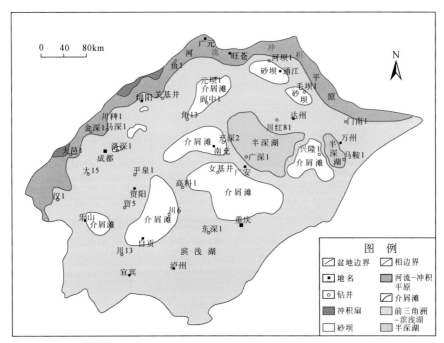

图 2-31　四川盆地下侏罗统白田坝（自流井）组沉积相图

4. TS5 构造层序（千佛崖组、下沙溪庙组、上沙溪庙组）

1）千佛崖组

千佛崖组沉积时期，受燕山早幕运动的影响，周缘山系进一步隆升，而盆内大部地区进一步被动沉降，水体逐渐加深。盆地边缘局部地区发育冲积扇和扇三角洲沉积，龙门山及米仓山、大巴山前缘为冲积平原及河流相沉积，盆内以滨浅湖-半深湖沉积为主，湖盆面积较大，沉积格局继承了早侏罗世的特点。沉降-沉积中心位于大巴山前，湖盆向南迁移、扩大，泸州、内江一带发育砂坝（图2-32）。

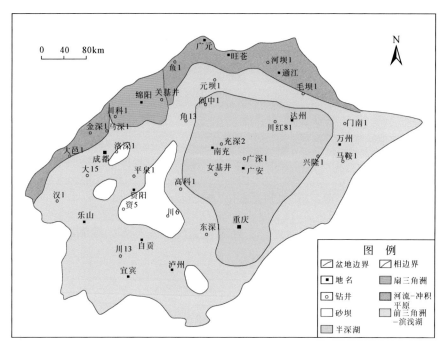

图 2-32　四川盆地中侏罗统千佛崖组沉积相图

2）下沙溪庙组

该时期龙门山整体继续隆升，同时龙门山北段、米仓山-大巴山构造运动强烈，成为重要的物源区。沿盆缘广泛发育河流沉积，德阳、绵阳、达州一带发育有三角洲朵体，盆地中部为浅湖沉积，并在遂宁、内江一线还发育多个湖底扇沉积（图2-33）。下沙溪庙组末期沉积了一套区域分布稳定，厚数米的灰黑色、灰绿色、紫红色页岩（叶肢介页岩），表现为间歇型半深湖沉积环境。由于盆地周缘造山带的剧烈抬升，该时期整个四川盆地处于一个过补偿的沉积阶段，湖面积相对较小，烃源岩沉积匮乏，但是砂体，特别是河道砂体却相对较为发育。

3）上沙溪庙组

该时期沉积格局继承了前期的特点，湖盆范围向西缩小，龙门山前缘江油、安州、都江堰、宝兴等地发育冲积扇，三角洲裙带从德阳延展至雅安一带，并在遂宁、内江一带发育三角洲（图2-34）。

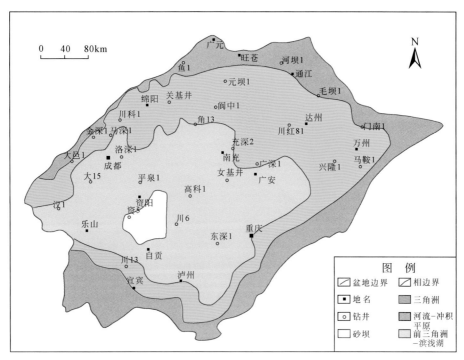

图 2-33 四川盆地中侏罗统下沙溪庙组沉积相图

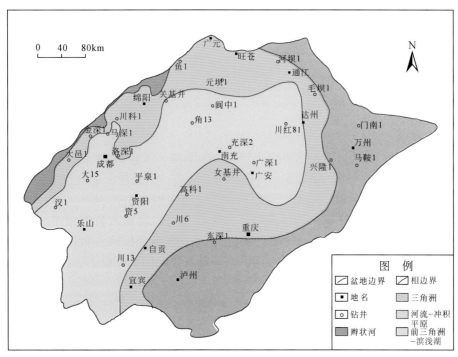

图 2-34 四川盆地中侏罗统上沙溪庙组沉积相图

5. TS6 构造层序（遂宁组、蓬莱镇组）

1）遂宁组

该时期盆地相对宁静，以被动沉降为主，湖平面扩张，盆地内沉积了一套色调鲜红、岩性单一的以泥岩为主的地层，反映了此时气候干旱、湖平面变化频繁的特点。龙门山中南段砂砾岩相对发育，安州–雅安一带发育冲积平原及三角洲，其余广大地区以滨浅湖沉积为主，盆地边缘还零星发育浅湖砂坝（图 2-35）。

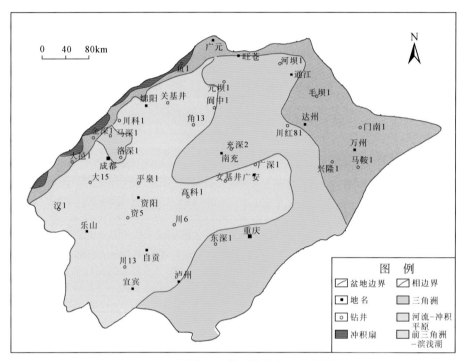

图 2-35 四川盆地上侏罗统遂宁组沉积相图

2）蓬莱镇组

蓬莱镇组沉积时期，川西坳陷再次受到龙门山北段、米仓山–大巴山物源影响，表现出长、短轴物源共存的特征。伴随龙门山强烈构造活动，山前冲积扇群发育，沉积中心位于川南，泄水口在川西南乐山一带，盆地周缘以河流沉积为主，西南以河、湖三角洲沉积为主（图 2-36），发育多套灰绿、紫灰、灰黑等色页岩及泥灰岩透镜体。蓬莱镇期初德阳–成都一带及绵阳–巴中–广安–重庆–珙县一带发育大规模的三角洲裙带；蓬莱镇期末水体略有加深，三角洲主要发育于德阳–成都及苍溪–达州一带。

四、川西坳陷沉积演化特征

1. 马鞍塘期—小塘子期

随着印支构造运动的加强和川中隆起的进一步抬升，海水由东向西逐渐退出四川盆地，大部分地区的天井山组遭受剥蚀，表现为马鞍塘组直接覆盖在雷口坡组沉积之上。该

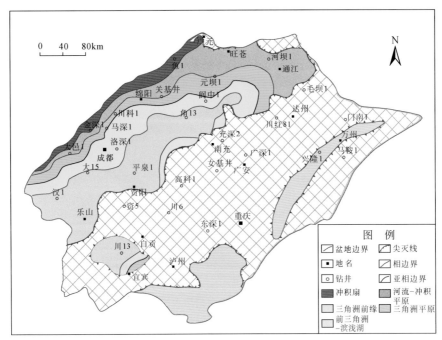

图 2-36　四川盆地上侏罗统蓬莱镇组沉积相图

时期，川西地区整体处于无障壁海岸的滨外和临滨沉积环境，大致以都江堰–汉旺–江油一线为界，以西为滨外沉积，以东为临滨沉积，位于滨外沉积区的汉旺–安州一带发育海绵点礁，江油、孝泉地区一带发育碳酸盐粒屑滩，位于临滨带的大邑地区发育规模较大的临滨砂坝。

　　小塘子组沉积时期海水继续自东向西退出四川盆地，川西地区整体处于无障壁海岸的临滨及前滨沉积环境，位于临滨带的都江堰–什邡–绵竹一线及江油地区发育规模较大的临滨砂坝，前滨带发育且分布区域广泛，从大邑、德阳到绵阳以北地区均为前滨带，发育多处规模不等的前滨砂坝沉积。成都–淮口以南及盐亭一带则为后滨沉积（图 2-37）。小塘子沉积期受印支运动的影响，龙门山岛链开始形成，北边的广旺古陆及大巴山已形成，但规模较小。

　　2. 须二期—须三期

　　印支中幕运动使龙门山进一步抬升，古龙门山岛链继续上升扩大并逐渐向东推进，但各岛并未闭合，在此背景下川西拗陷以西仍为较为广阔的海湾沉积。须二段沉积时期，川西拗陷主体以三角洲前缘沉积为主，物源主要来自西南、东北和东南 3 个方向。冲积扇–河流沉积主要位于盆地边缘的大巴山一带，沿江油–梓潼–盐亭–简阳一线以北为三角洲平原沉积区，沿大邑–都江堰–什邡–绵竹一线以西为前三角洲–海湾沉积区，川西拗陷中段整体位于三角洲前缘沉积区内（图 2-38）。该时期川西拗陷砂体发育，具有典型的"二元体系域"的低位粗碎屑体系域特征。

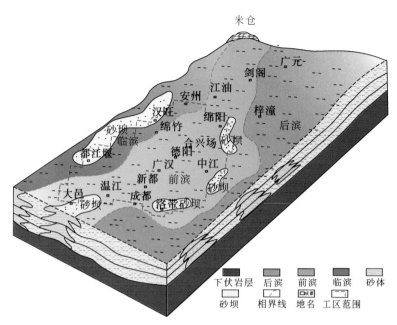

图 2-37　川西拗陷中段上三叠统马鞍塘组—小塘子组沉积模式图

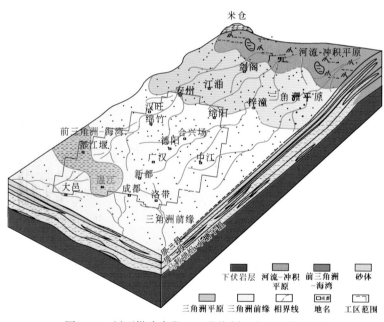

图 2-38　川西拗陷中段上三叠统须二段沉积模式图

　　须三期，龙门山北段逐渐隆升，形成自北西向南东的逆冲挤压，在川西前陆盆地产生新的挠曲沉降，湖盆水体逐渐上升，滨岸退积上超。该时期龙门山北段已初具规模且逐渐抬升成为川西拗陷的物源区之一，拗陷沉积相带的展布主要受川西南和北部隆起的控制，主体为前三角洲-浅湖沉积，江油-绵阳-盐亭一线以北地区及大邑-洛带地区为三角洲前缘-三角洲平原沉积区（图2-39）。须三段粗粒沉积物展布范围较须二段明显减少，川西拗陷主体以细粒沉积为主，具有典型的"二元体系域"湖扩超覆细粒体系域特征。

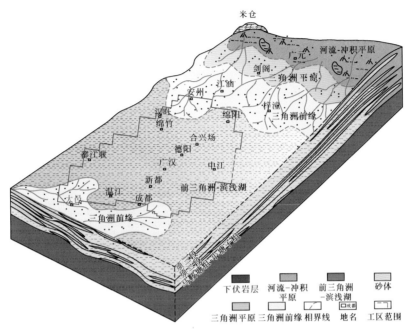

图2-39　川西拗陷中段上三叠统须三段沉积模式图

3. 须四期—须五期

安县运动是须四期开始的标志。须四期，龙门山逐渐由北向南隆升剥蚀，成为该时期川西拗陷的西部物源区，米仓山-大巴山为拗陷的北部物源区，同时存在西南方向物源。该时期粗粒沉积主要分布在龙门山以及米仓山-大巴山前缘一带，其中龙门山前缘沿绵竹和安州发育多个冲积扇，向拗陷中心过渡为辫状河-辫状河三角洲沉积，川西拗陷中段以辫状河三角洲前缘沉积为主，前三角洲-滨浅湖沉积主要位于都江堰-成都-洛带一带，西南的大邑地区以三角洲前缘沉积为主（图2-40）。川西拗陷须四段发育大面积展布的粗粒沉积物，具典型的"二元体系域"低位粗碎屑体系域特征。

须五期，川西拗陷表现出近SN向挤压应力逐渐增强的挤压特征，湖盆水体逐渐上升，湖侵体系域开始发育，以细粒的滨浅湖沉积为主。受构造运动的影响，龙门山逐渐由北向南隆升至绵竹-都江堰一带。该时期龙门山及大巴山前缘发育规模较小的三角洲沉积，其中三角洲平原及三角洲前缘沉积位于都江堰-汉旺-绵阳以北一线的狭窄区域，川西拗陷中段以前三角洲-浅湖沉积为主，在大邑、马井、石泉场等地发育三角洲前缘沉积（图2-41）。川西须五段粗粒沉积物展布范围较须四段有明显缩小，具有典型的"二元体系域"湖扩超覆细粒体系域特征。

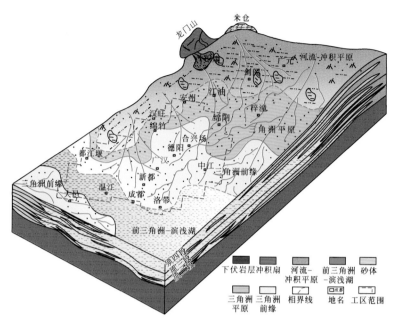

图 2-40　川西拗陷中段上三叠统须四段沉积模式图

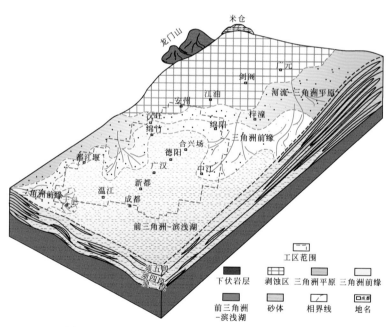

图 2-41　川西拗陷中段上三叠统须五段沉积模式图

4. 早侏罗世

早侏罗世湖盆中心位于南充–达州一带，向四周沉降幅度递减，湖水变浅。川西拗陷位于湖盆的西部，下侏罗统由泛滥平原亚相红色碎屑岩和滨、浅湖相暗色泥岩及介屑灰岩两个沉积韵律组成。该时期川西拗陷主要受龙门山短轴物源影响，发育冲积扇-河流-冲积平原-滨浅湖沉积体系。其中，安州以北发育冲积扇，河流与冲积平原呈条带状平行龙门山分布，拗陷主体发育滨浅湖沉积，中江-回龙地区广泛发育介屑滩沉积，马井、新都等地区局部发育滩坝沉积（图2-42）。

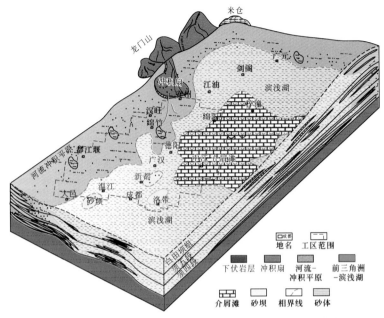

图2-42　川西拗陷中段侏罗系白田坝（自流井）组沉积模式图

5. 中侏罗世

中侏罗世早期，四川盆地再次遭受广泛湖侵，川西拗陷以滨、浅湖沉积为主，发育三角洲相和滨、浅湖相暗色碎屑岩，局部夹介屑灰岩或灰岩。该时期川西拗陷以龙门山短轴物源为主，自龙门山向盆地内部发育冲积扇-河流-三角洲-湖泊沉积体系。彭州-都江堰一带发育河流沉积，自龙门山北段安州以北地区供源形成三角洲沉积，向盆地内部延伸至中江一带，温江-郫县-马井-广汉-金堂一线以南，广泛发育滨浅湖沉积，洛带地区发育滩坝沉积（图2-43）。

中侏罗世沙溪庙组沉积时期，盆缘山系强烈隆升，为四川盆地输入大量陆源碎屑，盆地的沉积速率大于其下降速率，加之气候干旱炎热，大范围的常年湖与沼泽环境结束。与此同时，龙门山中、南段发生了较强烈隆升，前缘形成了冲积扇和冲积积平原。该时期川西拗陷主要存在两个方向物源，一是来自龙门山中段的短轴物源，二是来自龙门山北段及米仓山-大巴山的长轴物源。自龙门山至盆地内部，发育冲积扇-河流-三角洲-湖泊沉积体系，河流作用明显，以发育曲流河和曲流河三角洲为特征。下沙溪庙组沉积时期，龙门山北段及米仓山-大巴山物源的影响开始增强，短轴与长轴物源沉积物在拗陷内汇合，川西拗陷主要发育辫状河、曲流河三角洲沉积，三角洲前缘沉积分布广泛（图2-44）。

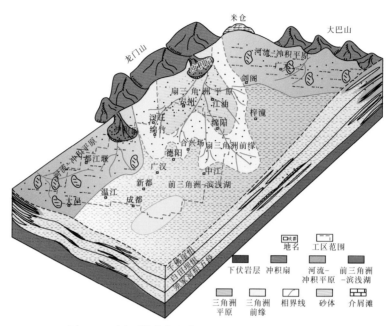

图 2-43　川西拗陷中段侏罗系千佛崖组沉积模式图

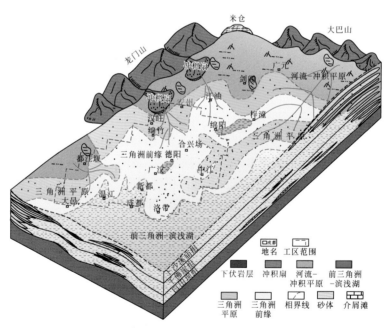

图 2-44　川西拗陷中段侏罗系下沙溪庙组沉积模式图

　　上沙溪庙组下亚段基本延续了下沙溪庙期的沉积格局，龙门山北段及米仓山-大巴山提供主要物源，同时在拗陷西部存在龙门山中段短轴物源。龙门山前冲积扇发育，长轴物源控制下的河流和三角洲沉积范围明显较短轴广泛（图 2-45）。

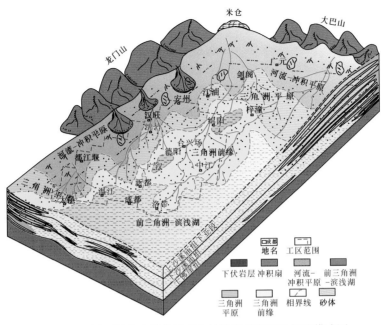

图 2-45 川西拗陷中段侏罗系上沙溪庙组下亚段沉积模式图

　　上沙溪庙组上亚段沉积时期，长轴方向物源的影响范围缩小，短轴物源形成的沉积体系向东扩展，德阳、罗江等地区形成残余湖，镶嵌在三角洲前缘沉积中（图 2-46）。

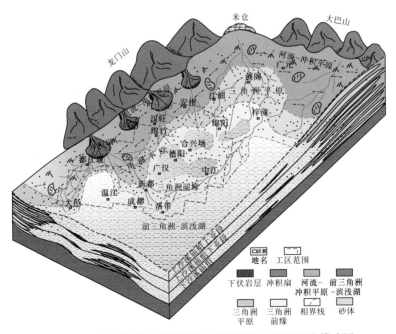

图 2-46 川西拗陷中段侏罗系上沙溪庙组上亚段沉积模式图

6. 晚侏罗世

遂宁期，川西地区构造相对稳定，发生湖侵，湖域面积较大，沉积物粒度整体偏细，以红色泥岩、泥质粉砂岩为主。物源主要来自西部龙门山，金马-聚源地区发育规模较大的冲积扇群，崇州、郫县地区以三角洲平原沉积为主，向东部及南部孝泉、广汉-金堂、新都-洛带地区逐渐演化为三角洲前缘相沉积，新场构造主体及以东区域、中江-回龙地区、洛带以东区域均为以粉细砂岩、泥岩为主的前三角洲-滨浅湖相沉积（图 2-47）。

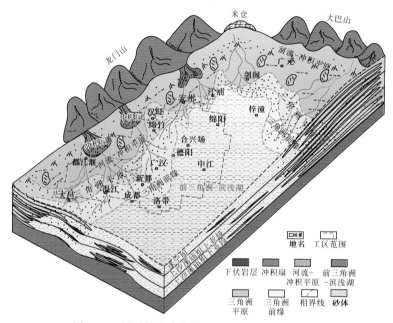

图 2-47　川西拗陷中段侏罗系遂宁组沉积模式图

蓬莱镇期，龙门山北段、米仓山物源再次出现，形成长短轴物源共存的格局。受燕山运动影响，龙门山发生强烈隆升，在山前发育冲积扇，向盆地内部发育冲积扇-河流-三角洲-湖泊沉积体系。从蓬一段至蓬四段，主物源方向由西、北西向北、北东转变，主物源区由龙门山中段向龙门山北段迁移。

蓬一段岩相古地理展布特征基本延续遂宁组，主要发育短轴物源沉积，自山前至拗陷内部，发育冲积扇-河流-三角洲-滨浅湖沉积体系（图 2-48）。

蓬二期，龙门山中段短轴物源的影响较蓬一段减弱，其控制的沉积相带范围变窄，长轴方向物源影响增强，以发育三角洲沉积为主，展布范围达中江、回龙、洛带等地区。受长轴供源影响，滨浅湖沉积范围退至成都以南，在合兴场、中江、广汉等地区形成残余湖（图 2-49）。

蓬三段、蓬四段沉积相展布特征与蓬二段相似，呈现长短轴物源共存的格局，但长轴物源的影响逐渐增强。什邡、马井、广汉、金堂等地广泛发育三角洲前缘沉积，新场、合兴场等地区发育残余湖（图 2-50，图 2-51）。

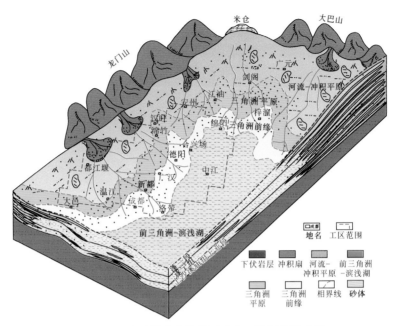

图 2-48　川西拗陷中段侏罗系蓬一段沉积模式图

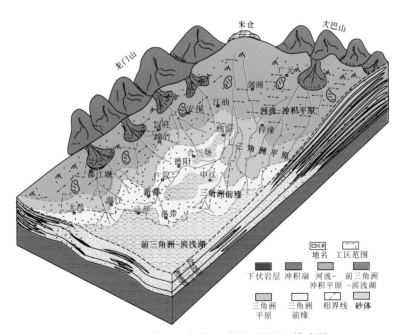

图 2-49　川西拗陷中段侏罗系蓬二段沉积模式图

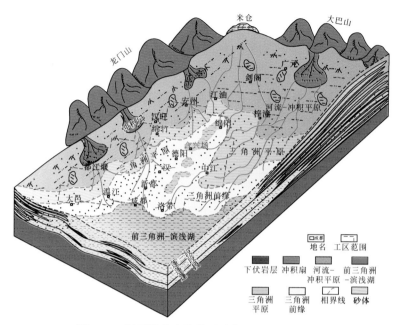

图 2-50　川西拗陷中段侏罗系蓬三段沉积模式图

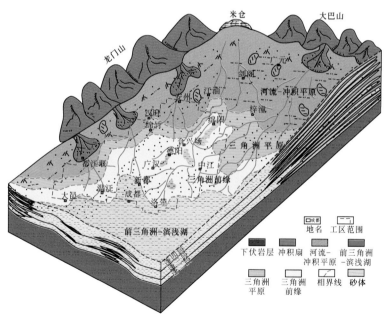

图 2-51　川西拗陷中段侏罗系蓬四段沉积模式图

第三章 四川盆地致密砂岩储层特征及评价

第一节 储层基本特征

一、储层纵向叠置、平面广覆连片

四川盆地上三叠统至侏罗系储集岩以碎屑岩为主，仅在下侏罗统自流井组大安寨段和东岳庙段见介壳（屑）灰岩储层。其中，碎屑岩储层平均孔隙度<10%，平均渗透率<0.1mD[①]，平均中值孔喉半径<0.1μm，属于典型的低孔、低渗至特低孔、特低渗致密–超致密砂岩储层。

纵向上，储层分布范围从中浅层至深层，多层系不同类型储层复合叠置。四川盆地已发现油气田均具有多套含油气层系，至今尚未发现单一产层的油气田（马永生等，2010）。其中，川西地区储层分布层位自上三叠统至白垩系，纵向埋深跨度大，从浅层数百米到深层6000m，垂向上发育数十套砂体，储层发育层段最多；川中和川东北地区，储层发育的层段从须家河组至中侏罗统；川南、川东地区缺失须二段、须三段，同时中、上侏罗统遭受不同程度的剥蚀，储层主要分布在须四段至中、下侏罗统（表3-1）。

表 3-1 四川盆地不同区带上三叠统—侏罗系储层分布

地层		平均孔隙度/平均渗透率				
		川西地区	川中地区	川东北地区	川南地区	川东地区
上侏罗统	蓬莱镇组	8.64/0.268				
	遂宁组	3.76/0.029				
中侏罗统	上沙溪庙组	8.83/0.10		4.8/0.04		
	下沙溪庙组	9.37/0.176	3.72/0.38	2.96/0.35	1.93/0.032	
	千佛崖组/新田沟组	2.34/0.065	1.72/0.25	4.08/（泥页岩）		
下侏罗统	自流井组/白田坝组	1.21/0.038	1.04/0.53	4.10/0.037（珍珠冲）		1.59/0.32

---

① 达西（D），1D=0.986923×10^{-12}m^2。

续表

地层		平均孔隙度/平均渗透率				
		川西地区	川中地区	川东北地区	川南地区	川东地区
上三叠统须家河组	须六段	剥蚀	5.37/0.44	剥蚀	4.2/0.05	
	须五段	1.69/0.013				
	须四段	5.39/0.085	6.32/0.62	3.39/0.023	3.36/0.04	
	须三段	3.04/0.087		1.88/0.0075	部分缺失	部分缺失
	须二段	3.15/0.062	6.64/0.51	5.09/0.042	缺失	缺失

注：平均孔隙度单位为%，平均渗透率单位为 mD

　　平面上，多套储层大面积叠合连片分布。受西部龙门山、北侧米仓山、大巴山古陆、东南部江南古陆、南部峨眉山–瓦山古陆及西南部康滇古陆共同作用，晚三叠世—新生代四川盆地广泛分布来自不同物源的长、短轴三角洲沉积。一方面，不同物源沉积大面积叠置连片分布；另一方面，受湖平面频繁变化控制，不同期次、不同类型砂体在空间上相互叠置连片（图 2-38 ~ 图 2-51）。总体上，四川盆地在晚三叠世—侏罗纪表现出"长短轴物源共存、近源远源汇砂、多期分流河道砂体广泛叠置连片"的特征，为四川盆地多层系、大面积分布的砂岩储集体的形成提供了物质基础，同时也造就了四川盆地油气田在平面上成群、成带的分布特征。

二、储层性质为低渗致密储层，纳米级孔喉为主

　　须家河组储层主要分布在须二段和须四段。须二段物性较好储层主要分布在川中地区，川西、川东北部地区也见分布；须三段在川西地区物性相对较好；须四段储层主要分布在川西和川中地区（表 3-2）。

表 3-2　四川盆地陆相地层储层物性特征统计表

层位	地区	样品数	孔隙度/%				渗透率/mD			
			最小值	最大值	平均值	中值	最小值	最大值	平均值	中值
蓬莱镇组	川西	12342	0.80	23.60	8.75	8.64	0.001	1400.2	0.239	0.268
遂宁组	川西	987	0.12	10.55	4.04	3.76	0.001	34.52	0.034	0.028
上、下沙溪庙组	川西	9157	0.40	20.17	8.68	8.97	0.0005	1910.0	0.121	0.112
	川中[1]	115	1.68	9.16	6.25	6.25	0.034	3.21	0.300	0.312
	川东北	17	1.27	4.24	3.11	3.31	0.17	8.72	0.59	0.35
千佛崖组	川西	283	0.25	9.38	2.34	2.01	0.003	213.96	0.065	0.039
	川中[2,3,4]		0.16	4.96	1.72		0.0002	1.35	0.025	0.017

续表

层位	地区		样品数	孔隙度/%				渗透率/mD			
				最小值	最大值	平均值	中值	最小值	最大值	平均值	中值
白田坝组/自流井组	川西	砂岩	384	0.11	13.52	2.60	1.53	0.004	304.2	0.067	0.039
		灰岩	251	0.40	5.41	1.46	1.21	0.001	44.18	0.064	0.037
	川中		189	0.23	2.66	1.14		0.0038	0.991	0.013	
	川东北（珍珠冲段）		66	0.72	12.14	4.10	3.85	0.0008	0.30	0.024	0.037
	川东		77	0.18	4.12	1.43	1.45	0.0017	0.26	0.038	0.083
须五段	川西		602	0.28	5.88	1.84	1.69	0.001	24.5	0.020	0.013
须四段	川西		4111	0.33	13.96	5.23	5.39	0.00014	287.82	0.076	0.085
	川中		10438	0.08	20.21	6.32		0.0001	77.75	0.62	
	川东北		396	0.37	9.17	3.16	2.90	0.002	1.93	0.026	0.023
	川南		18	0.58	6.40	3.36	3.44	0.009	0.768	0.047	0.040
须三段	川西		797	0.31	6.82	3.02	3.04	0.002	54.93	0.080	0.087
	川东北		610	0.19	16.14	1.89	1.47	0.0003	533.59	0.012	0.008
须二段	川西		3386	0.20	16.76	3.40	3.15	0.001	526.49	0.073	0.062
	川中		373	0.12	17.65	6.97	7.07	0.0008	46.12	0.057	0.054
	川东北		425	0.06	15.6	5.09	5.11	0.002	813.3	0.048	0.042

注：1. 据赵永刚等，2006；2. 据刘占国等，2011；3. 据穆曙光等，2010；4. 据郭海洋等，2008

下侏罗统储层包括碎屑岩和碳酸盐岩两种类型。其中，白田坝组及自流井组珍珠冲段砂岩（尤其在川东北地区）物性略好于大安寨段和东岳庙段灰岩储层。总体上，下侏罗统储层在全盆范围内均表现出极差的储集性，储层孔隙度一般小于2%，但微裂隙较发育，储层渗透率与须家河组近似（表3-2）。

中侏罗统千佛崖组主要分布在川西拗陷的西部和北部，平均孔隙度2.3%，平均渗透率0.065mD；川中凉高山组平均孔隙度1.7%，平均渗透率0.025mD，均具有特低孔、低-特低渗的特点。川西地区沙溪庙组平均孔隙度8.7%，平均渗透率0.12mD，砂岩储集性明显优于其他地区，但渗透性较川中和川东北地区略差（表3-2）。

上侏罗统遂宁组和蓬莱镇储层主要分布在川西地区，其中遂宁组平均孔隙度4.0%，平均渗透率0.035mD，储渗性与须家河组近似甚至略差，明显差于蓬莱镇组。蓬莱镇组孔隙度主要分布在4%～12%，平均8.7%；渗透率主要分布在0.05～1mD，平均0.2mD，其中50%样品渗透率大于0.2mD，渗透率大于1mD样品占样品总数的25%，总体上属于中-低孔、中-低渗近致密-致密砂岩储层。

川西拗陷须家河组孔隙度主要为2.2%～5.6%，平均4.1%；渗透率主要为0.02～0.165mD，平均0.07mD，其中渗透率<0.1mD、<0.5mD及1mD的样品分别占样品总数的61%、90%和95%［图3-1（a）］。侏罗系砂岩孔隙度主要为4.6%～11.6%，平均8.3%；渗透率主要分布在0.05～0.5mD，平均0.17mD，其中渗透率<0.1mD、<0.5mD

及<1mD 的样品分布占样品总数的 42% 、75% 和 84% ［图 3 1（b）］。

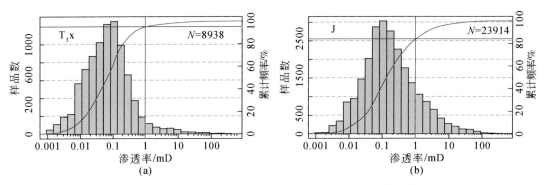

图 3-1　川西拗陷上三叠统、侏罗系致密砂岩渗透率分布

根据中国石油天然气行业标准，即《致密砂岩气地质评价方法》（SY/T 6832—2011），致密砂岩通常指覆压基质渗透率<0.1mD 的砂岩。与常规储层不同，低渗砂岩具有较强的压力敏感性，砂岩在地层覆压条件下的渗透率可降至原来的 1/10～1/5（Holditch，2006）。川西须家河组 18 块样品的覆压渗透率分析表明，在 30MPa 的覆压条件下样品的覆压渗透率为常压的 3%～15%，平均为 7%，即覆压渗透率为 0.1mD 的样品对应常压渗透率为 1.5mD。川西沙溪庙组 14 块样品的覆压渗透率分析表明，在 30MPa 的覆压条件下样品的覆压渗透率为常压的 1.6%～39.3%，平均为 15%。如果假定覆压渗透率降为常压渗透率的 10% 或 20%，则覆压渗透率为 0.1mD 的样品对应常压渗透率为 1mD 或 0.5mD。根据川西地区砂岩的物性统计结果，90%～95% 的须家河组样品和 75%～84% 的侏罗系样品覆压渗透率<0.1mD，与北美地区致密砂岩储层［覆压渗透率小于 0.1mD 的样品比例为 60%～95%（Holditch，2006）］及中国鄂尔多斯盆地苏里格上古生界致密砂岩储层［覆压渗透率小于 0.1mD 的样品比例为 85%（王国亭等，2013）］相当，表明川西陆相砂岩储层总体属于低-特低渗致密砂岩储层。

川西地区上三叠统—侏罗系常规压汞分析数据显示，砂岩孔喉半径主要分布在<0.001μm 和 0.01～1μm（图 3-2）。其中，上三叠统须家河组、中侏罗统和上侏罗统致密

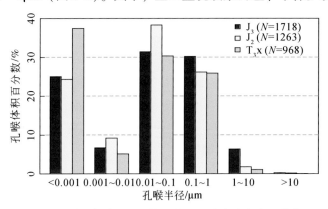

图 3-2　川西拗陷上三叠统—侏罗系砂岩孔喉半径分布

砂岩储层中孔喉半径小于1μm的孔喉体积百分数分别为98.8%、98.1%和93.4%，与鄂尔多斯盆地上古生界致密砂岩［纳米级孔喉比例为85%（邹才能等，2011）］类似，均以纳米级孔喉占主体且纳米级孔喉比例更高。

三、储层纵、横向分异明显，具强非均质性

（一）岩石组分差异明显，岩石类型多样

受构造、物源、沉积等多重因素影响，四川盆地发育多种岩石类型砂岩，砂岩碎屑组分及结构表现出明显的纵横向分异性。

1. 上三叠统须家河组

四川盆地须家河组以长石石英砂岩、岩屑石英砂岩、长石岩屑砂岩和岩屑砂岩为主，同时见较多岩屑长石砂岩。纵向上，自须二段到须五段，砂岩碎屑组分呈现出规律性变化：石英、长石含量及成分成熟度逐渐降低，岩屑含量逐渐增加；平面上，川中、川南地区须家河组具有明显较高的长石含量，川东北地区岩屑含量较高（表3-3）。

表3-3 四川盆地须家河组各段碎屑组分分区统计表

层位	川西地区	川中地区	川东北地区	川南地区
须二段	$Q_{69}F_8R_{23}$	$Q_{64}F_{20}R_{16}$	$Q_{62}F_5R_{33}$	
须三段	$Q_{69}F_6R_{25}$		$Q_{39}F_3R_{58}$	
须四段	$Q_{59}F_4R_{37}$	$Q_{62}F_{24}R_{14}$	$Q_{58}F_4R_{38}$	$Q_{69}F_{16}R_{15}$
须五段	$Q_{46}F_1R_{52}$			

须二段石英含量12%～93%，平均72%；长石含量4%～27%，平均12%；岩屑含量7%～98%，平均26%。总体上，四川盆地须二段具有高石英、低长石、低岩屑的特点。其中，川西地区须二段以岩屑砂岩为主，岩屑石英砂岩、长石岩屑砂岩次之，石英及成分成熟度较高，长石含量较高的砂岩主要位于新场构造带（图3-3），以中粒为主，颗粒磨圆中等－较差，次棱角状为主。川东北地区须二段物源主要来自北部米仓山－大巴山，以岩屑砂岩、长石岩屑砂岩为主，同时可见部分岩屑石英砂岩（图2-14）。川中地区物源主要来自江南古陆，砂岩中长石含量明显高于其他地区（表3-3，图2-14）。

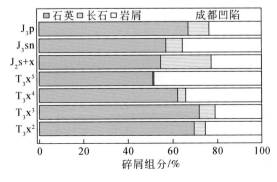

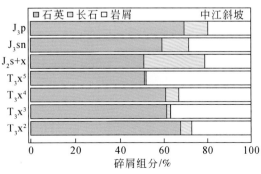

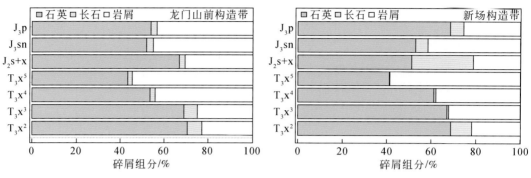

图 3-3　川西拗陷不同区带砂岩碎屑组分特征

须三段储集砂体主要分布在川西南和川东北地区。川西地区须三段物源来自西南部康滇古陆及北部龙门山北段和米仓山-大巴山,不同物源体系导致川西地区南、北须三段碎屑组分差异较大。其中,川西地区南部大邑、成都凹陷须三段以中粗粒长石岩屑砂岩、岩屑石英砂岩为主,砂岩中具有较高长石含量;新场构造带以北地区须三段则具有较高岩屑以及钙屑含量,以岩屑砂岩和岩屑石英砂岩为主,见少量钙屑砂岩(图2-15,图3-3)。川东北元坝、阆中地区须三段以中粒含钙、富钙屑砂岩、钙屑砂砾岩为主,砂岩中石英及长石含量较低,岩屑含量较高,且主要为碳酸盐岩岩屑(图2-15,表3-3,表3-4)。川东北通南巴地区须三段主要为岩屑砂岩和岩屑石英砂岩,成分成熟度较高(图2-15)。

表 3-4　川西及川东北地区须家河组砂岩全岩及黏土矿物 X 射线衍射分析数据统计表

层位		须二段		须三段	须四段		须五段
地区		川西	川东北	川东北	川西	川东北	川西
样品数		11	58	20	46	21	180
岩石中占比/%	黏土	5.5	17.3	8.3	6.2	17.1	33.2
	伊利石	3.2	8.7	4.4	2.9	10.1	12.2
	高岭石	0.0	0.2	0.6	0.8	0.0	4.1
	绿泥石	2.2	1.9	0.5	1.7	0.9	3.9
	伊/蒙混层	0.0	6.4	2.8	0.6	6.1	14.2
	绿/蒙混层	0.0	0.0	0.0	0.0	0.0	0.0
	石英	73.1	65.9	31.3	76.7	69.2	41.6
	钾长石	9.3	1.1	0.0	4.4	0.8	1.1
	斜长石	10.8	5.1	1.6	6.2	3.5	3.0
	方解石	0.4	3.5	27.6	4.3	7.2	8.4
	白云石	0.6	3.5	26.8	2.0	1.5	5.3
	铁白云石		1.3	4.0		0.7	0.5

须四段总体上表现出高岩屑、低长石的特征。岩屑含量较高,以岩屑砂岩为主,岩屑石英砂岩次之。其中,川西、川东北地区须四段基本不见长石,具较高石英和岩屑含量

（图2-18，图3-3，表3-3，表3-4）。川西梓潼、丰谷及川东北元坝地区受龙门山北段物源影响，钙屑砂岩较发育，川东北巴中地区物源主要来自大巴山，以岩屑砂岩、岩屑石英砂岩为主。川中地区须四段主要受江南古陆物源控制，砂岩中长石含量明显高于其他地区，以岩屑长石砂岩为主，同时见较多长石砂岩（表3-3，图2-18）。

川西须五段岩性总体为泥页岩与粉-细砂岩不等厚互层。砂岩中基本不见长石，以岩屑砂岩为主（表3-3，表3-4，图3-3）。

2. 侏罗系

1）下侏罗统白田坝组（自流井组）

白田坝组砂岩主要分布在川西拗陷新场、洛带以西地区，盆地中东部则以自流井组珍珠冲段砂岩和大安寨段、东岳庙段碳酸盐岩为主。白田坝组及珍珠冲段砂岩基本不含长石，主要由岩屑砂岩和岩屑石英砂岩组成（图3-4）。自流井组大安寨段储层主要为滨浅湖相介屑灰岩沉积，介壳含量高（50%～80%），均为腕足类生物碎屑。方解石含量大于90%，同时含有一定数量的黏土物质，微裂缝、缝合线发育。

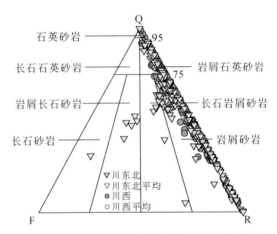

图3-4 川西、川东北白田坝组/自流井组珍珠冲段岩石类型三角图

2）中侏罗统千佛崖组（新田沟组）

川西地区千佛崖组主要由中-细粒岩屑石英砂岩组成，并见部分岩屑砂岩和岩屑长石砂岩（图3-5）。砂岩中石英含量平均69.7%，长石含量总体小于1%，但在川西拗陷中江斜坡可见少量长石含量较高砂岩。其中，新场构造带千佛崖组石英含量明显高于山前带、成都凹陷和东斜坡。川中地区新田沟组（凉高山组）以细粒长石岩屑砂岩为主，砂岩中长石含量（平均17%）明显高于川西地区（图3-5），杂基含量较高，一般为10%～25%，属于水动力条件相对较弱环境下的沉积产物。

3）中侏罗统上、下沙溪庙组

上、下沙溪庙组主要由细-中粒岩屑长石砂岩、长石岩屑砂岩组成，并见少量岩屑砂岩和长石砂岩［图2-19（a），图2-19（c），图3-6］。其中，除龙门山前构造带外，川西其他地区及川中、川南地区上、下沙溪庙组具较高长石含量（图3-3，图3-6，表3-5）；川东北地区以长石岩屑砂岩和岩屑砂岩为主，砂岩中长石含量略低（图3-6）。川西、川东北地区自

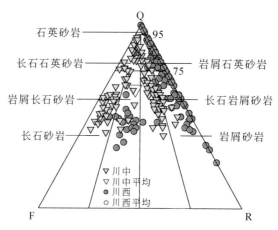

图 3-5　川西、川中千佛崖组岩石类型三角图（图中部分数据据刘占国等，2011）

生矿物以碳酸盐胶结物为主，并见少量自生硅质和钠长石；川中地区则主要为浊沸石胶结，浊沸石含量一般 3% ~ 6%，局部可达 10% ~ 28%（卢文忠等，2004）。黏土矿物以绿泥石、绿/蒙混层和伊利石为主，多以衬边形式产出，同时可见较多高岭石（表 3-5）。

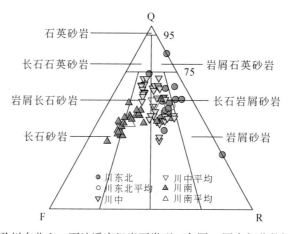

图 3-6　川中、川南及川东北上、下沙溪庙组岩石类型三角图（图中部分数据据刘占国等，2011）

4）上侏罗统遂宁组、蓬莱镇组

上侏罗统砂岩储层主要分布在川西地区。砂岩主要由细粒岩屑砂岩、长石岩屑砂岩、岩屑长石砂岩和岩屑石英砂岩组成（图 2-21，图 2-23）。纵向上，遂宁组石英含量及成分成熟度低于蓬莱镇组；平面上，中江斜坡砂岩中长石含量明显高于西部山前带及新场构造带（图 3-3）。自生矿物以碳酸盐胶结物为主，还包括少量硬石膏、自生石英和钠长石。碳酸盐胶结物主要为早期方解石，并见少量白云石，具有低铁、低镁、低钠、低钾、低锶的特点。与川西拗陷中江斜坡比较，其他地区，特别是山前带具有明显较高的碳酸盐胶结物含量。总体上，砂岩的杂基含量不高，一般小于 3%，少量样品含量可达 10% 左右。其中，黏土矿物以伊利石、绿泥石和绿/蒙混层为主，基本不见蒙皂石，高岭石的含量总体较低（表 3-5）。

表3-5 川西拗陷侏罗系砂岩全岩及黏土矿物 X 射线衍射分析数据统计表

层位		蓬莱镇组			上、下沙溪庙组			
地区		新场构造带	成都凹陷	中江斜坡	新场构造带	成都凹陷	中江斜坡	山前带
样品数		8	92	10	18	70	104	14
岩石中占比/%	黏土	9.3	11.0	7.0	14.3	12.6	8.8	9.8
	伊利石	1.3	3.8	1.3	2.5	3.9	1.3	2.2
	高岭石	1.3	0.5	0.3	1.9	2.9	1.5	3.3
	绿泥石	1.8	2.5	1.5	4.9	5.0	3.3	3.2
	伊/蒙混层	0.8	1.7	0.6	0.9	1.8	1.7	0.8
	绿/蒙混层	4.0	3.1	3.2	4.1	1.4	0.9	1.1
	石英	41.4	51.5	47.0	45.4	51.9	48.9	71.1
	钾长石	5.3	2.0	3.3	1.5	2.0	1.9	0
	斜长石	27.0	21.0	28.5	33.8	24.7	35.2	2.7
	方解石	12.9	11.1	8.0	4.8	9.5	2.3	16.1
	白云石	3.5	2.8	2.3	0.1	0.4	0.1	0.3

(二) 岩石物性各向异性明显

四川盆地陆相地层砂岩物性在纵向上具有明显分带性。总体上，孔隙度、渗透率呈现随埋深增大而降低的趋势（表3-2，图3-7）。其中，须家河组储层主要分布在须四段，其

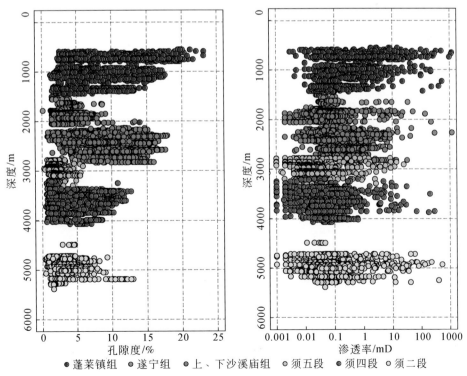

● 蓬莱镇组 ● 遂宁组 ● 上、下沙溪庙组 ○ 须五段 ● 须四段 ○ 须二段

图3-7 川西新场气田须家河组—侏罗系砂岩孔隙度、渗透率纵向分布

次是须二段和须六段，须三段、须五段储渗性较差；侏罗系物性较好的砂岩主要分布在上侏罗统蓬莱镇组和中侏罗统上、下沙溪庙组，遂宁组和下侏罗统物性较差。

储层物性除了表现出强烈的层间非均质性外还表现出强烈的层内及平面非均质性。以川西新场构造带高庙子地区下沙溪庙组 JS_3^{3-2} 砂体为例，砂岩渗透率变异系数为 2.09 ~ 31.94，突进系数为 2.26 ~ 731.9，表现出强层内非均质性。同时，同一砂体不同井间也存在较大的物性差异，如 GS301 井砂岩平均孔隙度为 10.96%，平均渗透率为 2.61mD，其南端位于同一河道上的 GS303 井砂岩平均孔隙度为 11.30%，与 GS301 井近似，但平均渗透率仅为 0.46mD，储层表现出强平面非均质性。

（三）储集空间类型差异明显，储层类型多样

根据铸体薄片和扫描电镜观察结果，砂岩孔隙类型主要为剩余粒间孔、粒间溶孔、粒内溶孔、铸模孔、黏土矿物晶间微孔、微裂缝等（图 3-8）。

剩余粒间孔为原始孔隙在压实作用和胶结物充填作用后剩余的孔隙。深层剩余粒间孔直径为 10 ~ 50μm，中浅层为 30 ~ 80μm，通常分布在绿泥石衬垫较发育的储层中 [图 3-8（a）]，具很强的非均质性，孔隙连通性中等–较好。粒间溶孔为颗粒边缘或颗粒间填隙物溶蚀扩大形成的孔隙，直径 30 ~ 100μm，孔内可见自生石英、钠长石、方解石、黏土矿物等充填。粒内溶孔主要为长石、岩屑等易溶组分溶蚀形成，可见沿长石解理面溶蚀后形成的剩余残晶。晶间微孔主要形成于黏土矿物晶体间及大安寨段重结晶灰岩中，是川中凉高山组、川东北须三段钙屑砂岩及大安寨段灰岩储层中重要的储集空间类型。

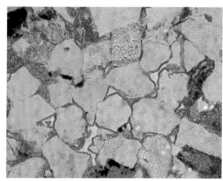

(a)GM2井，5039.8m，T_3x^2，×100 (-) 剩余粒间孔

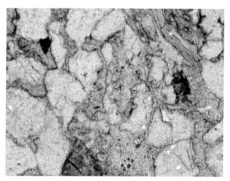

(b)X5井，3672m，T_3x^4，×200 (-) 岩屑粒内溶孔

(c)YL4井，4459.64m，T_3x^3，黏土矿物微孔隙

(d)GM31井，2719.95m，J_2x，(-) 剩余粒间孔、粒间溶蚀扩大孔、粒内溶孔发育

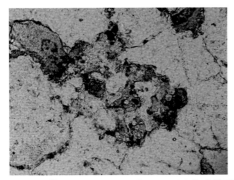 

(e)YB204井，4550.5m，T_3x^2，×200(-)粒内溶孔　(f)YB204井，4550.8m，T_3x^2，高岭石晶间孔

图3-8　四川盆地致密砂岩储层孔隙类型

　　裂缝具有一定的储集性，更为重要的是可以沟通粒内溶孔和填隙物内溶孔，大大提高砂岩的渗滤能力，对致密储层尤为重要。四川盆地下侏罗统自流井组大安寨段介壳灰岩、川中凉高山组及川东北须三段钙屑砂岩中原生孔隙基本消失殆尽，裂缝成为储层主要的储集空间和渗流通道。裂缝类型包括构造缝、层间缝、壳缘缝、粒缘缝、溶蚀缝、解理缝等（图3-9，图3-10）。其中，大安寨段储层裂缝普遍发育，缝宽0.005～0.12mm，以低斜、小（微）缝为主。

 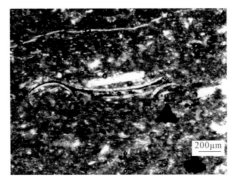

(a)XL101,2147.69~2147.82m,J_1z^4,层间缝　　　　(b)XL101,2152.87m,J_1z^4,(-),壳缘缝

图3-9　川东兴隆101井大安寨段发育裂缝类型

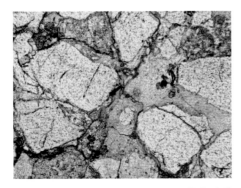 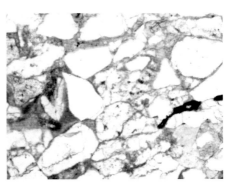

(a) YB21,4572~4573m,T_3x^4,×100(-),粒缘溶缝　　(b) YB6,4464~4465m,T_3x^2,×100(-),溶缝

图3-10　川东北须家河组发育裂缝类型

川西地区不同层位储集空间类型相对百分含量统计表明，深层储层孔隙类型以长石及岩屑粒内溶孔为主，裂缝较发育，其中须二段裂缝对面孔率的贡献可达10%～20%（李嵘等，2011a，2011b）；侏罗系储层孔隙类型以剩余粒间孔及粒间溶孔为主。与蓬莱镇组比较（原生、次生孔隙分别占50%和45%），上、下沙溪庙组溶蚀成因孔隙的比例相对较高（原生、次生孔隙分别占40%和60%），这与上、下沙溪庙组具有较高的自生高岭石含量（表3-5）是一致的。川东北须家河组主要储集空间包括粒内溶孔、粒间溶孔和裂缝，其中在绿泥石衬垫较发育的须二下亚段砂岩储层中保留部分原生粒间孔隙。

储集空间类型的差异导致储层孔隙结构明显不同（表3-6）。其中，上侏罗统蓬莱镇组由于埋深较浅，剩余粒间孔和粒间溶孔发育，具较大孔喉半径、较小排驱压力和中值压力，孔隙结构最好；须家河组和下侏罗统储集性明显差于中侏罗统上、下沙溪庙组（表3-2），但由于微裂隙发育，孔隙结构却与后者相当（表3-6），其低-特低孔储层具有相对较好的基质渗透性。

表3-6　川西拗陷上三叠统—侏罗系致密砂岩孔隙结构参数统计表

地层	孔隙度/%	渗透率/mD	排驱压力/MPa	中值压力/MPa	中值半径/μm	分选系数	样品数
蓬莱镇组	1.42–23.10 / 8.52	0.001–1384.51 / 0.238	0.007–116.69 / 1.69	0.17–178.97 / 7.80	0.004–4.38 / 0.098	0.05–6.20 / 2.33	1453
遂宁组	1.77–6.97 / 3.99	0.003–0.34 / 0.031	0.30–18.48 / 2.83	2.70–150.32 / 27.85	0.005–0.278 / 0.027	1.59–5.90 / 3.65	79
上沙溪庙组	0.77–17.11 / 8.07	0.003–139.93 / 0.11	0.0059–95.5 / 2.75	0.94–209.45 / 23.62	0.0043–0.80 / 0.03	0.45–6.17 / 1.97	1111
下沙溪庙组	1.02–18.92 / 9.38	0.0002–103.1 / 0.133	0.007–95.0 / 1.22	0.21–114.6 / 15.29	0.0065–3.53 / 0.05	0.36–5.82 / 2.36	417
白田坝组	0.96–11.72 / 1.79	0.028–22.85 / 0.073	0.08–16.25 / 5.0	1.2–99.66 / 16.88	0.01–0.62 / 0.04	1.27–3.56 / 2.29	22
须五段	0.74–4.41 / 2.01	0.005–2.62 / 0.019	0.8–11.89 / 1.87	9.35–134.19 / 57.48	0.0056–0.08 / 0.01	0.85–6.11 / 4.54	38
须四段	0.38–12.71 / 5.57	0.001–352.78 / 0.134	0.06–28.75 / 1.75	1.41–178.82 / 19.82	0.005–0.53 / 0.04	0.07–5.77 / 2.18	582
须三段	1.06–5.86 / 3.34	0.004–0.524 / 0.076	0.45–18.04 / 1.80	4.97–100.1 / 24.64	0.0075–0.15 / 0.03	1.96–5.51 / 3.98	46
须二段	0.31–12.01 / 2.98	0.002–509.84 / 0.055	0.0081–77.5 / 2.75	2.41–175.43 / 18.15	0.0043–0.31 / 0.04	0.5–6.22 / 1.86	513

注：表中数据含义为 最小值–最大值/中值

储层储集空间类型和孔隙结构的不同造成了储层类型的多样性。其中，须家河组及下侏罗统孔渗相关性较差，储层中裂缝较发育，以裂缝-孔隙型储层为主；中、上侏罗统孔渗相关性较好，则以孔隙型储层为主。

（四）储层天然气充注物性下限和孔喉下限差异明显

四川盆地陆相储层的强非均质性导致不同类型流体动力场共存。局部地区物性较好，处于自由流体动力场范围内，油气在浮力作用下聚集在构造高部位，气、水分异相对明显。川西地区气藏高度一般在 100 ~ 200m，根据简化的 Hobson 公式（姜振强等，2008）计算，可产生 0.5 ~ 1.5MPa 浮力，浮力孔喉半径下限区间为 0.07 ~ 0.2μm，在须家河组对应浮力孔隙度下限区间为 6% ~ 8%，侏罗系浮力孔隙度下限区间为 8% ~ 10%。也就是说，当储层孔隙度小于浮力孔隙度下限时，浮力作用受限，以局限流体动力场为主，气、水分布不受构造控制。

四川盆地大部分地区发育致密砂岩储层，以局限流体动力场为主，浮力作用受到限制，油气为非浮力聚集，成藏动力以源-储压力差为主，聚集阻力主要为毛细管力，二者耦合控制含气边界，气、水分布不受构造控制。剩余压力差越大，则储层物性及可充注孔喉下限越小。以川西马井-什邡蓬莱镇组气藏为例，这个地区的天然气均通过马井烃源断层输导，并在超压驱动下在蓬莱镇组成藏。马井地区位于断层附近，剩余压力差较大，计算的渗透率及中值孔喉半径下限分别为 0.1mD 和 0.04μm；什邡地区距马井烃源断层较远，成藏动力随着天然气侧向运移距离的增加而逐渐降低，导致什邡地区渗透率和中值孔喉半径下限提高至 0.3mD 和 0.06μm。

根据川西地区致密砂岩储层不同压力条件下天然气可充注孔喉半径分析，当进汞压力为 30MPa、75MPa、120MPa ［采用实验室条件下进汞压力与地层条件下气水压力的换算公式（王允诚等，2006），分别对应地层条件下 4MPa、10MPa、17MPa 气水压力］时，中值孔喉半径大于 0.08μm、0.04μm、0.03μm 的砂岩中可充注 70% 以上的天然气（图 3-11）。川西致密砂岩中有近一半中值孔喉半径大于 0.04μm（表 3-6），也就是说，地层条件下 10MPa 的剩余压力差即可在近一半的砂岩中形成气藏。

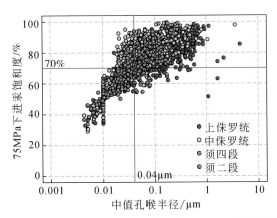

图 3-11　川西拗陷致密砂岩中值孔喉半径与 75MPa 下进汞饱和度关系

四、储层形成演化具有多阶段性

地质历史时期储层形成演化的多阶段性是储层多阶段发育的基础。多期建设性及破坏性成岩作用在储层孔隙演化中发挥关键作用。

四川盆地致密砂岩储层的形成演化与沉积和成岩环境及挤压的构造背景密切相关。基于不同自生矿物含量、不同类型孔隙的定量统计，以及不同期次胶结物形成时间的系统分

析，结合李士祥等（2007）、李嵘等（2011a，2011b）、李军等（2016）和 Lü 等（2015）
研究成果，对四川盆地须二段、须四段、沙溪庙组和蓬莱镇组孔隙演化进行了定时、定量
研究，明确了不同储层段的致密化时间。以川西拗陷须二段为例，储层早期即发生快速埋
藏作用，主要受机械压实作用及早期碳酸盐胶结作用影响，至晚三叠世末期，孔隙度降至
20%左右；至中侏罗世末期，受化学压实作用及碳酸盐、自生硅质胶结作用的影响，储层
储渗性变差，大部分储层孔隙度降至8%～10%；至晚侏罗世进入晚成岩 B 期，岩石进入
压溶阶段，自生硅质及各种碳酸盐矿物的胶结作用导致孔隙度持续降低，尽管该阶段存在
受高岭石伊利石化反应驱动的钾长石溶解作用，但数量非常有限，孔隙度普遍小于8%，
砂岩更加致密，属于致密储层（图3-12，表3-7）。川西致密砂岩储层的致密化进程研究
显示，须二段，须四段，上、下沙溪庙组，蓬莱镇组储层的致密化时间分别为中侏罗世末
期、晚侏罗世末期到早白垩世初期、晚白垩世末期到古近纪初期、古近纪（表3-7）。不
同地质历史时期均发育有不同类型的储层，表现出储层多阶段发育的特征。

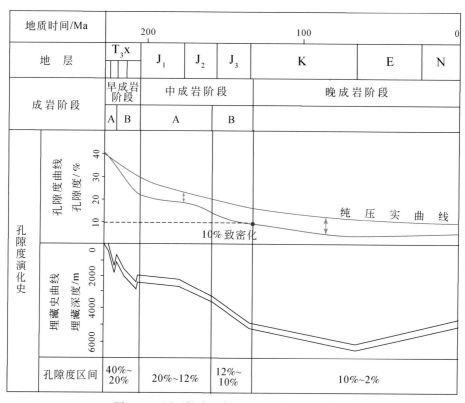

图3-12　川西拗陷须家河组二段储层孔隙演化

　　川东北元坝-通南巴地区须家河组在晚三叠世—中侏罗世中期，受压实作用影响，孔
隙度降至10%～15%；中侏罗世中期—晚侏罗世，胶结作用导致储层进一步致密，储层孔
隙度降至10%左右（李军等，2016）。

表 3-7 川西拗陷陆相砂岩储层孔隙演化

时期		晚三叠世末期	早侏罗世末期	中侏罗世末期	晚侏罗世末期	早白垩世末期	晚白垩世末期	古近纪
孔隙度/%	须二段	20		10~12	<10			
	须四段		25		10~12	<10		
	上、下沙溪庙组				20	10~12	<10	
	蓬莱镇组					20	10~15	<10

川中地区须家河组在早侏罗世末期，受机械压实作用影响，孔隙度降至20%；中侏罗世末期，温度压力增加导致较强化学压实作用，孔隙度降至15%；白垩纪末期，受碳酸盐、自生硅质胶结作用的影响，储层储渗性进一步变差，原生孔隙减少至5%，同时产生部分次生孔隙，储层孔隙度降至6%~10%（张富贵等，2010）。

第二节　储层成岩相分类与定量评价

一、主要成岩作用类型

四川盆地陆相致密砂岩所经历的成岩作用主要包括压实、压溶作用，胶结作用，溶蚀作用和破裂作用。

1. 压实、压溶作用

须家河组砂岩埋深大，时代老，经历了强烈的压实、压溶作用。薄片中压实、压溶作用主要表现形式有：①千枚岩、泥岩等塑性颗粒的塑性变形与假杂基化；②云母类片状矿物的弯曲变形、破裂和波状消光；③石英、长石等刚性颗粒的局部破裂与错位；④石英加大及碳酸盐岩岩屑的压溶作用。

侏罗系砂岩埋深相对较浅，压实相对较弱，砂岩经历的压实作用较弱–中等，以机械压实为主。主要表现为泥、页岩等变质岩岩屑及云母等矿物的弯曲、变形，颗粒间呈点–线或线接触，局部见凹凸接触。

由于砂岩在碎屑成分、岩屑类型、碳酸盐胶结物含量、分选及粒度方面存在差异，压实作用表现出较强的不均一性。总体来说，埋深较大、塑性颗粒较多的层段经历的压实作用较强，而在软性颗粒较不发育层段及碳酸盐胶结物相对发育层段压实作用影响则相对较弱。统计表明，川西须二段视压实率普遍大于80%，须四段视压实率普遍大于70%，上、下沙溪庙组中粒砂岩，蓬莱镇组细粒砂岩具较低平均视压实率（56%和51%）（表3-8）。

表 3-8　川西拗陷上三叠统—侏罗系储层成岩综合特征

层位	粒度	孔隙度/%	渗透率/mD	视压实率/%	视胶结率/%	钙质/%	硅质/%	泥质/%
蓬莱镇组	粗粒	4.4	1.832	75	55	5.0	0	1.3
	中粒	5.1	0.578	55	69	10.7	0.2	1.6
	细粒	10.2	4.539	51	47	8.1	0.1	2.1
	粉砂岩	8.4	3.376	51	53	8.9	0	6.6
上、下沙溪庙组	粗粒	5.3	0.571	72	53	0	0	6
	中粒	10.6	1.136	56	36	4.3	0.7	3.9
	细粒	7.3	0.541	58	51	6.7	0.6	4.8
	粉砂岩	3.7	0.164	61	56	9.0	6.4	17.8
须四段	粗粒	4.4	0.315	71	53	7.5	1.1	1.1
	中粒	5.8	2.675	72	39	5.1	1.4	1.8
	细粒	3.7	4.292	76	51	7.0	1.3	2.3
	粉砂岩	1.6	0.081	81	50	9.3	0	
须二段	粗粒	4.5	4.669	85	20	1.2	2.5	0.8
	中粒	3.7	0.422	87	16	2.8	1.6	1.2
	细粒	3.0	0.095	83	34	6.1	0.5	2.2
	粉砂岩	1.2	0.119	85	61	9.7	0.1	9.9

2. 胶结作用

砂岩的胶结作用包括黏土矿物的析出和充填作用、石英次生加大和硅质充填作用、碳酸盐矿物充填和交代作用。

1）黏土矿物的析出和充填作用

川西致密砂岩中常见的自生黏土矿物主要包括伊利石、绿泥石、高岭石、伊/蒙混层和绿/蒙混层［表 3-4，表 3-5，图 3-13（a）］。其中，须五段及侏罗系具较高黏土矿物含量。总体上，伊利石呈现出随埋深增大而增大的趋势，伊/蒙混层、绿/蒙混层则呈现相反趋势，中侏罗统上、下沙溪庙组可见较多高岭石［表 3-5，图 3-13（a）］。川东北元坝地区须家河组黏土矿物总量较川西须家河组高，黏土矿物以伊利石和伊/蒙混层为主，绿泥石含量明显低于川西地区须家河组，基本不见高岭石［表 3-4，图 3-13（b）］。川中须家河组黏土矿物总量远高于川西地区（平均 21%），但构成与川西类似，黏土矿物主要为伊利石、绿泥石、伊/蒙混层和少量高岭石（宋丽红等，2011）。

伊利石为砂岩中最常见的黏土矿物之一，在须家河组一般占黏土矿物总量的 50% 以上，侏罗系占 20% 左右。主要为早期铝硅酸盐矿物溶蚀及高岭石、粒间杂基的产物。伊利石常填充孔隙，堵塞喉道［图 3-14（a）］，对砂岩的储集性和连通性主要起破坏作用。绿泥石、绿/蒙混层在孔隙中以孔隙衬垫和孔隙充填两种形式产出［图 3-14（c），（d）］，表明绿泥石的发育至少有两期：早期绿泥石呈颗粒衬边产出，可起到一定的抗压实作用；晚期绿泥石充填粒间孔隙，堵塞孔隙和喉道，使孔径和喉径变小，对岩石孔隙度和渗透率产生不利影响。绿泥石的形成通常与中基性火山岩岩屑的溶蚀有关。高岭石为早期铝硅酸盐矿物溶蚀的产物，主要见于川西须四段和上、下沙溪庙组［图3-13（a）］，部分具较好晶形，多呈书页状、蠕虫状充填于粒间，晶间孔发育［图3-14（b）］。

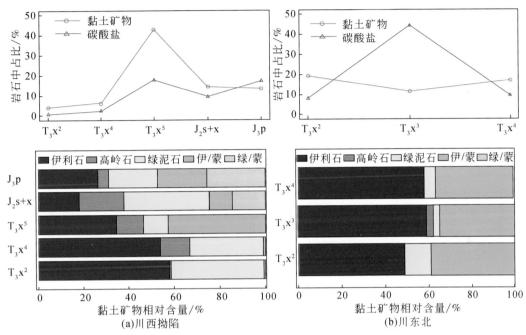

图3-13 川西拗陷上三叠统—侏罗系、川东北须家河组碳酸盐矿物、黏土矿物构成

2）石英次生加大和硅质充填作用

自生石英（石英次生加大和硅质充填）在砂岩中比较普遍［图3-14（d），（f）］。扫描电镜下见有自形晶单锥或双锥石英充填于粒间孔内。硅质胶结在碎屑石英含量较高的层段，如须二段较为发育。

3）碳酸盐矿物充填和交代作用

碳酸盐矿物的充填和交代在四川盆地致密砂岩，特别在川西、川东北须三段、须四段钙屑砂岩中非常普遍。川西地区须五段和侏罗系具有较高碳酸盐胶结物含量（图3-13），川东北须家河组砂岩中以须三段碳酸盐胶结物含量最高，在砂岩中平均达到12%，多以连晶形式产出，大范围、广泛充填粒间孔隙和早期溶蚀空间［图3-14（e）］。同时可见少量白云石和铁白云石。方解石对颗粒的交代作用也较为普遍，但强度较弱，一般沿颗粒边缘局部交代。

3. 溶蚀作用

溶蚀作用在砂岩中普遍发育，主要表现为骨架颗粒和早期碳酸盐胶结物的溶蚀。溶蚀颗粒包括碎屑长石、石英、岩屑内铝硅酸矿物。其中，长石的溶蚀最为普遍，主要沿颗粒边缘和解理溶蚀，在部分层段长石被溶蚀成蜂窝状，甚至形成铸模孔（图3-8）。岩屑的溶蚀则主要为岩屑中的易溶矿物（如长石等）或碳酸盐岩岩屑遭受选择性溶蚀形成粒内溶孔。

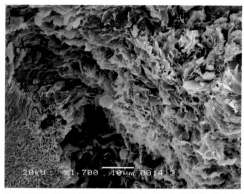

(a) CJ607,2237.23m,J₂s,片丝状伊利石附着于碎屑
颗粒表面,粒间孔隙中充填石盐集合体

(b) CM600,3089.76m,J₂x,书页状高岭石集合体
充填于粒间,晶间微孔隙发育

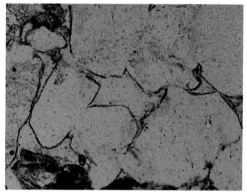

(c)YB204,4634.72m,T₃x²,×200(-),环边
绿泥石胶结物

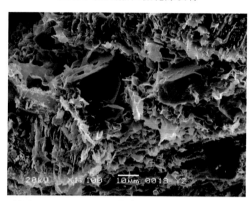

(d) SF9,1075.97m,J₃p,次生石英晶体及片状绿蒙
混层集合体充填于粒间孔隙中

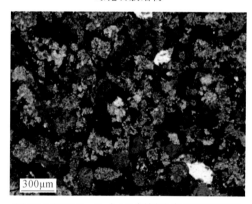

(e) YL7,3467.0m,T₃x³,(+),钙屑砂岩,方解石胶结

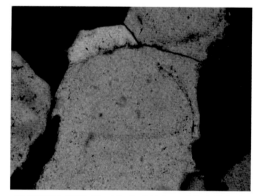

(f) YB204,4550.42m,T₃x²,×200(+),石英次生加大

图 3-14　四川盆地致密砂岩自生矿物显微照片

4. 破裂作用

　　须家河组、凉高山组砂岩及自流井组碳酸盐岩中裂缝较为发育,且种类较多。破裂作用形成的裂缝和微裂缝可有效地改善致密砂岩的储渗性能。薄片中观察到的微裂缝宽度以 0.01~0.02mm 为主。须二段及须四下亚段裂缝相对较为发育,通常表现为刚性颗粒受压

破裂、延伸较长的扭性裂缝及部分张性裂缝。部分缝段见有溶蚀扩大现象，表明破裂缝对次生溶孔形成有一定的贡献。由于裂缝可以将微小孔隙和较孤立的颗粒内溶孔连接在一起，大大提高了岩石的渗透率，对致密砂岩储层储渗性能的改善、促进溶蚀作用的进行和烃类的运移有着不可忽视的作用。

二、成岩相分类命名

成岩相是多期次多类型复杂成岩作用的综合反映。对于成岩相的定义，一般均涉及成岩作用、成岩环境和成岩产物3个方面内容，是沉积物在特定的沉积和物理化学环境中，在成岩与流体、构造等作用下，经历一定成岩作用和演化阶段的产物，包括岩石颗粒、胶结物、组构、孔洞缝等综合特征（杜业波等，2006；邹才能等，2008；张响响等，2010）。

国内外学者对成岩相的划分主要是根据成岩作用类型和强度、成岩矿物、成岩环境和成岩演化序列等（邹才能等，2008；赖锦等，2013）。虽然目前尚未形成统一的成岩相分类命名方案（邹才能等，2008），但概括起来主要分为两大类。

1. 方案一

根据对储层物性起主要控制作用的成岩作用类型、强度及成岩矿物来命名，包括单因素成岩相，如碳酸盐胶结交代成岩相、绿泥石衬边胶结成岩相等（杜业波等，2006）和综合成岩相，又如绿泥石衬边弱溶蚀相（石玉江等，2011）、石英次生加大+弱溶蚀成岩相（段新国等，2011）和弱压实–弱胶结–强溶蚀成岩相（王欣欣等，2012）等。同时，综合考虑沉积作用、岩石类型、岩石组构等对成岩作用类型和强度的控制，或考虑岩石类型及成岩作用机制，如杂砂岩杂基充填致密压实相、净砂岩不稳定组分溶蚀高岭石、硅质胶结相（王秀平等，2013），或考虑不同沉积微相砂岩所经历的成岩作用及其储层响应，如进积型分流河道–强压实相、分流河道–石英溶蚀相（张胜斌等，2009），或考虑砂岩结构及成分成熟度，如高成熟强溶蚀相、低成熟强压实相等（何周等，2011）。此外，邹才能等（2008）和张响响等（2010，2011）从勘探实用的角度，将扩容性成岩相和致密化成岩相与孔渗条件相结合对成岩相进行划分和命名，如低孔特低渗溶蚀相、致密硅质胶结相等。

2. 方案二

通过视压实率、视胶结率和视溶蚀率的计算，根据成岩作用强度及其组合特征对成岩相进行命名，如强压实弱胶结弱溶解相。其中，视压实率和视胶结率可以分别反映压实作用和胶结作用对原始粒间孔隙的破坏，由 Houseknecht（1987）、Ehrenberg（1989，1995）提出；视溶蚀率可以反映溶蚀作用对储层孔隙空间的改善，由刘伟等（2002）提出：

$$视压实率 = \frac{原始孔隙度 - 粒间胶结物 - 现今孔隙度}{原始孔隙度} \times 100\% \tag{3-1}$$

$$视胶结率 = \frac{粒间胶结物}{粒间胶结物 + 现今孔隙度} \times 100\% \tag{3-2}$$

$$视溶蚀率 = \frac{溶孔面孔率}{总面孔率} \times 100\% \tag{3-3}$$

与方案一比较，该方案能够实现成岩相的定量表征及储层质量的定量预测评价（赖锦等，2013）。

三、成岩相定量评价

（一）四川盆地须家河组成岩相展布特征

本书采用方案一对四川盆地须家河组进行定性成岩相研究。通过成岩作用分析，首先划分出与每种成岩作用相对应的单因素成岩相，在单因素成岩相研究的基础上，按照成岩事件发生的先后顺序，对须二段和须四段单因素成岩相进行叠加，划分出 10 类综合成岩相（表 3-9）。

表 3-9　四川盆地须家河组综合成岩相划分表

成岩相类型	须二段	须四段
强压实相	√	√
碳酸盐胶结相	√	
强压实中溶蚀相	√	√
强压实碳酸盐胶结相	√	√
强石英加大弱溶蚀相	√	√
强石英加大强溶蚀相	√	√
石英加大强破裂中溶蚀相	√	
强压实强破裂碳酸盐胶结相	√	√
压实绿泥石衬边破裂溶蚀相	√	√
弱压实强碳酸盐胶结相		√

须二段：川西山前带受构造运动影响较大，砂岩中杂基和塑性岩屑含量较高，碳酸盐岩岩屑的溶解和再沉淀普遍，形成了川西山前冲断带强压实–强破裂–碳酸盐胶结成岩相特征；川西中南部冲断带，石英含量相对较高，自生硅质胶结作用和溶蚀作用相对发育，以强压实–强破裂–硅质胶结–碳酸盐胶结–弱溶蚀成岩相为主；前渊带主要发育两大类成岩相，南部发育强压实–硅质胶结–弱溶蚀成岩相，北部前渊带发育强压实–碳酸盐胶结–弱溶蚀–硅质胶结成岩相；川中地区成岩相类型主要有三大类，北部斜坡带以溶蚀–碳酸盐胶结–硅质胶结成岩相为主，南部斜坡带以溶蚀–硅质胶结成岩相为主，中部以强溶蚀–绿泥石胶结–弱破碎成岩相为主；川东主要发育黏土胶结–强压实–弱溶蚀成岩相（图 3-15）。

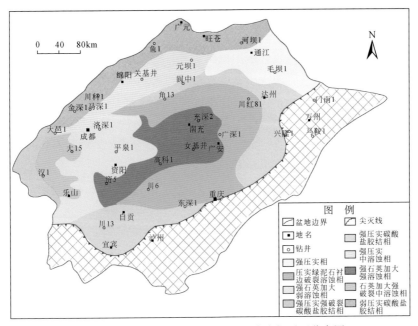

图 3-15　四川盆地上三叠统须二段成岩相平面分布图

　　须四段：中南部前渊带发育强压实-弱破碎-硅质胶结-碳酸盐胶结-弱溶蚀成岩相；北部前渊带以强压实-碳酸盐胶结-黏土胶结成岩相为主；北部斜坡带以溶蚀-硅质胶结-黏土胶结-碳酸盐胶结成岩相为主；南部斜坡带主要发育溶蚀-硅质胶结成岩相；隆起带北部成岩相为溶蚀-硅质胶结-黏土胶结-碳酸盐胶结相，向南以溶蚀-硅质胶结-黏土胶结成岩相、强溶蚀-绿泥石胶结-弱破碎成岩相为主；东部成岩相为黏土胶结-硅质胶结-弱溶蚀成岩相（图 3-16）。

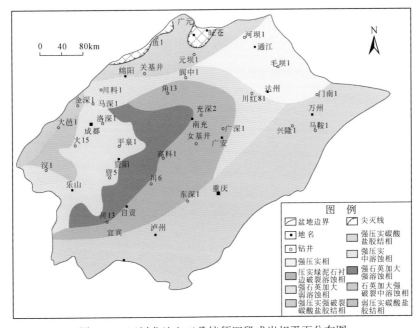

图 3-16　四川盆地上三叠统须四段成岩相平面分布图

（二）川西地区上三叠统—侏罗系成岩相定量评价

针对川西地区陆相致密碎屑岩，采用视压实率、视胶结率和视溶蚀孔隙度这 3 个参数分别对压实作用、胶结作用及溶蚀作用强度进行了定量计算及强度分级，并选择对储层物性影响较大的成岩参数组合对成岩相进行定量表征及分类命名。

1）成岩参数的计算方法及成岩相类型的识别

首先采用 Beard 和 Weyl（1973）经验公式对不同分选储集砂岩的初始孔隙度进行计算：

$$初始孔隙度 = 20.91 + 22.91/S_o$$

$$S_o = \sqrt{\frac{D_3}{D_1}}, \quad D_1 = 2^{-\Phi_{75}}, \quad D_3 = 2^{-\Phi_{25}}$$

式中，S_o 为分选系数；Φ_{75} 与 Φ_{25} 为筛析法粒度测得的实验数据，分别对应粒度累积曲线上 75% 和 25% 处的粒径 Φ 值。利用川都 416 井等 31 口井的粒度数据，计算出各层段的原始孔隙度（表 3-10）。

表 3-10　川西拗陷各层段原始孔隙度均值

层位	J_3p	J_3sn	J_2s	J_2x	T_3x^4	T_3x^3	T_3x^2
平均原始孔隙度/%	40.05	37.41	39.93	39.11	39.34	39.85	39.26

然后采用式（3-4）～式（3-6）计算视压实率、视胶结率及视溶蚀孔隙度，并根据成岩强度分级标准（表 3-11），分别对川西上三叠统—侏罗系砂岩储层进行成岩相定量评价。

$$视压实率 = \frac{原始孔隙度 - 粒间胶结物 - 现今孔隙度 + 面孔率 \times 溶孔百分含量}{原始孔隙度} \times 100\% \quad (3\text{-}4)$$

$$视胶结率 = \frac{粒间胶结物}{粒间胶结物 + 现今孔隙度 - 面孔率 \times 溶孔百分含量} \times 100\% \quad (3\text{-}5)$$

$$视溶蚀孔隙度 = 溶孔百分比 \times 现今孔隙度 \quad (3\text{-}6)$$

表 3-11　川西拗陷须家河组—侏罗系储层成岩强度划分标准

压实作用	压实强度	弱	中	中强	强	超强
	视压实率/%	<35	35~55	55~75	75~90	>90
胶结作用	胶结强度	弱	中	较强	强	
	视胶结率/%	<10	10~30	30~50	>50	
溶蚀作用	溶蚀强度	弱	中	强		
	溶蚀孔隙度/%	<3	3~6	>6		

本书采用的视压实率和视胶结率的计算公式［式（3-4），式（3-5）］与式（3-1）、式（3-2）略有差异，其中考虑了溶蚀作用的影响，因此能够更加客观、准确地表征压实作用和胶结作用对储层孔隙的破坏。式（3-1）、式（3-2）均假定溶蚀孔隙度为 0%，因此可能导致计算的视压实率和视胶结率低于实际情况。

由于取心资料有限，仅根据薄片资料无法达到绘制平面成岩相图的目的，而自然伽马和自然电位测井可以反映储层的岩性和沉积环境，密度、声波时差和中子孔隙度测井则是储层物性差异的最直观显示，电阻率测井可以反映储层中的钙质胶结物含量及孔隙结构。因此通过研究自然伽马、井径、电阻率、声波、中子、密度与成岩相的相关性，并选择响应特征明显的曲线可以辅助成岩相的判别。

结合视压实率、视胶结率和溶蚀作用强度，可以在须二段，须四段，上、下沙溪庙组，蓬莱镇组储层中分别划分出 8 种、11 种、7 种、7 种成岩相类型。

2）须家河组成岩相划分结果及展布特征

须二段：根据视压实率、视胶结率及视溶蚀孔隙度的计算，同时结合测井曲线特征，在须二段中划分出 8 种成岩相类型（表 3-12）。须二段有利成岩相为强压实弱-中溶蚀成岩相和破裂成岩相。其中，强变形区（如龙门山构造带）发育破裂成岩相和强胶结弱溶蚀成岩相；中变形区（如新场构造带、洛带）发育强压实中溶蚀成岩相；弱变形区（如成都凹陷、梓潼凹陷）发育强压实弱溶蚀成岩相和强-超强压实成岩相。须二段有利成岩相带主要分布在新场构造带、洛带地区和鸭子河地区，大邑地区储层致密，但裂缝发育（图3-17～图3-19）。

表 3-12　川西拗陷须家河组成岩相划分方案

层位	测试孔隙度/%	测试渗透率/mD	视压实率/%			视胶结率/%			成岩相类型
			最小值	平均值	最大值	最小值	平均值	最大值	
须四段	>10	>1	28	58	69	14	30	59	强溶蚀相
	6～10	0.1～1	75	78	82	11	22	33	强压实中溶蚀相
			56	68	75	10	37	59	中强压实中溶蚀相
			53	53	53	49	49	49	中压实中溶蚀相
			18	44	59	56	66	78	强胶结中溶蚀相
	2～6	0.05～0.1	17	54	74	65	77	90	强胶结弱溶蚀相
			75	81	89	14	40	73	强压实弱溶蚀相
			62	70	75	40	56	70	中强压实弱溶蚀相
	<2	<0.05	80	86	89	63	77	85	强压实相
			90	92	93	27	62	79	超强压实相
			20	67	87	79	89	97	强胶结相
须二段	/	>1	65	80	87	19	46	84	破裂相
	>6	0.1～1	36	67	82	8	35	69	强溶蚀相
	3～6		67	82	89	13	41	68	强压实中溶蚀相
			50	59	72	68	73	78	强胶结中溶蚀相
	1～3	<0.1	0	60	77	73	85	98	强压实弱溶蚀相
			76	87	95	25	51	77	强胶结弱溶蚀相
	<1		90	91	93	70	77	82	超强压实相
			8	42	80	88	95	98	强胶结相

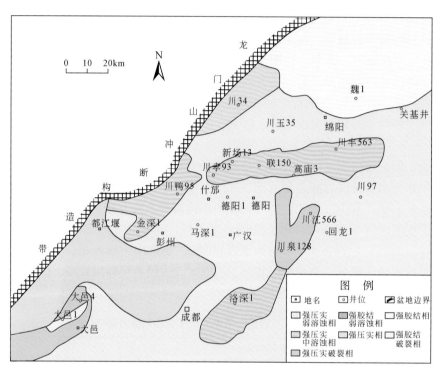

图 3-17　川西拗陷中段上三叠统须二下亚段成岩相平面分布图

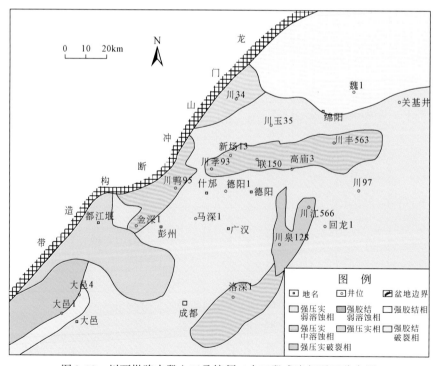

图 3-18　川西拗陷中段上三叠统须二中亚段成岩相平面分布图

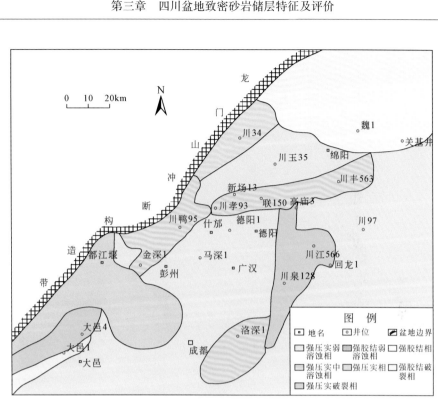

图 3-19　川西拗陷中段上三叠统须二上亚段成岩相平面分布图

须四段：根据视压实率、视胶结率及视溶蚀孔隙度的计算，同时结合测井曲线特征，在须四段中划分出 11 种成岩相类型（表3-12）。整体上大邑地区以破裂成岩相为主；龙门山前以强胶结成岩相为主；新场构造带以中强压实弱溶蚀成岩相为主；成都凹陷和中江斜坡以强压实弱溶蚀成岩相为主；龙泉山构造带以强胶结弱溶蚀成岩相为主；洛带地区以强压实中溶蚀成岩相为主。各亚段成岩相的区别主要在新场构造带上，其中下亚段和中亚段整体以中强压实弱溶蚀成岩相为主，而上亚段在新场和孝泉地区以中强压实中溶蚀成岩相为主，在丰谷地区则以中强压实弱溶蚀成岩相为主（图 3-20 ~ 图 3-22）。须四段有利成岩相为中强压实（或中强胶结）中溶蚀成岩相，主要分布在新场构造带和龙泉山构造带，大邑地区虽然裂缝发育，但储层整体致密。

3）侏罗系成岩相划分结果及展布特征

上、下沙溪庙组：根据视压实率、视胶结率及视溶蚀孔隙度的计算，同时结合测井曲线特征，在上、下沙溪庙组中划分出 7 种成岩相类型（表3-13）。成岩相的发育主要受到物源及沉积相的控制，龙门山前构造带为强胶结成岩相；湖泊沉积相基本都发育中强压实成岩相；新场、马井、新都洛带一带普遍发育中压实中溶蚀成岩相，其中马井地区下沙溪庙组发育强溶蚀成岩相；梓潼凹陷及崇州郫县邻近龙门山一侧发育中胶结弱溶蚀成岩相；梓潼凹陷和中江斜坡回龙一带普遍发育中压实弱溶蚀成岩相（图 3-23 ~ 图 3-24）。

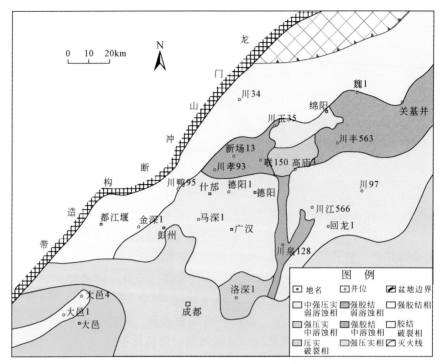

图 3-20 川西拗陷中段上三叠统须四下亚段成岩相平面分布图

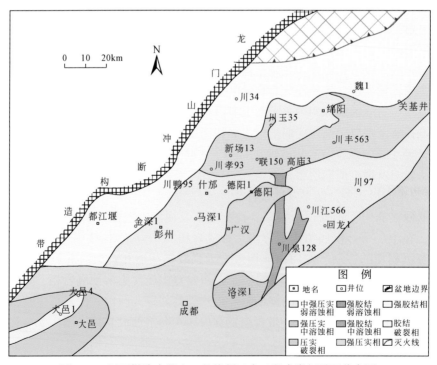

图 3-21 川西拗陷中段上三叠统须四中亚段成岩相平面分布图

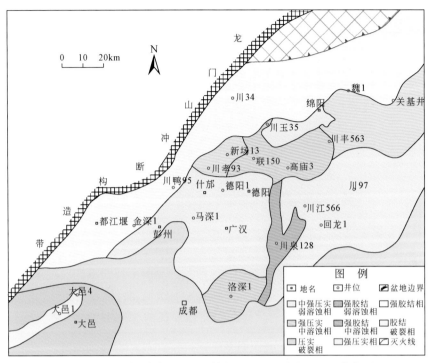

图 3-22 川西拗陷中段上三叠统须四上亚段成岩相平面分布图

表 3-13 川西拗陷侏罗系成岩相划分方案

层位	测试孔隙度/%	测试渗透率/mD	视压实率/%			视胶结率/%			成岩相类型
			最小值	平均值	最大值	最小值	平均值	最大值	
蓬莱镇组	>12	>0.8	27.3	47.6	65.5	0	33	57.3	强溶蚀相
	8~12	0.2~0.8	48	57.6	69.3	8.1	38.1	51.7	中压实中溶蚀相
			27.7	44.4	53.8	45.5	55.3	69	中胶结中溶蚀相
	5~8	<0.2	59.8	65.8	75.5	38.5	49	63.3	中压实弱溶蚀相
			26.3	47.3	60.8	56.8	67.8	82.2	中胶结弱溶蚀相
	<5		76.5	81	86.4	40.2	52.2	63.6	中强压实相
			3.7	51.3	71.1	68.4	80.6	93.3	强胶结相
上、下沙溪庙组	>12	>0.5	12.1	50.7	69.7	0	24.9	62.7	强溶蚀相
	8~12	0.1~0.5	48.3	64.2	79.9	0	28.5	50.5	中压实中溶蚀相
			0	36.1	51	45.8	59	78.6	中胶结中溶蚀相
	5~8	<0.1	57.4	72.2	85.8	0	34.8	62.3	中压实弱溶蚀相
			22.2	45.1	59.6	56.7	70	79	中胶结弱溶蚀相
	<5		67.6	87.1	97.9	0	20.5	72.6	中强压实相
			0	64.5	92.5	66.5	85.7	97.7	强胶结相

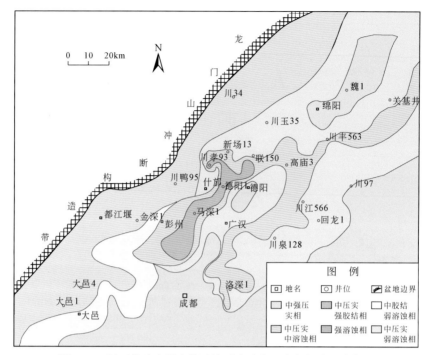

图 3-23　川西拗陷中段中侏罗统下沙溪庙组成岩相平面分布图

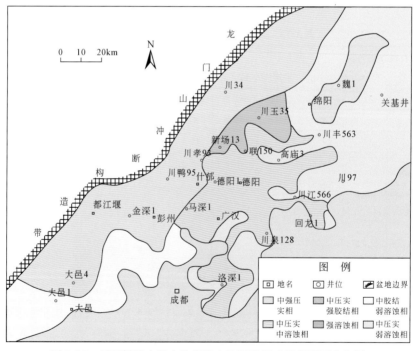

图 3-24　川西拗陷中段中侏罗统上沙溪庙组成岩相平面分布图

蓬莱镇组：根据视压实率、视胶结率及视溶蚀孔隙度的计算，同时结合测井曲线特征，在蓬莱镇组中划分出 7 种成岩相类型（表 3-13）。龙门山前构造带主要发育强胶结成岩相；绵竹-彭州-崇州一带发育中胶结弱溶蚀成岩相；东南部、南部发育细粒湖泊沉积，以中强压实成岩相为主；洛带、马井、什邡、新场及中江-回龙地区发育初始物性较好的河道、分支河道、水下分流河道砂岩，以中胶结中溶蚀或中压实中溶蚀甚至强溶蚀成岩相为主；梓潼凹陷东部普遍发育中压实弱溶蚀成岩相（图3-25~图3-28）。

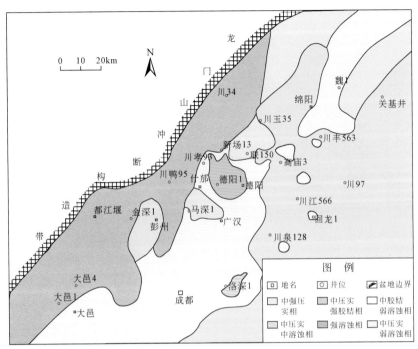

图3-25 川西拗陷中段上侏罗统蓬一段成岩相平面分布图

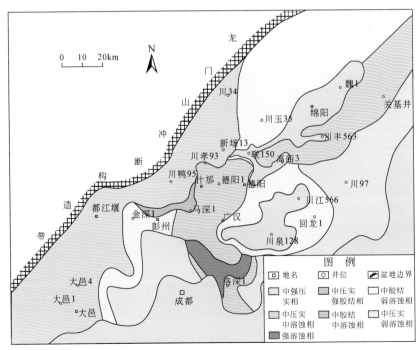

图3-26 川西拗陷中段上侏罗统蓬二段成岩相平面分布图

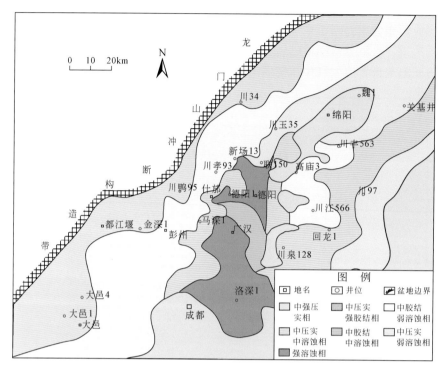

图 3-27　川西拗陷中段上侏罗统蓬三段成岩相平面分布图

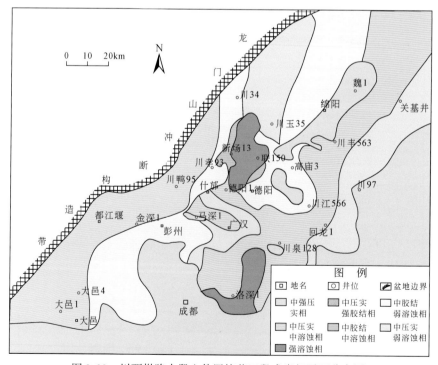

图 3-28　川西拗陷中段上侏罗统蓬四段成岩相平面分布图

第三节　相对优质储层形成机制及地质预测模型

一、相对优质储层形成主控因素

1. 相对高能水动力条件是储层形成的基础

沉积水动力条件决定了沉积物的粒度、分选及杂基含量等。四川盆地发育辫状河道、三角洲平原分流河道、三角洲前缘水下分流河道及河口坝等水动力条件较强的砂岩。这些砂岩得到充分的冲洗，杂基含量低，颗粒分选好，粒度相对较粗，因而具有较好的储渗性能。从图 3-29 可以看出，水下分流河道物性最好，其次是河口坝，远砂坝、砾质河道、分流间湾的物性较差。根据统计，川西蓬莱镇组河道砂岩中有近 90% 的样品孔隙度大于 7%，70% 的样品孔隙度大于 10%。

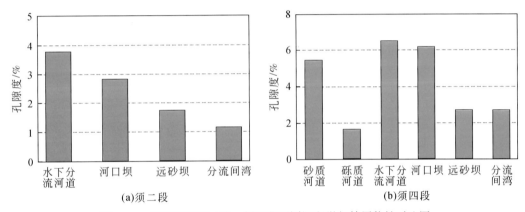

图 3-29　川西拗陷须二段、须四段不同沉积微相储层物性对比图

岩石粒度可以影响初始孔隙的发育程度以及填隙物的含量，对储层物性具有明显的控制作用。图 3-30 显示上、下沙溪庙组储层主要分布在中粒砂岩中。随着粒度变细，钙质和泥质的含量逐渐增加，储层物性明显变差。川东北须家河组表现出相似特征，中粒砂岩的储渗性明显优于粉、细砂岩（表 3-14）。

表 3-14　川东北须家河组粒度与孔隙度、渗透率关系对比表

岩石粒度	样品数	孔隙度/%			渗透率/mD		
		最小值	最大值	平均值	最小值	最大值	平均值
中粒砂岩	46	1.01	6.88	3.62	0.005	26.0086	0.6283
细粒砂岩	39	0.89	5.29	2.37	0.0047	1.3592	0.0968
粉砂岩	23	0.61	2.33	1.17	0.0032	0.2379	0.0272

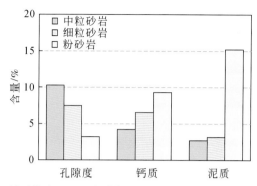

图 3-30　川西拗陷上、下沙溪庙组粒度与钙质、泥质、孔隙度关系

2. 高石英、富长石、高钙屑、低岩屑有利于原生孔隙的保存及次生孔隙的形成

砂岩的物源及沉积环境一方面可以控制其原始孔隙度和渗透率，另一方面，由不同物源沉积体系造成的砂岩在碎屑组成上的差异又可以决定砂岩孔隙体系的演化，是储层后期成岩改造的基础（Morad 等，2010）。不同层段砂岩碎屑组分对储层物性的影响存在差异。川西须家河组总体具有富岩屑、贫长石的特点（图 3-3）。其中，须二段物性较好的砂岩具有中高石英含量（50%~80%）、较高长石含量、较低岩屑含量（<25%）的特征，主要为长石石英砂岩、岩屑长石砂岩、长石岩屑砂岩及长石砂岩（表 3-15）。须四段长石含量低于须二段（图 3-3），其对储层物性的影响不大。对于须四段来说，石英含量较高的石英砂岩、岩屑石英砂岩、长石石英砂岩储集性相对较好，而岩屑含量较高的岩屑砂岩、钙屑砂岩等孔渗性明显较差。但是在川西丰谷地区须四中亚段却发育储渗性较好的钙屑砂岩储层（孔隙度>12%，渗透率>1mD）。研究显示，钙屑砂岩储层普遍具有碳酸盐岩岩屑含量高（占碎屑组分90%以上）、方解石胶结物含量相对较低（<10%）、次生孔隙发育的特点（李嵘等，2011a；罗文军等，2012；林煜等，2012）。其中，因为钙质岩屑的抗压实能力较强且相对易溶，早期碳酸盐胶结作用相对发育，其含量越高，越有利于原生孔隙的保存和次生孔隙的形成（李嵘等，2011a；罗文军等，2012；林煜等，2012）。

表 3-15　川西拗陷上三叠统—侏罗系不同类型岩石物性特征

层位	岩屑砂岩		长石岩屑砂岩		岩屑长石砂岩		长石石英砂岩		岩屑石英砂岩	
	孔隙度/%	渗透率/mD	孔隙度/%	渗透率/mD	孔隙度/%	渗透率/mD	孔隙度/%	渗透率/mD	孔隙度/%	渗透率/mD
蓬莱镇组	8.0	0.17	11.7	0.67	12.6	1.12	12.2	0.83	11.1	0.53
上、下沙溪庙组	5.3	0.08	7.5	0.10	9.9	0.14	4.6	0.06	5.6	0.08
须四段	5.1	0.07	5.7	0.40	6.5	0.45	6.9	0.23	6.9	0.13
须二段	3.8	0.04	4.7	0.10	5.1	0.11	5.0	0.10	4.3	0.08

上、下沙溪庙组总体以高长石为特征（图 3-3）。孔隙度与石英、岩屑含量呈负相关，与长石含量呈正相关。统计显示，孔隙度大于 10% 的样品岩屑含量普遍小于 20%，长石含量大于 30%，石英含量小于 50%，以岩屑长石砂岩和长石岩屑砂岩为主（表 3-15）。

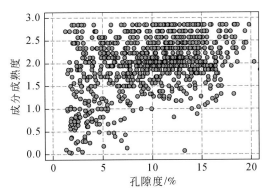

图 3-31 川西拗陷上侏罗统蓬莱镇组岩屑砂岩孔隙度与成分成熟度关系图

蓬莱镇组总体具有高岩屑、低长石的特征（图 3-3）。砂岩孔隙度与岩石组分关系显示孔隙度与岩屑含量呈负相关，有效储层中石英含量一般大于 60%，岩屑含量小于 30%，储层岩石类型多样，成分成熟度 >1.5 的岩屑砂岩（图 3-31）及其他类型的砂岩均可形成有效储层（表 3-15）。

造成砂岩碎屑组分差异的主要因素是沉积物源。川西拗陷西部沉积物主要来自龙门山中段，发育近源、陡坡短轴辫状河三角洲沉积，砂岩分选差，岩屑及成分成熟度低，基本不含长石；拗陷中、东部地区沉积物物源主要来自北东方向龙门山北段及米仓山-大巴山，发育远源、缓坡长轴曲流河三角洲沉积，砂岩分选好，石英、长石及成分成熟度较高。物源差异是川西拗陷中东部砂岩物性条件明显优于西部地区的主要原因。

3. 中强压实、中弱胶结、中强溶蚀成岩相为有利成岩相类型

1）压实作用是导致储层致密化的最主要因素

根据川西地区须家河组—侏罗系视压实率的统计，压实作用导致的孔隙度损失在须二段、须四段、沙溪庙组、蓬莱镇组分别为 85%、80%、75% 和 63%，可以看出随着埋深增加，砂岩经历的压实作用强度不断增加。压溶作用主要发育在深层须二段石英含量较高的长石石英砂岩和岩屑石英砂岩中。当砂岩中具有较多被伊利石包裹的石英颗粒或（和）具有较低碳酸盐胶结物时，化学压实作用强度较大。而在绿泥石衬边相对发育层段，压溶作用明显减弱，同时压溶作用导致的自生石英明显减少。

压实作用也是川中中、下侏罗统砂岩异常致密的主要原因，压实作用可以破坏 80% 以上的原始孔隙度（刘占国等，2011）。川中中、下侏罗统经历强压实作用的主要原因包括细-极细粒度、较高含量塑性岩屑及较大古埋藏深度（刘占国等，2011）。

2）胶结作用是形成致密储层的重要原因

碳酸盐矿物 [图 3-14（e）]、自生硅质 [图 3-14（d）、（f）] 的胶结作用是储层致密的重要原因。当碳酸盐胶结物含量超过 10% 时，须二段砂岩孔隙度一般小于 4%，须四段砂岩孔隙度普遍小于 6%，侏罗系砂岩孔隙度一般小于 10%（图 3-32）。

须家河组煤系地层发育，总体表现出酸性的沉积、成岩环境。因此，相对于须家河组，侏罗系储层的碳酸盐矿物胶结作用更为发育（图 3-13）。平面上，自山前带向东碳酸盐胶结物含量逐渐降低（图 3-23～图 3-28），这可能与山前带邻近物源，砂岩中含有较高

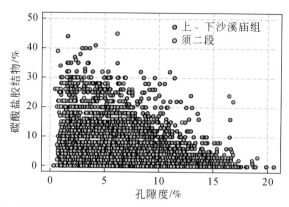

图 3-32　川西拗陷须二段及上、下沙溪庙组孔隙度与碳酸盐胶结物含量关系图

碳酸盐岩岩屑有关。碳酸盐岩岩屑的溶解和再沉淀为大量碳酸盐胶结物的形成提供了物质基础。

　　其中，川西须四段及川东北须三段高含碳酸盐岩岩屑的钙屑砂岩中均具有很高的碳酸盐胶结物含量。胶结物的碳同位素特征及碳酸盐岩岩屑与胶结物之间互为消长的关系表明其来源明显与碳酸盐岩岩屑的溶解有关。但是，川西丰谷地区须四段却发育具较低碳酸盐胶结物含量及良好储渗性的钙屑砂岩储层。研究表明形成丰谷地区须四段钙屑砂岩储层的原因主要包括：高能沉积环境及极高碳酸盐岩岩屑含量导致丰谷地区须四段钙屑砂岩具有较好的初始储渗性和较强的抗压实能力；成岩早期该区位于古构造较高部位（图 3-33），为溶解作用的发生及溶蚀产物的带离提供了较好的势能条件；较高砂岩/地层比值及较好的初始储渗性造成该区相对开放环境，为含钙流体的流出提供了良好的渗流通道。地层水化学特征分析显示，丰谷地区须四段钙屑砂岩地层水 Fe^{2+}/Fe^{3+} 为 13.0，Ca^{2+} 含量为 3727mg/L，明显低于川西其他地区须四段钙屑砂岩地层水（Fe^{2+}/Fe^{3+} 为 26.4，Ca^{2+} 含量为 5316mg/L），也进一步证明丰谷地区相对开放的成岩环境。此外，碳酸盐胶结作用还与沉积微相和粒度相关（图 3-30）。

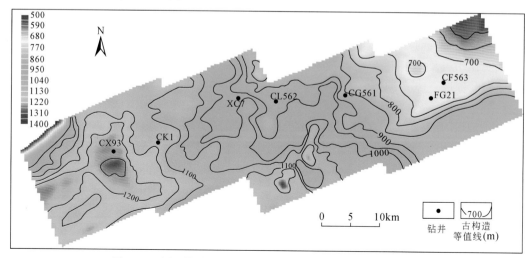

图 3-33　川西拗陷新场构造带须五段末至须四段顶古构造图

砂岩物性与黏土矿物总量及伊利石含量呈一定负相关［图 3-34（a）］。早期绿泥石衬边形成于早期机械压实之后，石英加大和主要碳酸盐胶结物形成之前。围绕颗粒生长的绿泥石衬边可以抑制石英加大的形成，从而阻止原始粒间孔隙的破坏。此外，具有一定厚度的绿泥石衬边包裹石英颗粒，可以减少化学压实作用的进行，一方面使部分粒间（溶）孔、粒内溶孔得以保存，另一方面可以阻断形成自生硅质的物质来源，对储层孔隙的保存具有双倍积极作用（李嵘等，2011a，2011b）。川西须二段埋深大且整体石英含量较高（图 3-3），受压溶作用影响更大，因此对可以抑制化学压实作用进行的绿泥石衬边具有更大的依赖性（李嵘等，2011a，2011b）。与其他层段不同，川西须五段具有较高的黏土矿物含量（表 3-4，图 3-13），研究显示孔隙度与黏土矿物含量呈现较好的正相关关系［图 3-34（b）］，与涪陵地区龙马溪组页岩储层类似（张士万等，2014），表明黏土矿物晶间孔缝对储集空间具较大贡献。

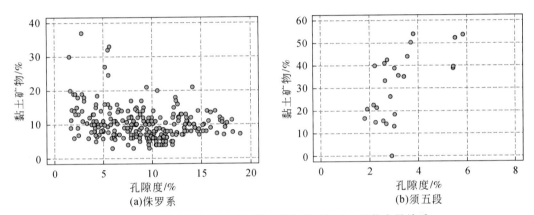

图 3-34　川西拗陷侏罗系、须五段孔隙度与黏土矿物含量关系

图中黏土矿物含量来自 X 射线衍射分析结果

3）溶蚀作用可以明显改善储层的储渗性

砂岩中长石等骨架颗粒及粒间碳酸盐胶结物的溶蚀现象较为普遍，对砂岩储集性的改善具有重要的积极作用。须家河组、沙溪庙组次生溶蚀孔隙的比例均超过原生孔隙，蓬莱镇组次生溶孔对面孔率的贡献也与原生孔隙相当。

川西侏罗系埋深较浅，溶蚀作用主要由上升流和下降流引起：泥岩压实之后，地层继续深埋，砂岩受到强烈的压实向上排出地层水，这导致古凹陷带溶蚀，古斜坡带和古构造高点胶结。同时，在断层发育地区，大气淡水及来自烃源岩成熟形成的酸性流体可以通过断层向上、下运移，在断层附近形成大规模的次生孔隙发育带。

4）构造形变强烈地区以及岩性互层组合破裂成岩相发育

龙门山前构造带、龙泉山构造带、米仓山冲断带及大巴山冲断带等地区形变程度高，构造成因裂缝最为发育。同时，砂/泥岩、灰/泥岩的互层组合容易产生差异压实造成的错位和破裂，从而有利于成岩压裂缝的形成。已有研究表明，上三叠统烃源岩在晚侏罗世期间开始进入生排烃高峰期，在从有机质到烃类的转化过程中会产生高的流体压力，这个流体压力可以促使裂缝在烃源岩层系附近形成（Lash and Engelder，2009；Engelder *et al.*，2009）。

裂缝对于致密砂岩储层的形成至关重要。一方面，裂缝的发育可以极大改善低孔致密储层的渗流能力，形成裂缝-孔隙型或裂缝型储层，尤其对于强压实、强胶结的致密砂岩来说，裂缝可能是唯一的建设性成岩作用。另一方面，裂缝为砂岩提供了良好的酸性流体运移通道，有利于溶蚀作用的进行。因此对于川西致密-超致密储层，特别是须家河组及下侏罗统储层，裂缝的发育程度决定了储层渗滤能力的好坏，直接关系到气层产能的高低。

5）中等强度成岩作用叠合区是有利成岩相分布区

须二段有利成岩相为强压实中溶蚀成岩相及破裂成岩相，主要分布在新场构造带和龙门山前构造带；须四段有利成岩相为中强压实（或中强胶结）中溶蚀成岩相，主要分布在新场构造带和龙泉山构造带；侏罗系有利成岩相为中压实（或中胶结）中强溶蚀成岩相，主要发育在拗陷中东部长轴缓坡三角洲沉积环境中。总体上，中等强度成岩作用叠合区是有利成岩相分布区。

二、相对优质储层地质预测模型

沉积、成岩、构造-裂缝是控制四川盆地致密砂岩储层分布的三大主要因素。其中，物源和沉积作用是储层形成的基础，控制了砂体的宏观分布及沉积物的组分和结构，同时也影响了后期成岩作用的类型和强度；成岩相是优质储层形成的关键，在宏观背景下控制了有利储层的分布；构造、断层对溶蚀作用的发生和裂缝的形成具有明显的控制作用。

综合以上分析，针对四川盆地须家河组及侏罗系分别建立了储层综合预测地质模型（表3-16）。

表3-16 四川盆地上三叠统须家河组—侏罗系储层综合预测地质模型

层位		沉积相	岩石类型	粒度	成岩相类型	裂缝
蓬莱镇组		曲流河三角洲平原、前缘	成分成熟度>1.5的岩屑砂岩及其他类型砂岩	细粒	强溶蚀相、中压实（或中胶结）中溶蚀相	
蓬一段—遂宁组		辫状河三角洲平原、前缘	成分成熟度>1.5的岩屑砂岩及其他类型砂岩	细粒	强溶蚀相、中压实（或中胶结）中溶蚀相	
上、下沙溪庙组		曲流河三角洲平原、前缘	长石砂岩、岩屑长石岩、长石岩屑砂岩	中粒	强溶蚀相、中压实（或中胶结）中溶蚀相	
须四段	上亚段	辫状河三角洲平原、前缘	石英砂岩、岩屑石英岩、长石石英砂岩	中、粗粒	中强压实（或中强胶结）中溶蚀成岩相	
	中亚段	辫状河三角洲平原、前缘	高钙屑含量砂岩	中、粗粒	中强压实（或中强胶结）中溶蚀成岩相	
	下亚段	辫状河三角洲平原、前缘	石英砂岩、岩屑石英岩、长石石英砂岩	中、粗粒	中强压实（或中强胶结）中溶蚀成岩相	发育
须二段		辫状河三角洲平原、前缘	长石岩屑砂岩、岩屑长石砂岩、长石（岩屑）石英砂岩	中、粗粒	强压实中溶蚀成岩相、破裂成岩相	发育

第四节 储层综合评价

一、储层综合评价标准

根据四川盆地致密砂岩目前的勘探开发现状，结合储层发育控制因素的分析及目前已有钻井砂岩储层储渗性与含气性关系的研究，分别建立了四川盆地须家河组及川西拗陷须家河组、侏罗系储层预测综合评价标准（表3-17～表3-20）。

表3-17 四川盆地须家河组储层综合评价标准

类别	孔隙度/%	渗透率/mD	粒度	成岩相类型	裂缝	现勘探成果	评价
I	>10	>0.5	中、粗粒	中压实绿泥石衬边破裂溶蚀相	发育	探明	高效
II	8～10	0.1～0.5	中、粗粒	强压实中溶蚀、强石英加大强溶蚀、强石英加大强破裂中溶蚀相	发育	工业气井	较好
III	5～8	0.05～0.1	中、细粒	碳酸盐胶结、强压实、强压实强破裂碳酸盐胶结相	较发育	油气显示	中等
IV	<5	<0.05	中、细粒	强压实碳酸盐胶结、强石英加大弱溶蚀、弱压实强碳酸盐胶结相	不发育	微量显示	较差

表3-18 川西拗陷须二段储层综合评价标准

层位	类别	储能系数 $\Phi \times H$	沉积相	成岩相类型	裂缝发育程度	储层类型
须二上、中亚段	I	>300	三角洲前缘	强压实中溶蚀、破裂成岩相	发育	较好
	II				不发育	中等
	II	200～300	三角洲前缘	强压实弱溶蚀、破裂成岩相	发育	中等
					不发育	较差
	III	<200	三角洲平原、三角洲前缘	强胶结、强胶结弱溶蚀、强压实弱溶蚀成岩相		较差
须二下亚段	I	>200	三角洲前缘	强压实中溶蚀、破裂成岩相	发育	较好
	II				不发育	中等
	II	100～200	三角洲前缘	强压实弱溶蚀、破裂成岩相	发育	中等
					不发育	较差
	III	<100	三角洲平原、三角洲前缘	强胶结、强胶结弱溶蚀、强压实弱溶蚀成岩相		较差

表 3-19 川西拗陷须四段储层综合评价标准

层位	类别	储能系数 $\Phi \times H$	沉积相	成岩相类型	裂缝发育程度	储层类型
须四上亚段	I	>500	三角洲前缘	强压实中溶蚀、破裂成岩相		较好
	II	300～500	三角洲前缘	强压实弱溶蚀、破裂成岩相		中等
	III	<300	三角洲平原、三角洲前缘	强胶结、强胶结弱溶蚀、强压实弱溶蚀成岩相		较差
须四中亚段	I	>200	三角洲前缘	强压实中溶蚀、中强压实弱溶蚀成岩相		较好
	II	100～200	三角洲平原、前缘	中强压实弱溶蚀、强压实弱溶蚀成岩相		中等
	III	<100	三角洲平原、三角洲前缘、辫状河	强胶结、强压实弱溶蚀成岩相		较差
须四下亚段	I	>200	三角洲平原、前缘	强压实弱溶蚀、强压实弱溶蚀成岩相	发育	较好
	II				不发育	中等
	II	100～200	三角洲平原、前缘	中强压实弱溶蚀、强压实弱溶蚀成岩相	发育	中等
	III				不发育	较差
	III	<100	三角洲平原、三角洲前缘、辫状河	强胶结、强压实弱溶蚀成岩相		较差

表 3-20 川西拗陷侏罗系储层综合评价标准

层位	类别	岩石类型	粒度	成岩相类型	孔隙度/%	渗透率/mD	储层类型
蓬二段—蓬四段	I	所有类型,其中岩屑砂岩成分成熟度>1.5	细粒	强溶蚀、中压实(胶结)中溶蚀	>12	>0.8	较好
	II	所有类型,其中岩屑砂岩成分成熟度>1.5	细粒	中压实(胶结)弱溶蚀	7～12	0.1～0.8	中等
	III	岩屑砂岩,成分成熟度<1.5	粉、细粒	中强压实、中压实强胶结	<7	<0.1	较差
遂宁组—蓬一段	I	所有类型,其中岩屑砂岩、长石岩屑砂岩成分成熟度>1.5	细粒	强溶蚀、中压实(胶结)中溶蚀	>6.5	>0.2	较好
	II	所有类型,其中岩屑砂岩、长石岩屑砂岩成分成熟度>1.5	细粒	中压实(胶结)弱溶蚀	4.5～6.5	0.06～0.2	中等
	III	岩屑砂岩、长石岩屑砂岩,成分成熟度<1.5	粉、细粒	中强压实、中压实强胶结	<4.5	<0.06	较差

续表

层位	类别	岩石类型	粒度	成岩相类型	孔隙度/%	渗透率/mD	储层类型
上、下沙溪庙组	I	长石砂岩、岩屑长石砂岩	中粒	强溶蚀、中压实（胶结）中溶蚀	>12	>0.5	较好
	II	长石岩屑砂岩	中粒	中压实（胶结）弱溶蚀	8~12	0.1~0.5	中等
	III	岩屑砂岩、长石石英砂岩、岩屑石英砂岩	粉、细粒	中强压实、中压实强胶结	<8	<0.1	较差

二、储层综合评价结果

通过构造图、沉积相图、岩石类型展布图和成岩相图等多图叠合，采用上述建立的储层预测综合评价标准，对四川盆地须家河组及川西拗陷各主要储层段储层的平面分布进行了预测及综合评价。

（一）四川盆地须家河组储层综合评价结果

Ⅰ类（高效）储层：须二段主要发育在广安-潼南-威远-河包场一线须二段的三角洲水下分支河道砂体中，川西新场-合兴场-丰谷地区也见发育。须四段储层的分布与须二段类似，且向安岳地区有所扩展，在西充-营山一带的三角洲前缘水下分支河道砂体中形成了一个Ⅰ类（高效）储层发育带，川西新场-合兴场-丰谷地区可见优质储层发育（图3-35，图3-36）。

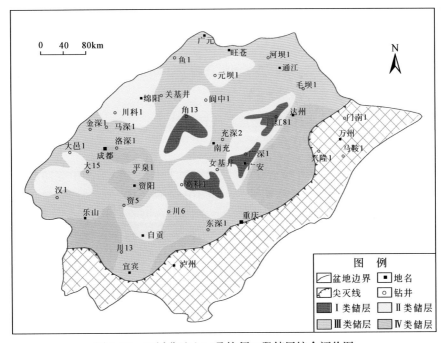

图3-35　四川盆地上三叠统须二段储层综合评价图

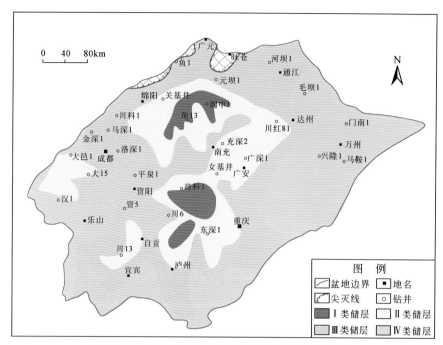

图 3-36　四川盆地上三叠统须四段储层综合评价图

Ⅱ类（较好的）储层：须二段主要发育在西充–营山一带和威远–蓬莱一带的三角洲前缘水下分支河道末端和河口砂坝砂体中。须四段储层发育在八角场–营山以北的三角洲前缘砂体中和蓬莱–威远–宜宾一带等混合物源区的三角洲水下分支河道末端砂体中（图3-35，图3-36）。

Ⅲ类（一般）储层：须二段该类储层分布最广，在金华–南充–广安一线须二段的三角洲前缘砂体、川西冲断带三角洲平原砂体、川西南前渊带三角洲前缘砂体和川东地区的三角洲平原砂体都发育该类储层。须四段储层发育范围有所减小（图3-35，图3-36）。

Ⅳ类（较差）储层：一般发育在须家河组各段曾经历强压实、强胶结的三角洲前缘或者平原砂体中（图3-35，图3-36）。

（二）川西地区上三叠统—侏罗系储层综合评价结果

1）上三叠统须家河组

须二下亚段：储层品质整体较差，以较差储层为主，较好储层和中等储层呈零星状分布。其中，较好储层主要分布在大邑地区的大邑101井区、鸭子河地区的鸭3–川鸭91井区、新场构造带的新场15–德阳1井区、新场7井区，以及合兴场地区的新场6井区、中江地区的川江566井区，凹陷区基本没有分布。中等储层分布面积稍大，主要分布在正向构造带，包括大邑地区大邑2井区、鸭子河地区川鸭95井以西地区、新场构造带新场13–川罗562井一线，以及川丰563井区、中江地区川江566井区（图3-37）。

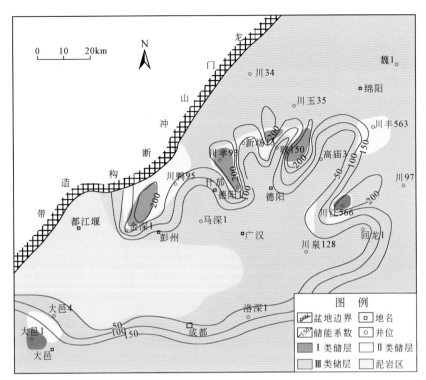

图 3-37 川西拗陷中段上三叠统须二下亚段储层综合评价图

须二中亚段：储层品质相对最好，较好储层和中等储层的分布面积明显增大，但整个川西探区仍以较差储层为主。较好储层主要分布在新场构造带的新场 12-川孝 565 井区、新场 7-新场 8 井区及川合 100 井区，其次为凹陷内部德阳 1 井区及鸭子河地区金深 1 以北地区，石泉场地区回龙 1 井区及洛带地区也有一定分布。中等储层分布较广，主要集中在新场构造带、鸭子河-金马地区、东坡川江 566-洛深 1 井一线，大邑地区大邑 2-大邑 5 井区也有少量分布（图 3-38）。

须二上亚段：储层品质整体较差，较好储层、中等储层呈零星分布。其中，较好储层分布在新场构造带新 203-川合 100 井区及川高 561 井区，大邑地区大邑 3-大邑 101 井一线也有少量分布。中等储层分布面积有所增大，主要分布在新场构造带新场 12 井区、新11-川孝 565 井区及川丰 563 井区，鸭子河地区川鸭 92-鸭 3 井、梓潼凹陷潼深 1 井区及中江地区川江 566 井区也有一定分布，其他地区分布较少（图 3-39）。

须四下亚段：储层品质较好，较好储层、中等储层分布面积较大，且主要呈面状分布。较好储层主要分布在鸭子河-金马地区的川鸭 92-金深 1 井区、新场构造带川罗 562-川合 127 井区、川高 561-川合 139 井区、川丰 563 井区及新场 31-德阳 1 井区、东坡地区的回龙 1-川泉 171 井区。中等储层分布面积明显增大，主要分布在上述几个井区，但在梓潼凹陷绵阳 1-绵阳 2 井区、成都凹陷马深 1 以西地区及新场西部地区新场 13-新场 8 井区也有大面积中等储层分布（图 3-40）。

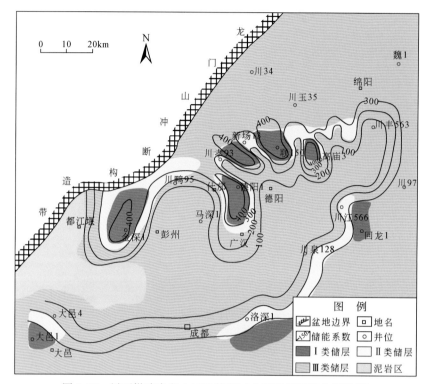

图 3-38　川西拗陷中段上三叠统须二中亚段储层综合评价图

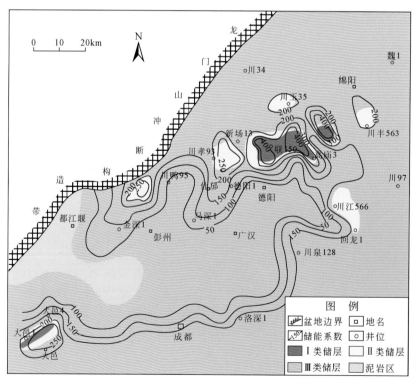

图 3-39　川西拗陷中段上三叠统须二上亚段储层综合评价图

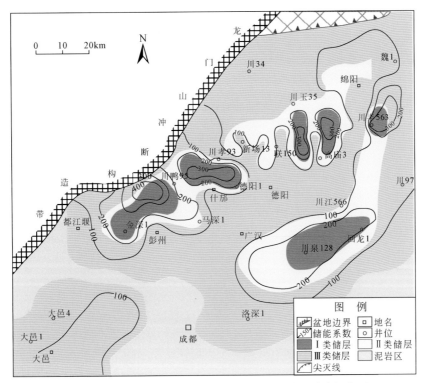

图 3-40 川西拗陷中段上三叠统须四下亚段储层综合评价图

须四中亚段：储层品质明显变差，较好储层、中等储层分布面积明显减小。较好储层呈零星分布，主要分布在丰谷地区的川丰 563 井区，其次为洛深 1 井区，孝泉西部的新场 15-德阳 1 井区及合兴场地区川合 137 井区有少量分布。中等储层分布面积增大，主要分布在东坡地区的川江 566-洛深 1 井一线、凹陷内部马深 1 井区、孝泉西部-德阳 1 井区、罗江-合兴场地区及西部的丰谷地区（图 3-41）。

须四上亚段：储层品质较好，较好储层、中等储层分布面积较大，且分布地区集中。较好储层主要分布在新场构造带的川孝 560-高庙 3 井区，其次是东坡地区川泉 173 井区。中等储层分布面积增大，集中分布在新场构造带-石泉场一线（图 3-42）。

2）中侏罗统

下沙溪庙组：储层品质整体较好，较好储层主要分布在新繁地区新繁 1 井区-马井地区马沙 1 井区，以及孝泉-新场-合兴场地区川孝 457-新场 27-高庙 31 井区一线，其次为东坡地区川泉 173-丰谷 563 井区及洛带地区的川金 619 井区一线。中等储层分布较广，主要分布在新场构造带、中江斜坡，以及成都凹陷内的新繁、马井-什邡、广汉-金堂及洛带地区（图 3-43）。

上沙溪庙组一段：储层品质整体较好，较好储层主要分布在孝泉-新场地区川孝 372-新场 27 井区、梓潼凹陷文星 6 井区、罗江地区川罗 562-高庙 4 井区及合兴场川合 123 井区一带，其次为广汉-金堂地区广金 7-广金 10 井区、中江斜坡川泉 173-川泉 171 井区、江沙 8H-回龙 2 井区及洛带地区金遂 3-龙遂 14D-2 井区一线。中等储层与下沙溪庙组分布范围相当（图 3-44）。

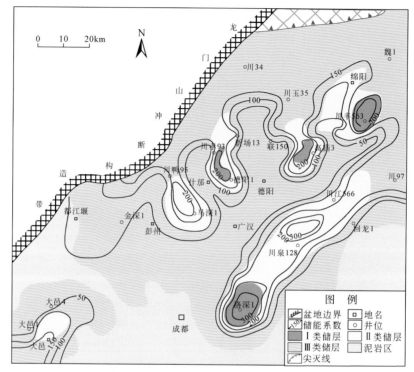

图 3-41　川西拗陷中段上三叠统须四中亚段储层综合评价图

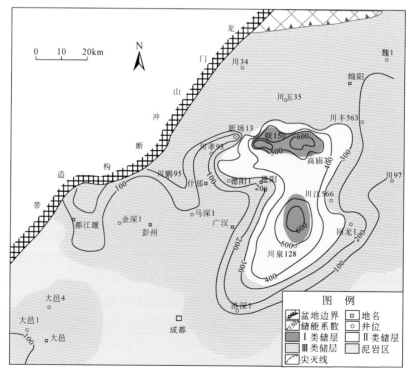

图 3-42　川西拗陷中段上三叠统须四上亚段储层综合评价图

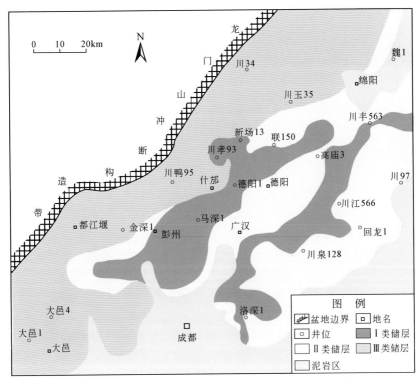

图 3-43 川西拗陷中段中侏罗统下沙溪庙组储层综合评价图

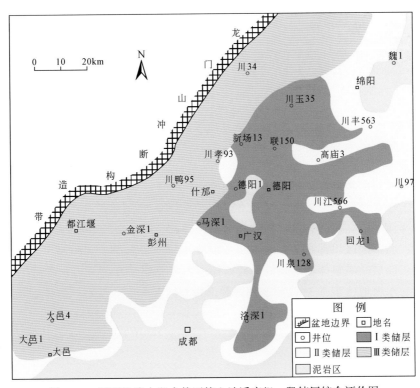

图 3-44 川西拗陷中段中侏罗统上沙溪庙组一段储层综合评价图

上沙溪庙组二段：储层品质较差，较好储层仅发育在温江地区温江 2 井区、新都地区川都 620 井区、广汉–金堂地区广金 10 井区及洛带地区龙遂 14D–2 井区一带，其次为中江斜坡高庙 33–永太 1–回龙 2 井区一线。中等储层主要分布于什邡地区、合兴场地区川合100 井区、丰谷地区丰谷 3 井区、回龙地区回龙 2 井区、广汉–金堂地区广金 10 井区、新都地区川都 620 井区及洛带地区龙遂 14D–2 井区一线（图 3-45）。

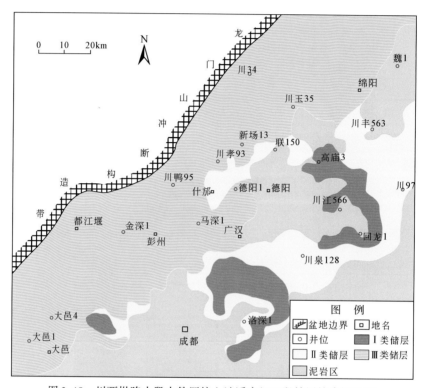

图 3-45　川西坳陷中段中侏罗统上沙溪庙组二段储层综合评价图

3）上侏罗统

遂宁组：储层品质整体较差，以较差储层为主，较好储层不发育，中等储层呈小面积零星分布于什邡–广金–洛带一线（图 3-46）。

蓬一段：储层品质略好于遂宁组，以较差储层为主，较好储层小面积分布于什邡地区什邡 6 井区、孝泉地区川孝 372 井区及洛带地区金蓬 9–龙 651 井区。中等储层分布较广，主要分布于梓潼凹陷文星 2 井区、马井地区马沙 2 井区、广汉地区广汉 1 井区、洛带地区洛深 1 井区、新都地区川都 617 井区一线及东坡地区（图 3-47）。

蓬二段：储层品质整体相对较好，较好储层主要分布于孝泉–新场、马井–什邡、青白江地区一带、东坡地区丰谷 3–高庙 3 井区及洛带地区洛深 1 井区一线。中等储层主要分布于梓潼凹陷潼深 1 井区、马井–什邡地区、崇州–郫县地区、新都–洛带地区及广汉地区广金 9 井区一带，其次为中江斜坡高庙 33–永太 1–回龙 1–中江 10 井区一线（图 3-48）。

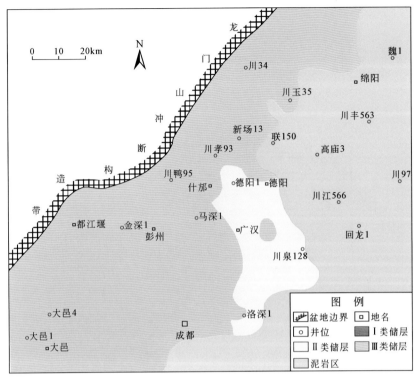

图 3-46 川西坳陷中段上侏罗统遂宁组储层综合评价图

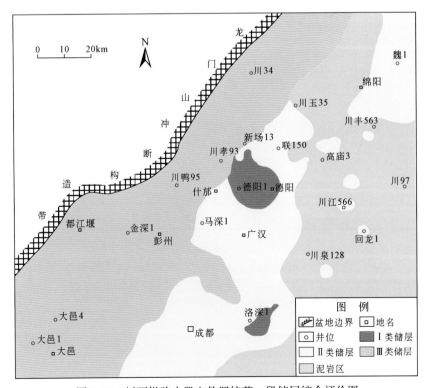

图 3-47 川西坳陷中段上侏罗统蓬一段储层综合评价图

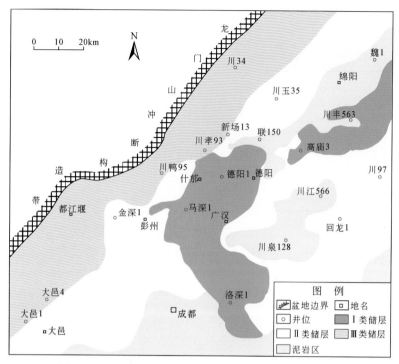

图 3-48　川西拗陷中段上侏罗统蓬二段储层综合评价图

蓬三段：储层品质整体较好，较好储层分布范围最广，主要分布于新场、马井–什邡、广汉–金堂、新都–洛带地区一带及中江斜坡川丰 175–回龙 5–福兴 1 井区一线。中等储层分布广泛，在成都凹陷、梓潼凹陷、新场构造带及中江斜坡均有大面积分布（图 3-49）。

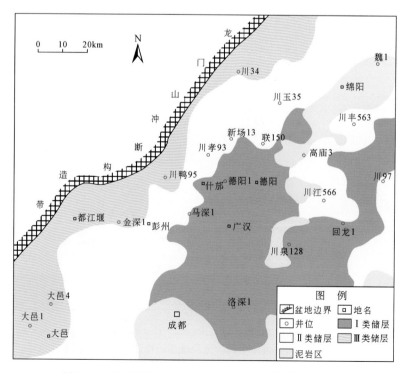

图 3-49　川西拗陷中段上侏罗统蓬三段储层综合评价图

蓬四段：储层品质次于蓬三段，较好储层主要分布于中江斜坡丰谷 21–回龙 3–川泉 128 井区至新都–洛带一线，同时在新场地区新场 6 井区、马井地区马沙 1 井区、什邡地区什邡 25 井区以及什邡 3 井区可见零星分布。中等储层与较差储层分布范围与蓬三段相当（图 3-50）。

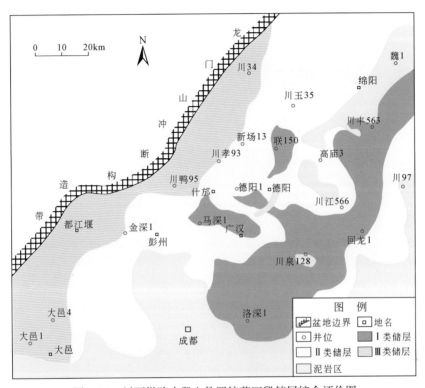

图 3-50　川西拗陷中段上侏罗统蓬四段储层综合评价图

第四章 四川盆地致密砂岩气藏成藏机理及动态成藏模式

第一节 成藏体系划分

一、气源对比

1. 天然气组分特征

根据川西拗陷须家河组及侏罗系 3800 余件天然气样品的组分分析数据统计，侏罗系天然气以甲烷为主，含量一般在 90% 以上，具有高甲烷含量、低重烃含量、低二氧化碳和氮气含量，以及无硫化氢的特点（表 4-1）。自下而上（$T_3x^2 \rightarrow T_3x^4 \rightarrow T_3x^5 \rightarrow J_2 \rightarrow J_3$），$C_1/C_2$ 值表现出先变小再变大的趋势 [表 4-1，图 4-1（a）]。其中，须二段具最高的 C_1/C_2 值，平均大于 90；须四段天然气成熟度较低，C_1/C_2 平均值降至 30；自须五段至中侏罗统再至上侏罗统，天然气 C_1/C_2 值逐渐增大，反映了运移分馏作用的影响。

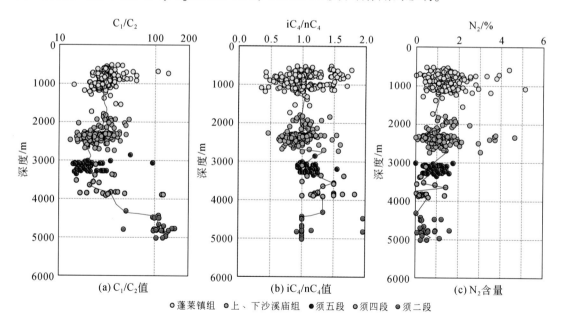

图 4-1 川西拗陷上三叠统—侏罗系天然气 C_1/C_2 值、iC_4/nC_4 值、N_2 含量纵向分布
图中红线为每百米深度区间分析数据中值

川东北元坝、通南巴地区和川南赤水、官渡地区的须家河组天然气总体具有甲烷含量

高、重烃含量低、非烃含量少、无 H_2S 的特点（表4-1）。须家河组天然气以 CH_4 为主，甲烷含量最高可达98%以上，重烃含量一般小于2%，表现出高演化程度干气特征。

川中地区须家河组天然气中甲烷含量普遍大于85%，但甲烷含量、C_1/C_2 值均低于四川盆地其他地区，以湿气为主（表4-1）。同时，自上三叠统至侏罗系，天然气甲烷含量及干燥系数均表现出降低的趋势（王鹏等，2013），表明川中地区陆相天然气组分主要受烃源岩成熟度影响，天然气在邻近烃源岩的储层中就近成藏，运移分馏效应不明显。

表 4-1 四川盆地侏罗系及上三叠统须家河组天然气常规组分、轻烃组分特征

地区	井号	层位	天然气常规组分					
			CH_4/%	C_2H_6/%	C_1/C_2	iC_4/nC_4	CO_2/%	N_2/%
川西	什邡20	J_3p	94.24	2.49	37.85	1.00	0.14	1.64
	合蓬1		93.24	3.84	24.28	0.84	0.20	1.32
	什邡23		89.47	3.13	28.58	0.92	0.17	6.06
	广金6		94.62	2.62	36.11	0.50	0.04	2.12
	白马1[1]		93.18	4.12	22.62	1.19	0.05	1.12
	川孝454	J_2s	92.20	5.03	18.33	0.83	0.40	0.77
	川孝470		92.24	4.04	22.83	0.78	1.06	
	高沙301	J_2x	93.44	4.43	21.09	0.92	0.00	0.47
	川孝628		93.59	4.28	21.87	1.05	0.05	0.54
	新页HF-1	T_3x^5	92.43	2.62	35.28		1.69	3.14
	新页HF-2		94.48	3.17	29.8	1.11	0.57	0.45
	新场26		89.89	5.73	15.69	1.07	0.74	1.21
	新场30		91.23	4.63	19.70	0.93	0.70	0.90
	川丰563	T_3x^4	95.65	2.93	32.65	1.33	0.58	0.21
	新场28		95.19	3.47	27.43	1.67	0.89	0.02
	新882		90.08	2.89	31.17	1.11	0.25	0.68
	平落9[1]		96.32	2.51	38.37	2.33	0.38	0.24
	川高561	T_3x^2	97.41	0.97	100.42		1.52	0.00
	德阳1		86.98	0.55	158.62		11.61	0.53
	川江566		96.32	1.42	67.83	1.50	1.23	0.70
川东北	元坝3[2]	T_3x^4	97.94	1.37	71.49	1.00	0.10	0.02
	河坝104[3]		95.50	0.62	154.03		0.44	2.79
	元坝2[2]	T_3x^3	95.38	1.13	84.41	0.58	2.43	0.80
	元坝6[2]		97.34	1.20	81.12	1.00	0.50	0.78
	星1		86.38	7.92	10.91	1.22	2.05	0.33
	元坝22[2]	T_3x^2	98.21	0.67	146.58		0.67	0.36
	元陆6[2]		97.71	1.16	84.23	1.00	0.64	0.31
	马101[4]		98.60	0.84	117.38		0.28	0.13

地区	井号	层位	天然气常规组分					
			CH_4/%	C_2H_6/%	C_1/C_2	iC_4/nC_4	CO_2/%	N_2/%
川中	广安106[5]	T_3x^4	94.16	4.78	19.70	1.29	0.00	0.39
	广安128[5]		94.31	4.33	21.78	2.86	0.00	0.59
	潼南101[6]	T_3x^2	87.27	7.26	12.02	1.00		
	遂8[5]		86.27	7.00	12.32	1.12	0.54	2.38
	磨85[5]		91.37	6.06	15.08	1.24	0.00	0.51
	东峰3		95.12	3.15	30.22	1.22	0.15	0.64
川南	官3	T_3x^4	94.34	0.60	157.23		0.03	1.96
	官8		98.39	0.58	169.64			
	纳14[5]		96.95	1.24	78.19	0.60	0.53	0.79

注：1. 据秦胜飞等，2007；2. 据印峰等，2013a；3. 据印峰等，2013b；4. 据刘景东等，2014；5. 据戴金星等，2009；6. 据秦胜飞，2012

　　整体上，川西地区须家河组天然气甲烷含量和 C_1/C_2 值明显低于川东北元坝及川南地区，高于川中地区（表4-1）。

　　2. 天然气轻烃对比

　　天然气浓缩轻烃是天然气中的 $C_4 \sim C_{11}$ 烃类。天然气浓缩轻烃包括正构烷烃、异构烷烃、环烷烃和芳烃类化合物。轻烃指纹参数不仅可以用于原油的分类和气-油-源岩的对比，而且还可以用于同源油气形成后经水洗、生物降解、热蚀变等影响而造成的细微化学差异的分析，目前在气-油-源对比上取得了很好的效果。本节采用正己烷/环己烷、正庚烷/甲基环己烷、正己烷/（2,2-甲基戊烷+甲基环戊烷）、苯/环己烷、2-甲基戊烷/3-甲基戊烷、2-甲基己烷/2,3 二甲基戊烷等一系列的轻烃比值作为指标，对川西陆相气源进行了对比。结果表明，川西侏罗系气藏气源主要来源于须五段源岩，须二段、须四段气藏气源分别来自其下伏的马鞍塘组—小塘子组和须三段烃源，须五段和须三段气源主要来源于自身烃源。

　　图4-2 和图4-3 显示川西地区侏罗系蓬莱镇组和上、下沙溪庙组天然气轻烃参数与须五段和须四中亚段具有较好的相似性，表明侏罗系天然气主要来自须五段和须四段。

　　根据川西地区须四段天然气轻烃特征与新882 井、川丰563 井、川高561 和川江566 等井须三段、须四段的源岩轻烃特征比对发现，须四段天然气与须四段和须三段烃源岩均有一定相似性（图4-4），说明它们之间具有较好的亲缘关系。其中，须四中、上亚段天然气与须四段烃源岩具有较为一致的轻烃指纹分布，须四下亚段天然气与须三段烃源岩具有较为一致的轻烃指纹分布，反映川西须四下亚段天然气主体可能来自须三段烃源岩，而须四中、上亚段天然气可能主要来自须四段自身烃源岩。

　　采用相同的方法对须二段天然气和须二段源岩进行对比，发现其相似程度较低（图4-5），说明须二段天然气主要来自马鞍塘组—小塘子组烃源岩。须五段天然气与须五段源岩的轻烃参数对比（图4-6）显示它们相似程度较高，表明须五段的天然气主要来源于自身源岩的贡献。

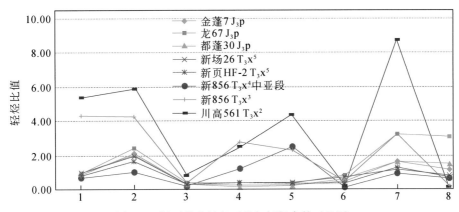

图 4-2　川西蓬莱镇组天然气轻烃参数对比图

1. 正己烷/环己烷；2. 正己烷/（2,2-甲基戊烷+甲基环戊烷）；3. 正庚烷/甲基环己烷；4. 苯/环己烷；5. 甲苯/甲基环己烷；6.2-甲基戊烷/3-甲基戊烷；7. 正庚烷/二甲基戊烷；8. 正庚烷/甲苯。图 4-3、图 4-5、图 4-6 横坐标数字含义与图 4-2 相同

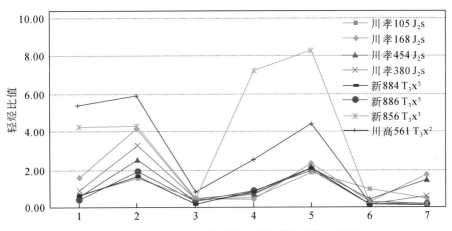

图 4-3　川西上、下沙溪庙组天然气轻烃参数对比图

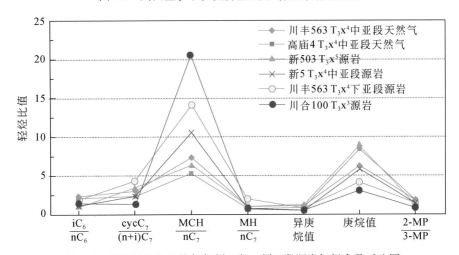

图 4-4　川西须四段天然气与须四段、须三段源岩轻烃参数对比图

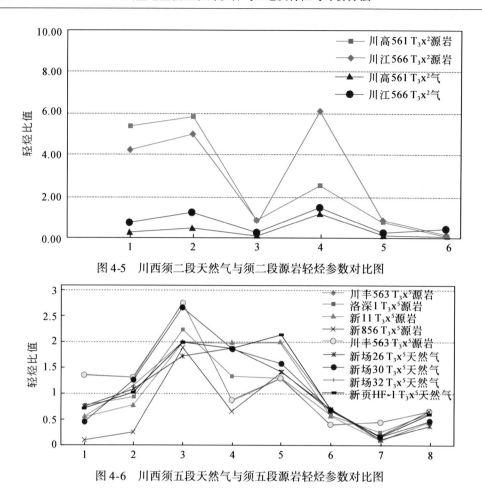

图 4-5　川西须二段天然气与须二段源岩轻烃参数对比图

图 4-6　川西须五段天然气与须五段源岩轻烃参数对比图

3. 天然气碳同位素特征

四川盆地陆相天然气碳同位素总体表现出 $\delta^{13}C_1 < \delta^{13}C_2 < \delta^{13}C_3 < \delta^{13}C_4$ 正碳同位素系列特征，$\delta^{13}C_2$ 普遍大于 $-29‰$（表 4-2），反映受次生改造作用影响较小，气源较单一，具有典型的有机热解成因煤型气碳同位素的特征。除川中地区外，四川盆地其他地区陆相天然气甲烷碳同位素大部分大于 $-35‰$，反映天然气成熟度较高。

表 4-2　四川盆地侏罗系及上三叠统须家河组天然气碳、氢同位素组成

地区	井号	层位	$\delta^{13}C$（PDB）/‰				δD（SMOW）/‰		$\delta^{13}C_{CO_2}$
			C_1	C_2	C_3	C_4	C_1	C_2	（PDB）/‰
川西	什邡 20	J₃p	−33.10	−25.00	−22.00	−21.25	−159.00	−138.00	
	合蓬 1		−32.51	−23.64	−20.48	−19.34			
	什邡 23		−30.60	−22.60	−20.60				−1.23
	广金 6		−31.80	−24.10	−22.50		−159.00	−130.00	
	白马 1¹		−34.00	−22.50	−20.50				

续表

地区	井号	层位	δ¹³C (PDB) /‰				δD (SMOW) /‰		δ¹³C_{CO₂} (PDB) /‰
			C_1	C_2	C_3	C_4	C_1	C_2	
川西	川孝 454	J_2s	−35.02	−22.50	−19.08	−18.83			
	川孝 470		−35.62	−22.67	−18.72				
	高沙 301	J_2x	−35.20	−24.35	−22.33				
	川孝 628		−36.80	−25.40	−22.80		−171.00	−144.00	−15.40
	新页 HF-1	T_3x^5	−32.70	−23.00	−23.10		−179.00		−19.60
	新页 HF-2		−35.18	−24.52	−22.54		−184.40	−140.30	−8.70
	新场 26		−35.99	−23.80	−21.98		−195.10	−143.90	−14.50
	新场 30		−37.90	−27.30	−23.20		−193.00	−139.00	
	川丰 563	T_3x^4	−35.18	−21.53	−19.81	−18.7			
	新场 28		−35.10	−20.40	−19.10		−174.00		−8.90
	新 882		−33.43	−22.13	−20.56	−19.93			
	川高 561	T_3x^2	−32.90	−28.30	−27.80		−168.00		−7.7
	德阳 1		−31.20	−35.00	−33.80		−156.00	−147.00	
	川江 566		−33.69	−21.02	−19.81				
川东北	元坝 3[2]	T_3x^4	−31.40	−21.50	−23.90				−3.50
	河坝 104[3]		−30.50	−32.30					−3.40
	元坝 2[2]	T_3x^3	−30.90	−25.20	−24.40				−2.50
	元坝 6[2]		−30.90	−32.10	−30.90				−3.80
	星 1		−40.60	−26.30	−22.30		−173.00	−158.00	
	元坝 22[2]	T_3x^2	−34.50	−35.40					−2.60
	马 101[4]		−31.70	−33.90			−169.00		
	马 103[4]		−29.20	−35.50			−155.00		−2.20
川中	西 20[5]	T_3x^4	−41.41	−27.13	−23.74	−22.60			
	角 46[5]		−39.07	−26.26	−23.44	−22.83			
	广安 106[5]		−37.80	−25.70	−24.70				
	磨 85[5]	T_3x^2	−42.30	−27.90	−24.60				
	女 103[5]		−39.37	−25.68	−23.00	−23.15	−152.00	−115.00	
川南	官 8	T_3x^4	−32.40	−32.81	−28.65				
	纳 14[5]		−36.40	−30.70	−27.60				

注：1. 据秦胜飞等，2007；2. 据印峰等，2013a；3. 据印峰等，2013b；4. 据刘景东等，2014；5. 据戴金星等，2009

川西地区侏罗系天然气碳同位素组成与须四段、须五段较为相似（表 4-2），说明它们来源一致且烃源岩热演化程度相近，须二段天然气 δ¹³C₁ 明显高于须四段、须五段和侏罗系，反映其母质热演化程度较高。此外，须二段天然气碳同位素特征显示，绝大多数天然气样品具有煤成气和油型气混合的特征（图 4-7），即表现出海陆过渡相混合成气的特征，天然气主要来自马鞍塘组—小塘子组烃源岩。

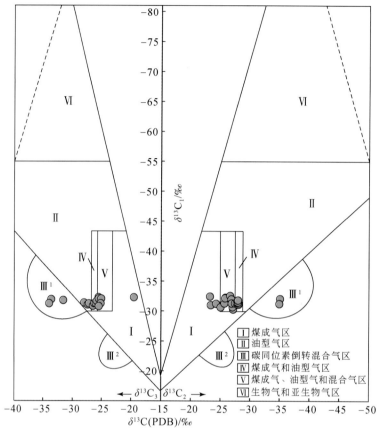

图 4-7　川西拗陷须二段天然气成因类型划分

(图版据戴金星，1993)

前人针对天然气碳同位素变化与有机质热演化程度的关系开展了较多的研究工作。一般认为，不论是煤型气还是油型气，其甲烷碳同位素都与相应烃源岩的演化程度有较好的对应关系，且相同热演化程度的煤成气的碳同位素高于油型气。因此可以通过天然气的碳同位素来分析天然气及天然气来源母质的成熟度。确定天然气及天然气来源母质的成熟度的常用方法主要为 $\delta^{13}C_1$-R_o 经验公式，或者根据典型烃源岩热模拟实验结果建立起来的 $\delta^{13}C_1$-R_o 关系式。采用戴金星等（1987）提出的适用于煤型气的 $\delta^{13}C_1$-R_o 关系式可以反推对应天然气的 R_o 值。根据计算的川西拗陷陆相天然气的 R_o 值，须二段天然气 R_o 值 1.9% ~ 2.3%，须四段天然气 R_o 值 1.4% ~ 1.7%，侏罗系天然气 R_o 值 1.0% ~ 1.5%，分别与马鞍塘组—小塘子组、须三段、须五段烃源岩 R_o 值相对应，表明须家河组具有近源成藏的特点，侏罗系天然气则主要来自须五段和须四段。

川东北元坝、阆中地区陆相天然气 $\delta^{13}C_2$ 值大部分大于 $-28‰$，以煤成气为主，有机质类型主要为 III 型。但在通南巴地区可见部分样品具有 $\delta^{13}C_1 > \delta^{13}C_2$ 反序分布特征，且 $\delta^{13}C_2$

较轻（<−29‰）（表4-2），表明可能存在海相油型气的混合。在 C_1/C_{2+3}-$\delta^{13}C_1$ 相关图（图4-8）上，川西地区与川中地区须四段天然气表现出Ⅲ型干酪根天然气特征，其中川中地区天然气来自热演化程度相对较低的烃源岩；川东北元坝、通南巴及普光地区天然气来自热演化程度较高的烃源岩，且这些天然气主体并没有落入典型Ⅲ型干酪根生成天然气的区域，而是介于Ⅱ型和Ⅱ型干酪根生成的天然气范围，同样反映出一定的油型气和煤型气混合的特点。但是，根据甲烷碳氢同位素关系（图4-9），川东北元坝及通南巴地区须四段天然气均与德国西部盆地煤型气具有一致的分布趋势。综合上述分析，川东北须家河组天然气主体为来自须家河组煤系源岩的煤型气，同时受到部分油型气混合的影响。

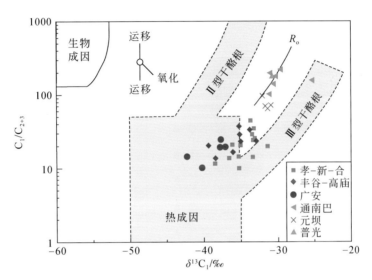

图4-8　四川盆地须四段天然气 C_1/C_{2+3}-$\delta^{13}C_1$ 相关图

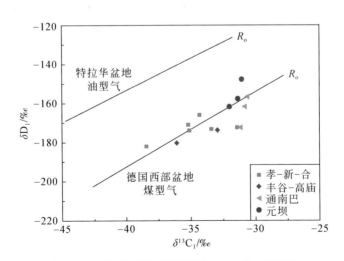

图4-9　四川盆地须四段天然气 δD_1-$\delta^{13}C_1$ 相关图

　　川南须家河组天然气碳同位素特征与川东北通南巴地区类似，$\delta^{13}C_2$ 较轻，普遍小于 −29‰（表4-2），推测存在海相油型气的混入。

二、成藏体系划分

以气源对比研究为依据，以源储组合关系为核心，将四川盆地陆相气藏划分为两大成藏体系（图4-10，表4-3）：内源成藏体系和混源成藏体系。其中，内源成藏体系以川西、川中陆相气藏为代表，源、储均为陆相地层；混源成藏体系以川东北通南巴须家河组气藏和川南赤水须家河组气藏为代表，其储层为陆相地层，但源岩既有陆相烃源的有效供给，又同时存在海相天然气的混合。针对内源成藏体系，可以进一步划分为三种成藏体系：① 侏罗系内

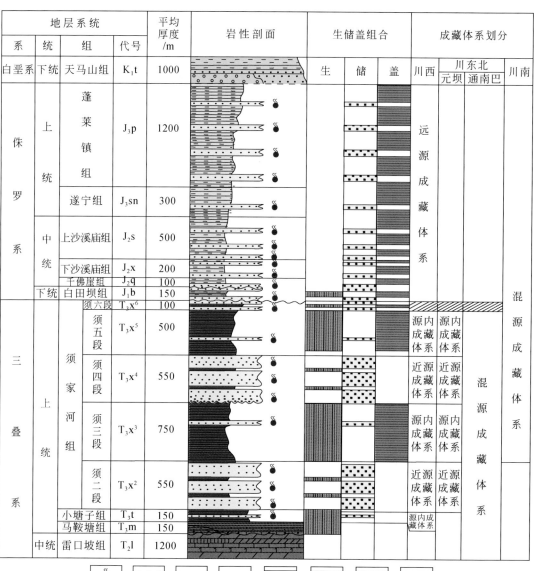

图4-10　四川盆地叠覆型致密砂岩气区成藏体系划分

源远源油气成藏体系（简称远源成藏体系），主要以下伏须五段泥页岩作为烃源层系，油气通过烃源断层向上运移，源储跨越式接触；②上三叠统须家河组内源近源油气成藏体系（简称近源成藏体系），烃源岩主要为马鞍塘组—小塘子组、须三段中的泥页岩，储层则为直接上覆的须二段、须四段砂岩，源储直接接触；③上三叠统须家河组内源源内成藏体系（简称源内成藏体系），指在烃源层系内部的成藏体系，烃源岩为须三段、须五段暗色泥页岩，储层为烃源岩层系中的相对高能环境下的砂岩或介屑灰岩，包括下侏罗统自流井组气藏、须五段气藏和须三段气藏。

表4-3　四川盆地叠覆型致密砂岩气区成藏体系划分方案

类型	亚类	典型油气田（藏）	油气来源
内源	远源	川西侏罗系气田（藏）	须五段源岩为主，局部存在源内贡献
	近源	川西须二段、须四段气藏	马鞍塘组—小塘子组、须三段烃源岩
		川东北元坝气田	马鞍塘组—小塘子组、须三段烃源岩
	源内	川西须三段气藏	须三段烃源岩
		川西须五段气藏	须五段烃源岩
混源		川东北通南巴三叠系气藏	须家河组烃源岩为主，下伏海相烃源岩为辅
		川南赤水三叠系气藏	须家河组烃源为主，部分下伏海相烃源岩

1. 远源成藏体系

远源成藏体系以须五段为主要烃源岩，源储呈跨越式接触。储层主要包括蓬莱镇组、遂宁组和上、下沙溪庙组等砂岩，多层分流河道砂岩叠置连片。气藏温度较低，压力系数多<1.5，成藏动力以浮力和异常压力为主，流体动力场以自由流体动力场和局限流体动力场为主，烃源断层为主要油气垂向运移通道，兼具断层+砂体的立体网状供烃方式和垂向扩散作用为主的广覆式面状供烃方式（图4-11）。

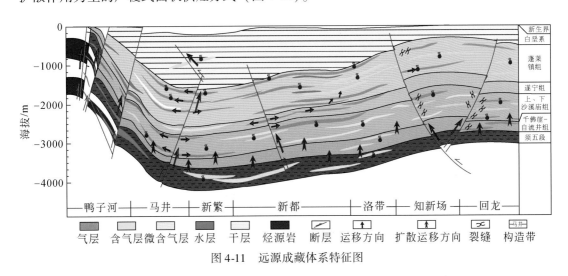

图4-11　远源成藏体系特征图

须五段主要为一套滨浅湖环境下的砂泥岩互层沉积。暗色泥质岩厚度180～360m。源岩总有机碳（TOC）含量为 0.16% ~ 10.84%，平均为 2.99%；以Ⅲ型干酪根为主；R_o 为 0.69% ~ 2.10%，平均为 1.23%。有机质丰度高，干酪根类型好，基本处于高成熟阶段，是远源成藏体系的主力烃源岩。其生烃中心位于成都凹陷，生烃强度 $>60 \times 10^8 m^3/km^2$，向四周生排烃强度逐渐降低。川西大部分地区生烃强度 $>20 \times 10^8 m^3/km^2$，具有较好的烃源条件。

储层主要为侏罗系河流和三角洲相砂岩，砂岩物性总体较差，同时具有较强的纵横向非均质性。纵向上，蓬莱镇组和上、下沙溪庙组储层更为发育。平面上，蓬莱镇组相对优质储层主要分布在新场、成都凹陷东部和知新场-中江-回龙地区（图 3-47 ~ 图 3-50），上、下沙溪庙组相对优质储层主要发育在新场、洛带-中江-回龙和成都凹陷马井-崇州地区（图 3-43 ~ 图 3-45）。

天然气以 CH_4 为主，绝大部分样品的 CH_4 含量均超过 90%（表 4-1）。自下而上（$J_2 \rightarrow J_3 \rightarrow K$），$C_1/C_2$ 表现出逐渐增大的趋势［图 4-1（a）］，体现了运移分馏作用的影响。同时，天然气具有非烃和 CO_2 含量低、N_2 含量相对较高的特征，同样体现了天然气垂向运移过程中的分馏效应。

气藏温度低，平均气藏温度为 49.2℃。气藏压力差异较大。纵向上，压力系数具有随埋深增大而逐渐增大的趋势。平面上，新场、合兴场、中江、金马和马井侏罗系气藏具有异常高压特征，新都和洛带地区蓬莱镇组具有最低地压系数，压力系数在 1 左右，表现出近静水压力，甚至负压的特点。

不同层系流体动力场的发育特征有所差异。蓬莱镇组以自由流体动力场为主，广泛分布于新场、洛带-中江-回龙、成都凹陷东部和梓潼凹陷南部的大部分地区。上、下沙溪庙组自由流体动力场主要分布在新场、洛带-知新场-中江-回龙和鸭子河地区。其他地区则以局限流体动力场为主。

2. 近源成藏体系

近源成藏体系以马鞍塘组—小塘子组、须三段为主要烃源岩，须二段和须四段为主要储层，源储呈广覆式接触。正常地温系统，压力系数多 >1.5，成藏动力以异常压力和毛细管压力差为主，流体动力场以局限流体动力场为主，油气以断层、裂缝、砂体为运移通道，兼具断层+砂体的立体网状供烃方式和广覆式的面状供烃方式（图 4-12）。

须三段暗色泥岩厚度 130 ~ 700m。源岩有机质丰度高，TOC 平均为 2.88%；干酪根类型好，以Ⅲ型和Ⅱ型为主；有机质演化程度高，R_o 平均为 1.64%，基本处于高成熟及过成熟阶段。生烃中心主要分布在大邑-崇州-德阳一带，生气强度大，一般为 30×10^8 ~ $70 \times 10^8 m^3/km^2$。马鞍塘组—小塘子组暗色泥岩，厚度 50 ~ 350m。有机质丰度高，TOC 为 0.22% ~ 9.07%；干酪根类型好，以 $Ⅱ_b$ 型为主；演化程度高，R_o 平均为 1.87%，已达高-过成熟阶段。马鞍塘组—小塘子组烃源岩在川西拗陷具较大生气强度，一般为 40×10^8 ~ $100 \times 10^8 m^3/km^2$，生烃中心主要分布在大邑-都江堰-绵竹一带，为一套优质烃源岩。

储层主要为须二段和须四段三角洲前缘水下分流河道和河口坝高能沉积砂体。储层砂体厚度大，层数多，横向连续性好，整体致密，以裂缝-孔隙型储层为主。须二段相对优质储层主要发育在川中广安-潼南-威远-河包场一线及川西新场-合兴场-丰谷地区（图 3-35），须四段相对优质储层主要分布在西充-营山一带及川西新场-合兴场-丰谷地区（图 3-36）。

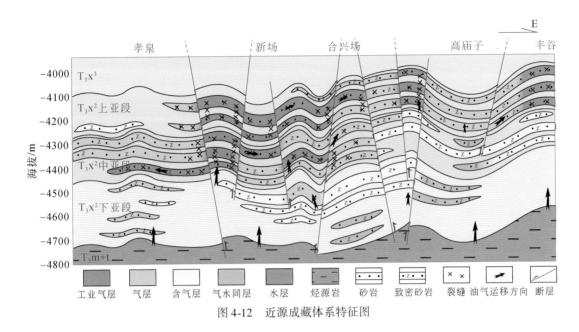

图 4-12 近源成藏体系特征图

气藏温度为 81.21~141.9℃，地温梯度为 2.29~2.31℃/100m，总体属于正常地温系统，但在大邑、合兴场及石泉场等地区，气藏温度略低。须四段地层压力为 57.18~77.84MPa，压力系数为 1.67~2.11，表现出强超压或近强超压特征。其中，新场地区压力系数最高，合兴场由于断裂发育，部分井出现泄压，压力系数降至 1.67，在大邑地区，压力系数仅有 1.15~1.17，为常压气藏。须二段地层压力平均 74.47MPa，压力系数平均 1.56，表现出中等超压特征。其中，新场构造带压力系数平均 1.59，大邑地区发育大型断裂，压力系数仅 1.11，表现出常压特征。

近源成藏体系主要发育局限流体动力场。须四段在整个川西拗陷范围内广泛发育局限流体动力场，须二段局限流体动力场主要分布在新场构造带、大邑-安州和知新场-中江-回龙地区，川西成都凹陷和梓潼凹陷普遍发育束缚流体动力场。

新场、大邑-安州和知新场-中江-回龙等地区形变强，断裂较为发育，主要通过断层+砂体立体网状输导，其他地区则主要发育以垂向扩散作用为主的面状输导体系。

3. 源内成藏体系

源内成藏体系以须三段、须五段为主要烃源岩，下侏罗统陆相暗色泥页岩为次要烃源，须三段、须五段中相对高能砂体及下侏罗统致密砂岩、介壳（屑）灰岩为储层，呈源储一体式接触。以生烃增压、毛细管压力差为主要成藏动力，生烃增压产生的裂缝为主要运移通道，面状供烃（图 4-13）。

源内成藏体系在断裂发育的地区表现为常压特征，其他地区普遍表现为高压特征。储层物性总体较差，以局限流体动力场和束缚流体动力场为主。天然气以游离气、吸附气、水溶气相态赋存，具有短距离运移、就近成藏的特点。气藏主要分布在构造平缓地区，以岩性气藏为主。

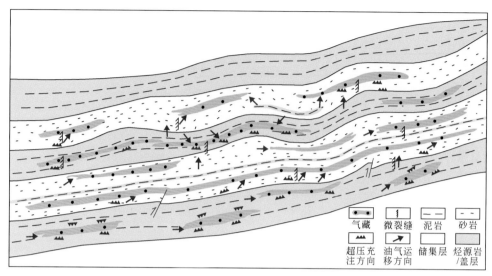

图 4-13　源内成藏体系特征图

4. 混源成藏体系

混源成藏体系同时具有陆相和海相烃源，源储接触式和跨越式兼具。储层主要为上三叠统陆相碎屑岩，多层砂岩叠置连片。压力系数多>1.2，成藏动力以浮力、异常压力和毛细管压力差为主，油气通过沟通海相烃源岩的断层向上运移，兼具断层+砂体的立体网状供烃方式和广覆式的面状供烃方式（图4-14）。气藏主要分布在构造形变较强的地区，以构造-岩性气藏为主。

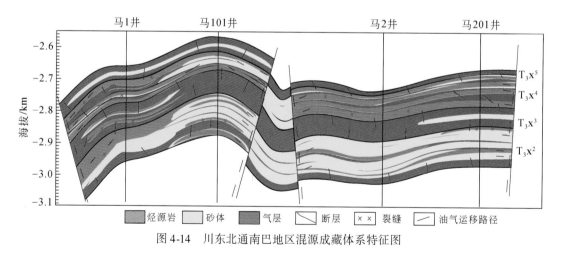

图 4-14　川东北通南巴地区混源成藏体系特征图

三、成藏体系分布特征

四川盆地致密砂岩气藏不同成藏体系的分布明显受到盆地构造和沉积演化的控制。

平面上，混源成藏体系主要分布在海相烃源断裂发育的川东北通南巴、川南赤水等地区；远源成藏体系主要分布在陆相烃源岩和陆相烃源断层均发育的川西地区；近源成藏体系主要分布在陆相"二元"层序结构发育、源储大面积广覆式接触的川西、川东北和川中地区；源内成藏体系主要分布在盆缘具突变型盆山结构的川西和川东北地区（图4-15）。

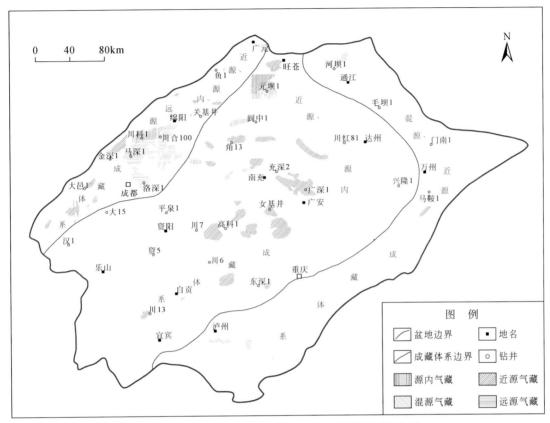

图4-15　四川盆地叠覆型致密砂岩气区成藏体系分布图

纵向上，混源成藏体系主要分布在须家河组，远源成藏体系主要分布层位为中、上侏罗统，近源成藏体系主要发育层位为须二段和须四段，源内成藏体系主要发育层位为须三段、须五段和下侏罗统（图4-10）。

第二节　天然气成藏机理与动态成藏模式

一、远源成藏体系

（一）天然气来源

本书研究表明，侏罗系天然气常规组分、轻烃对比及碳同位素分析均反映侏罗系天然气来自须五段，同时须四段也有一定的贡献。

根据川西坳陷陆相烃源岩排烃门限和排烃高峰的研究，须五段烃源岩排烃门限对应的 R_o 值为 1.06%，对应的深度约为 2850m；排烃高峰对应 R_o 值为 1.26%，深度约为 3350m。结合埋藏史分析，川西须五段在早白垩世早、中期进入排烃门限，早白垩世中、晚期进入排烃高峰期（表 4-4）。不同地区进入排烃门限和排烃高峰期的时间略有差异。总体表现为成都凹陷马井地区进入排烃门限最早（K_1 早期），其次为新场构造带（K_1 晚期），山前带和中江斜坡较晚（K_2 早期）。

表 4-4　川西坳陷中段须家河组五段主要生排烃期

地层	构造单元	排烃门限期	排烃高峰期
T_3x^5-J_1	龙门山前带	K_2 早期	K_2 中期
	新场构造带	K_1 晚期	K_2 早中期
	成都、梓潼凹陷带	K_1 早期	K_1 中晚期
	中江斜坡带	K_2 早期	K_2 晚期

采用 TSM 盆地模拟技术获得了四川盆地须五段白垩纪末的生烃强度（图 4-16）。白垩纪末，川西地区发生地壳抬升，烃源岩基本停止生烃，因此，白垩纪末期的累计生烃强度

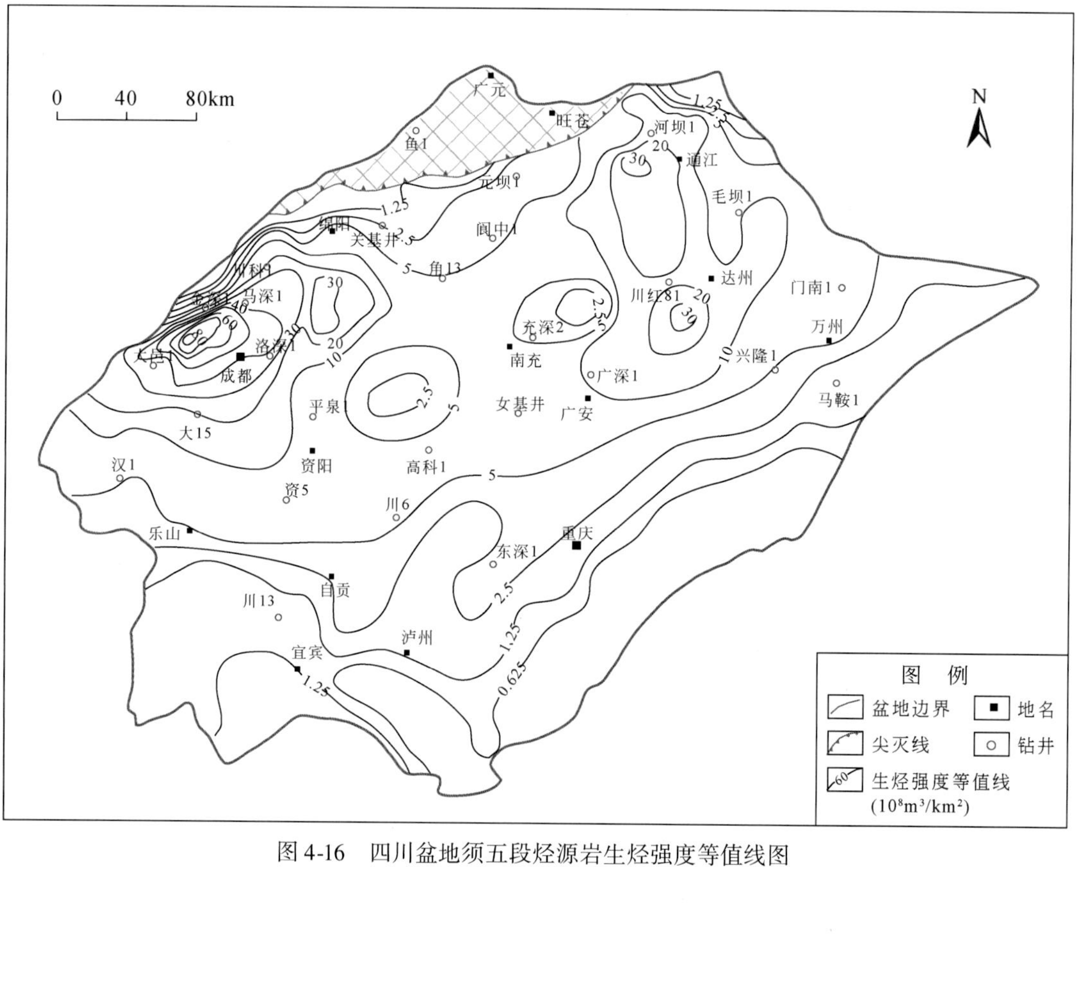

图 4-16　四川盆地须五段烃源岩生烃强度等值线图

即为现今的累计生烃强度。须五段烃源岩（暗色泥页岩+煤层）生烃中心主要位于川西拗陷和川东北地区，川西地区累计生气强度普遍达到 $20\times10^{8}\mathrm{m}^{3}/\mathrm{km}^{2}$。

（二）成藏时间及期次

与烃类共生的盐水包裹体的均一化温度可以代表成藏时烃类进入储层的温度。根据川西地区侏罗系自生石英包裹体测温分析结果（图4-17，表4-5），上侏罗统蓬莱镇组和中侏罗统上、下沙溪庙组盐水包裹体的均一化温度存在一定差异，蓬莱镇组的均一化温度低于上、下沙溪庙组。同时，包裹体均一化温度与砂岩含气性具有一定相关关系。与干层比较，含气层和气层对应相对较高的温度（表4-5），表明携带大量烃类气体的热流体沿断层上涌并在浅层快速成藏，导致含气性较好的砂岩储层普遍具有较高的均一化温度。尽管蓬莱镇组均一化温度与上、下沙溪庙组存在差异，但是通过结合埋藏史和热史分析（图4-18），它们的天然气成藏时间近似，大致对应 K_2 中期—E_1 早期（表4-6），可以认为是同期成藏。

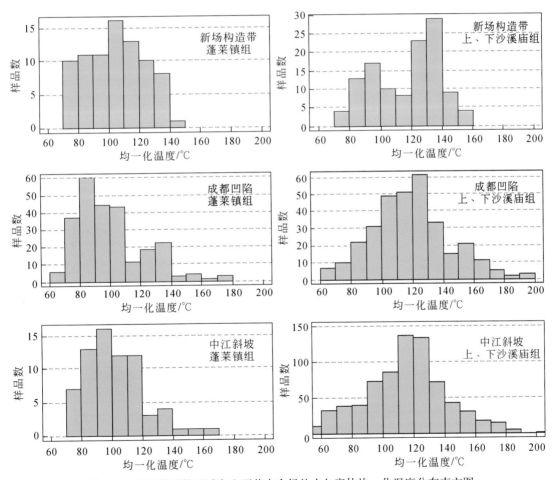

图4-17　川西拗陷侏罗系自生石英中含烃盐水包裹体均一化温度分布直方图

表 4-5　川西拗陷侏罗系自生石英中含烃盐水包裹体均一化温度

地区	均一化温度/℃						
	蓬莱镇组			上、下沙溪庙组			
成都凹陷	70~110	干层	90.0	90~140	干层	114.5	
		含气层	95.0		含气层	121.9	
		气层	103.0		气层	117.1	
新场构造带	80~120	干层	99.0	80~100 120~140	干层	122.7	
		含气层	110.5		含气层		
		气层	108.2		气层	128.0	
中江斜坡	80~120	干层	96.5	80~90 120~140	干层	85.8	
		含气层			含气层	134.4	
		气层	101.5		气层		

表 4-6　川西拗陷侏罗系气藏主要成藏时间

层位	成藏时间/Ma		
	新场构造带	成都凹陷	中江斜坡
上侏罗统蓬莱镇组	80~60	80~60	80~70
中侏罗统上、下沙溪庙组	80~50	80~50	80~60

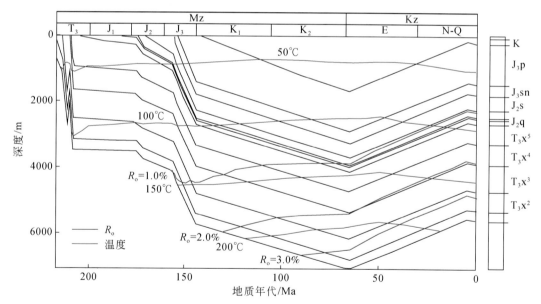

图 4-18　川西拗陷新场构造带埋藏史–热史曲线

（三）成藏动力

油气在成藏过程中主要受浮力、毛细管力、异常压力和重力等作用影响。其中，浮力、异常压力和毛细管压力差是主要的油气成藏动力，毛细管力、重力为主要的阻力。

源储剩余压力差是侏罗系天然气运移、聚集的主要动力。柳广第和孙明亮（2007）根据对中国28个气藏的统计分析结果指出，源储剩余压力差与气藏聚集效率间具有较好的正相关关系，其利用盆地模拟软件对川西地区陆相地层压力演化进行了恢复，确定深部须五段烃源岩与侏罗系储层压力差达到20~30MPa。根据源储剩余压力差与天然气聚集效率的关系，当源储剩余压力差为25MPa时，天然气的聚集效率为$10^6 m^3/(km^2 \cdot Ma)$。

地下储层中的浮力作用主要受储层孔隙空间大小的控制。根据浮力作用边界可将含油气盆地划分为3个流体动力场（图4-19，表4-7）：自由流体动力场、局限流体动力场和束缚流体动力场。自由流体动力场中流体可以自由流动，浮力对成藏后气水分布起主导作用；局限流体动力场缺乏自由流动的流体，浮力作用受到限制，异常压力和毛细管压力差为主要的成藏动力；束缚流体动力场中仅存在束缚水，浮力作用消失，毛细管压力差作用有限。本书研究表明川西地区侏罗系浮力孔隙度下限区间为8%~10%。也就是说，当储层孔隙度小于浮力孔隙度下限时，浮力作用受限，以局限流体动力场为主，气、水分布不受构造控制。根据四川盆地侏罗系砂岩物性统计结果（表3-2），下侏罗统白田坝组、中侏罗统千佛崖组储层物性差，孔隙度普遍低于4%，盆内大部分地区现今处于局限流体动力场；中侏罗统上、下沙溪庙组在川西地区物性较好，平均孔隙度为9%左右，自由流体动力场分布范围较广；上侏罗统遂宁组储层较为致密，仅局部地区处于自由流体动力场，其他大部分地区属于局限流体动力场；上侏罗统蓬莱镇组储层较发育，平均孔隙度为9%左右，川西部分地区属于自由流体动力场。

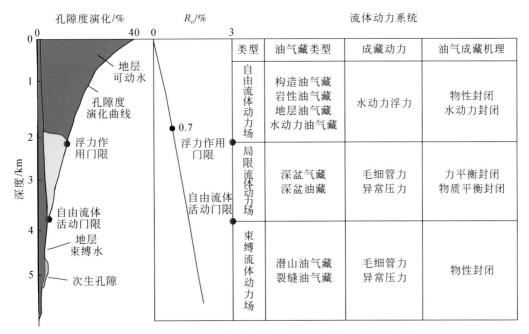

图4-19 含油气盆地流体动力场划分及成藏特征对比（据庞雄奇等，2014）

表 4-7　含油气盆地流体动力场特征

流体场参数	自由流体动力场	局限流体动力场	束缚流体动力场
深度范围/m	0～3000	1500～6000	>4000
主要孔隙流体类型	自由水为主+油气	束缚水+油气	束缚水+油气
储层物性	$\Phi>12\%$；$K>1\text{mD}$	$3.8\%<\Phi<12\%$；$K<1\text{mD}$	$\Phi<3.8\%$；$K<0.1\text{mD}$
水动力场类型	重力流、压实水	滞留水、压实水	滞流水、封闭水
流体运移动力	浮力、异常压力、水动力	异常压力、毛细管压力差	异常压力、毛细管压力差
流体运移方式	指进式、优势式	活塞式	优势式
流体聚集圈闭类型	常规圈闭（构造+地层+岩性）	致密砂岩圈闭、岩性	裂缝型、溶蚀孔洞型
油气水关系	正常	倒置	正常
发育位置	盆地浅部/边缘	盆地凹陷中心/背斜侧翼	盆地深部

依据储层致密化与烃源岩生排烃高峰时间的关系，可以将致密砂岩气藏分为先成型（储层先致密再成藏）和后成型（先成藏储层后致密）两种类型（姜振学等，2006）。对于先成型气藏，油气充注发生在储层致密之后，储层总体致密，以局限流体动力场为主，浮力作用受到限制，异常压力和毛细管压力差为主要的成藏动力，油气在生烃增压和毛细管压力差的作用下沿储层上倾方向整体推移。对于后成型气藏，油气大量充注时间在储层致密化之前，气藏形成时储层物性较好，以自由流体动力场为主，浮力对成藏后气水分布起主导作用。

四川盆地侏罗系储层致密化时间为晚白垩世中期至古近纪早期（表3-7），而须五段烃源岩生排烃高峰期为早白垩世中、晚期（表4-4），表明侏罗系气藏属于后成型。早期，须五段天然气在源储剩余压力差作用下，沿断层向上运移在侏罗系高孔渗储层中形成常规气藏，处于自由流体动力场，浮力作用导致天然气主要在构造高部位富集。晚期，储层在成岩作用和（或）构造挤压作用下变得致密，主要发育致密砂岩储层，以局限流体动力场为主，浮力作用受到限制，油气为非浮力聚集。同时，部分物性较好的地区仍以自由流体动力场为主，浮力对成藏起主要作用，具有正常的上气下水的气水分布关系。

（四）运移机制

油气运移贯穿于整个油气地质历史，是石油地质学研究的核心内容之一，研究油气的运移过程对追踪和重建天然气运聚成藏过程、明确油气成藏机理及富集规律至关重要。通过天然气、地层水及储层中自生矿物地球化学特征的综合分析，建立了一系列指示天然气运移相态、运移方向和运移路径的有机–无机地球化学示踪指标，明确了四川盆地远源成藏体系天然气的运移机制。

1. 运移相态

天然气运移相态是影响其运移与成藏机制的重要因素。天然气运移相态有游离相、水溶相、油溶相和扩散相。其中，游离相和水溶相是天然气运移的主要相态。

1）芳烃/烷烃值

不同轻烃组分在地层水中的溶解度存在差异（芳烃>环烷烃>链烷烃），水溶作用对轻烃含量的影响较大，导致其在天然气运移相态示踪中具有特殊作用。当天然气以水溶相运移时，天然气中轻烃分布会发生明显的变化，沿着运移方向，难溶组分先脱溶，易溶组分（芳烃）后脱溶，导致早期脱溶气的芳烃/烷烃值较晚期脱溶气低（刘朝露等，2004；沈忠民等，2011；刘文汇等，2013）。当天然气以游离相运移时，地质色层效应起主导作用，极性物质（芳烃）易被岩石吸附，导致沿着运移方向芳烃/烷烃值明显降低。

川西拗陷上三叠统—侏罗系天然气苯/正己烷值分布特征表明，自下而上（$T_3x^2 \rightarrow T_3x^5 \rightarrow J_2 \rightarrow J_3$），苯/正己烷值表现出先变小再变大再变小的趋势 [图 4-20 (a)]。其中，地层水对芳烃的溶解作用更容易将苯带走至侏罗系，导致须五段及中侏罗统下部下沙溪庙组天然气中苯/烷烃值较低 [图 4-20 (a)]，表现出早期脱溶气的特征；中侏罗统中上部上沙溪庙组较高的苯/烷烃值 [图 4-20 (a)] 则反映了晚期脱溶气的特征，表明天然气可能呈水溶相由须五段运移至中侏罗统。当水溶气继续向上运移至上侏罗统时，由于温压的不断降低，天然气以游离气相运移为主，运移主要受地质色层效应影响，芳烃含量以及芳烃/烷烃值迅速降低。

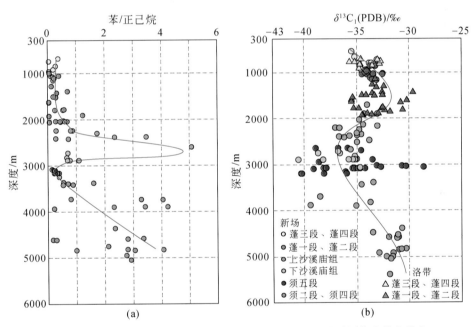

图 4-20　川西拗陷上三叠统—侏罗系天然气轻烃、甲烷碳同位素纵向分布

2）烷烃碳同位素值

当天然气主要以游离相运移时，运移距离与 $\delta^{13}C_1$ 呈负相关，与 $\delta^{13}C_2$-$\delta^{13}C_1$ 呈正相关（Prinzhofer et al.，2000；Prinzhofer et al.，2003）。但是，由于气田水对天然气碳同位素组成具有明显的分馏作用（秦胜飞等，2006；李伟等，2011；秦胜飞，2012；刘文汇等，2013），水溶气脱溶形成的天然气具有不同的碳同位素组成特征。当天然气呈水溶相运移时，由于 $^{13}CH_4$ 溶解性大于 $^{12}CH_4$（秦胜飞等，2006），$^{12}CH_4$ 优先析出，随着运移距离的增加水溶气会逐渐富集 $^{13}CH_4$，早期脱溶气的碳同位素较轻，晚期脱溶气的碳同位素较重。

川西拗陷上三叠统—侏罗系甲烷碳同位素垂向分布特征 [图 4-20 (b)] 表明水溶相

运移可能是中侏罗统天然气运移的主要方式。其中，中侏罗统中、下部下沙溪庙组和上沙溪庙组下部甲烷碳同位素较轻，一方面可能与成藏早期较低成熟度天然气优先充注侏罗系下部砂岩有关，另一方面则可能为早期脱溶所致。自中侏罗统上沙溪庙组上部至上侏罗统下部蓬一段、蓬二段甲烷碳同位素变重，同样可以反映成熟度和溶解作用的影响，较低-较高成熟度天然气自下而上的依次充注，以及晚期脱溶过程均会造成甲烷碳同位素变重。上侏罗统下部至上部蓬三段、蓬四段的甲烷碳同位素变轻，同时 C_1/C_2 值增加 [图 4-1 (a)，图 4-20 (b)]，与通常游离相运移天然气的运移分馏规律一致。

3）地层水化学特征

川西拗陷上三叠统须家河组与侏罗系地层水具有明显不同的水化学特征（表 4-8）。由于该区断裂发育带附近存在大规模的流体跨层混合作用（刘树根等，2005；叶素娟等，2014a），本书选取断层不发育地区钻井开展了原始地层水化学特征分析。结果表明，上侏罗统原始地层水具有中高矿化度（>20g/L）、高 SO_4^{2-} 含量（>1000mg/L）、中高 HCO_3^- 含量（>100mg/L）、高 Na/K 值（>150）的特征，以 $CaCl_2$ 和 Na_2SO_4 型为主（表 4-8）；中侏罗统原始地层水具有中高矿化度（>30g/L）、中等 SO_4^{2-} 含量（>100mg/L）、低 HCO_3^- 含量（<100mg/L）、低 Na/K 值（<50）、较低 Na/Mg 值（<50）的特征，以 $CaCl_2$ 型为主（表 4-8）；下侏罗统和须家河组地层水总体呈现高浓缩地层水特征，地层水矿化度较高（>60g/L），其中须四段、须五段地层水具有较高 Na/K 值（>200），须二段、须四段地层水 SO_4^{2-} 含量极低（<20mg/L），以 $CaCl_2$ 型为主。

表 4-8　川西拗陷侏罗系及上三叠统须家河组典型井地层水化学特征

井号	地区	层位	离子浓度/(mg/L)					Na/K	Na/Mg	水型
			K^+	Na^+	SO_4^{2-}	HCO_3^-	矿化度			
GJ19	广汉	J_3p	48.6	15484.0	4457.3	171.8	45861.0	541.5	25.3	Na_2SO_4
WJ2	温江	J_2s	487.0	8790.0	656.0		33300.0	30.7	26.4	$CaCl_2$
GM33-10	高庙子	J_2x	59.7	4885.0	63.7	77.5	17579.3	139.1	61.8	$CaCl_2$
HL6H	回龙	J_1z	446.0	12756.0	150.4		143398.0	48.6	4.7	$CaCl_2$
X882	新场	T_3x^5	65.4	16996.0	62.4	362.1	52852.4	441.6	43.1	$CaCl_2$
XC22	新场	T_3x^4	158.0	22955.0	<10	191.8	69680.0	247.0	27.4	$CaCl_2$
X3	新场	T_3x^2	1236.4	37640.0	<10	188.2	115322.5	51.8	60.4	$CaCl_2$

川西拗陷侏罗系气藏主要分布在矿化度小于 30g/L 的区域。其中，中侏罗统可见 4 种类型气藏伴生水（图 4-21）：①高矿化度（>30g/L）、高 Na/K 值（>100）地层水，对应中低产气量和中高水气比；②高矿化度、低 Na/K 值地层水，对应中低产气量和高水气比；③低矿化度、高 Na/K 值地层水，对应中高产气量和中低水气比；④低矿化度、低 Na/K 值地层水，对应中高产气量和低水气比。除类型 4 地层水表现出凝析水特征外，其他 3 种类型气藏伴生水普遍具有低 SO_4^{2-} 含量、高 Na/K 值、较高 Na/Mg 值的特征，与中侏罗统原始地层水明显不同。类型 1、2、3 地层水化学特征分别与高矿化度的晚期须五段和须四段地层水、须二段地层水及低矿化度的早期须五段地层水相似。上侏罗统气藏伴生水

虽然同样具有中低矿化度特征，但其他水化学参数与原始地层水相似。

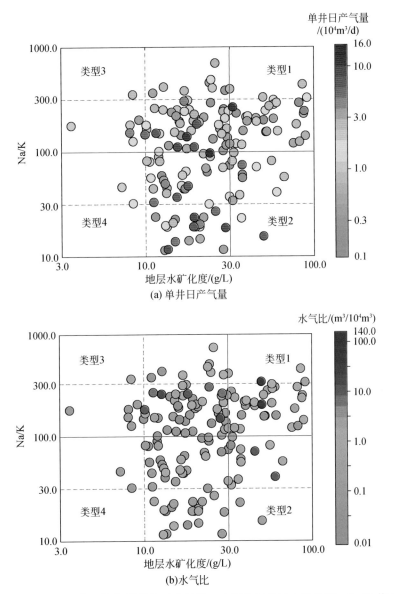

图 4-21 川西拗陷中侏罗统气藏单井日产气量、水气比与地层水矿化度、Na/K 值关系图

　　川西拗陷中侏罗统气藏伴生水普遍具有中低矿化度，同时可见少量位于断层附近的气藏与高矿化度（>50g/L）地层水伴生，水化学特征与中侏罗统原始地层水明显不同，而与须家河组地层水相似（图 4-21），表明存在下部须家河组地层水的混合，指示天然气在高温、高压下溶解于须家河组地层水中并以水溶相向上运移。一方面，须五段有机质热演化和硫酸盐还原作用形成的烃类和 CO_2 气体与泥岩黏土矿物转化析出的大量低矿化度且 Na/K 值较高地层水一起，以水溶相沿断层上涌进入中侏罗统，导致气藏常与低矿化度地层水伴生。另一方面，断层可能沟通深部须四段高矿化度、高 Na/K 值地层水，导致部分

位于断层附近的气藏与高矿化度地层水伴生。上侏罗统气藏伴生水化学参数与原始地层水相似，其较低的矿化度主要是大气水下渗淡化作用所致，天然气主要以游离相运移。

4）储层中自生矿物碳氧同位素及流体包裹体特征

川西拗陷侏罗系储层中自生方解石的碳氧同位素组成在层位分布上呈现规律性的变化，总体上由下至上（$J_2 \rightarrow J_3$）逐渐变重（图4-22）。其中，中侏罗统储层中自生方解石的碳氧同位素组成变化较大，$\delta^{13}C$ 值为 $-15.33‰ \sim -1.30‰$，$\delta^{18}O$ 值为 $-18.40‰ \sim -6.90‰$；上侏罗统样品的碳氧同位素值分布较为集中，$\delta^{13}C$ 值为 $-4.53‰ \sim -0.20‰$，$\delta^{18}O$ 值为 $-16.20‰ \sim -8.30‰$。同时，中侏罗统砂岩的含气性与自生方解石的碳氧同位素值关系明显，砂岩的含气性越好，自生方解石的碳氧同位素值越低（图4-22）。

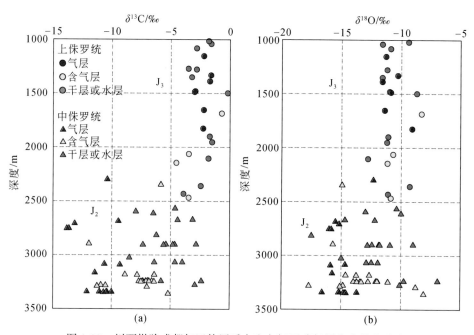

图4-22　川西拗陷成都气田侏罗系自生方解石碳氧同位素纵向分布

中侏罗统含气砂岩中方解石胶结物的碳氧同位素明显轻于干层或水层（图4-22），表明包含有机成因 CO_2 的高温流体参与了气层中方解石的沉淀。下伏须五段烃源岩在热演化过程中能够直接生成 CO_2 或发生热解脱羧作用释放出 CO_2。这些有机成因 CO_2 溶入烃源岩中黏土矿物压实及转化释放出的层间水、吸附水、结构水中，从而形成具有较强溶蚀能力的有机酸和碳酸溶液。来自须五段及须四段早期圈闭中的天然气与包含有机成因 CO_2 的高温酸性流体一起向上运移到中侏罗统储层中成藏，一方面导致气层砂岩储层中自生方解石的碳氧同位素及天然气中 CO_2 的碳同位素明显偏轻（表4-2，图4-22），另一方面对储层中的长石和其他易溶组分进行溶蚀，形成大量的次生溶蚀孔隙和自生高岭石（表3-5）（叶素娟等，2015），表现出成储、成藏同时进行的特征。据此可以推断中侏罗统天然气主要以水溶相运移。

上侏罗统则基本不见此特征，气层砂岩储层中自生方解石碳氧同位素组成均较重且分布集中，与干层或水层类似（图4-22），同时储层中溶蚀孔隙的比例及自生高岭石的含量明显较低（表3-5）（叶素娟等，2015），表明其受包含有机成因 CO_2 的高温酸性流体的影响较小，天然气主要以游离相运移。

同时，中侏罗统储层中含烃盐水包裹体的均一化温度和盐度特征显示包裹体的盐度分布范围较广，且与均一化温度间没有明显的相关性，其中可见较多盐度较低，但均一化温度较高的样品（图4-23红线内样品）及高盐度、异常高均一化温度（超过地层经历的最高温度）样品（图4-23蓝线内样品）。上侏罗统自生石英中含烃盐水包裹体的盐度及均一化温度分布范围相对较小，且盐度与均一化温度间呈一定正相关关系，基本体现了原始成岩流体的特征。中侏罗统储层中较多高温低盐度及异常高温高盐度含烃盐水包裹体也表明存在深部热流的上侵，指示天然气可能以水溶相运移。

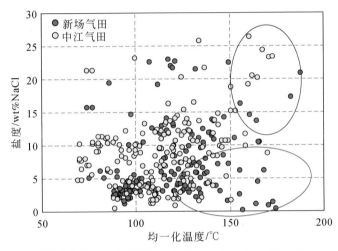

图 4-23　川西坳陷中侏罗统自生石英含烃盐水包裹体均一化温度与盐度关系图

wt% NaCl 表示 NaCl 质量分数

5）天然气运移相态演变分析

已有研究表明，川西坳陷须五段烃源岩在生烃高峰期由于生烃增压，地层压力可达70MPa（杨映涛等，2015），同时地层中存在大量的黏土矿物压实及转化释放出的地层水，天然气在高温、高压下大量溶解于水，形成水溶气藏。

白垩纪后喜马拉雅期构造运动导致区域性隆升，同时产生大量的断裂。当流体沿着断层向上运移时，由于地层温度、压力下降，天然气的溶解度降低，水溶气逐渐脱溶（徐国盛等，2001；杨映涛等，2015）。其中，自须五段至中侏罗统下沙溪庙组，天然气处于早期脱溶阶段，该阶段游离气/溶解气为1.71/4.50（徐国盛等，2001），天然气具有较低苯/烷烃值、较轻甲烷碳同位素及较低 C_1/C_2 值；自中侏罗统上沙溪庙组至上侏罗统下部蓬一段，天然气处于晚期脱溶阶段，该阶段游离气/溶解气为2.51/3.70 ~ 4.11/2.10（徐国盛等，2001），天然气表现出较高苯/烷烃值、较重甲烷碳同位素及较高 C_1/C_2 值的特征；自上侏罗统下部至上部蓬三段、蓬四段，天然气以游离相运移为主，该阶段游离气/溶解气为4.78/1.43（徐国盛等，2001），随着运移距离的增加，天然气表现出芳烃/烷烃值迅速降低、甲烷碳同位素变轻、C_1/C_2值增加的趋势。

　　基于上述多项有机–无机地球化学示踪指标的分析结果，川西中侏罗统天然气以水溶相运移为主，随着运移脱溶过程的进行表现出苯/烷烃值增大、甲烷碳同位素变重的趋势，同时具有气藏伴生中低或高矿化度、高 Na/K 值须家河组地层水、含气砂岩中自生方解石的碳氧同位素偏轻、储集层中溶蚀孔隙的比例及自生高岭石的含量较高、含烃盐水包裹体均一化温度高且盐度较低等特征。

　　2. 运移方向及路径

　　1）C_1/C_2值

　　烷烃中甲烷具有分子小、结构简单、极性弱、黏度小、扩散系数大、运移能力强的特征，导致沿着天然气运移方向 CH_4 含量、C_1/C_2值逐渐增加，表现出甲烷逐渐富集的趋势。同时，甲烷的溶解度远大于乙烷（秦胜飞等，2006），在水溶气的运移脱溶过程中乙烷优先析出，造成早期脱溶气相对富含乙烷，C_1/C_2值普遍较低。差异脱溶及运移分馏共同作用，导致随着运移距离增加天然气逐渐富集甲烷的趋势基本不受运移相态的影响（Prinzhofer *et al.*，2000；史基安等，2004；姜林等，2010）。

　　川西拗陷上三叠统—侏罗系天然气 C_1/C_2值垂向分布特征［图 4-1（a）］显示，自须五段至中侏罗统再到上侏罗统，C_1/C_2值逐渐变大，一方面反映了成藏早期少量较低成熟度天然气、早期脱溶气及主成藏期大量较高成熟度天然气、晚期脱溶气自下而上的依次充注，另一方面则反映了天然气运移分馏作用的影响，指示了自下而上天然气运移的方向。

　　平面上，侏罗系天然气 C_1/C_2值总体表现出沿着运移方向逐渐增大的趋势［图 4-24（a）］。同时，川西中侏罗统下部可见沿着运移方向天然气 C_1/C_2值逐渐变小的异常现象［图 4-24（b）］。研究已知，川西中侏罗统天然气以水溶相运移为主，与四川盆地须家河组气藏及塔里木盆地和田河气藏类似，均为水溶气运移脱溶成藏，但是水溶气 C_1/C_2值随运移距离的变化趋势却与后两者（秦胜飞等，2006；李伟等，2011）相反。通过对比分析认为，造成此现象的原因可能有 3 个：①不同成熟度天然气的混合作用；②不同阶段水溶气的差异脱溶作用；③气藏主要分布在条带状且分支较少的河道砂岩储层中，与大面积连片分布的四川盆地须家河组气藏及塔里木盆地石炭系和奥陶系气藏明显不同。成藏早期形成的少量较低成熟度天然气与早期脱溶气优先充注侏罗系下部砂岩，且在沿砂体的侧向运移过程中始终位于运移方向的前端，导致沿着运移方向出现 C_1/C_2值变小的现象［图 4-24（b）］。如果砂岩大面积连片分布，如四川盆地须家河组砂岩，水溶气则可能在持续的运移脱溶过程中就近成藏，导致沿着运移方向 C_1/C_2值逐渐增大。

　　2）iC_4/nC_4值

　　iC_4/nC_4值是常用的天然气运移示踪指标（李广之和吴向华，2002；史基安等，2004；姜林等，2010）。但是，影响 iC_4/nC_4值的因素较多，包括输导层物性条件、运移方式、运移相态等（李广之和吴向华，2002），导致 iC_4/nC_4值在示踪天然气运移方向和距离时存在较大的不确定性。例如，当天然气以气态方式在断层或孔隙型砂岩储层等疏松层中进行渗流运移时，沿着油气运移方向 iC_4/nC_4值增大；当天然气在致密层内以扩散方式运移时则会导致 iC_4/nC_4值的降低（李广之和吴向华，2002）。同时，天然气的运移相态也可能导致 iC_4/nC_4值发生变化。

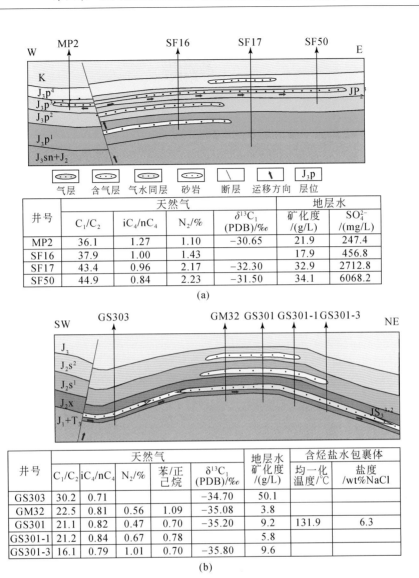

井号	天然气			δ¹³C₁ (PDB)/‰	地层水	
	C_1/C_2	iC_4/nC_4	N_2/%	$\delta^{13}C_1$ (PDB)/‰	矿化度 /(g/L)	SO_4^{2-} /(mg/L)
MP2	36.1	1.27	1.10	−30.65	21.9	247.4
SF16	37.9	1.00	1.43		17.9	456.8
SF17	43.4	0.96	2.17	−32.30	32.9	2712.8
SF50	44.9	0.84	2.23	−31.50	34.1	6068.2

(a)

井号	天然气				δ¹³C₁ (PDB)/‰	地层水 矿化度 /(g/L)	含烃盐水包裹体	
	C_1/C_2	iC_4/nC_4	N_2/%	苯/正己烷	$\delta^{13}C_1$ (PDB)/‰	地层水矿化度 /(g/L)	均一化温度/℃	盐度 /wt%NaCl
GS303	30.2	0.71			−34.70	50.1		
GM32	22.5	0.81	0.56	1.09	−35.08	3.8		
GS301	21.1	0.82	0.47	0.70	−35.20	9.2	131.9	6.3
GS301-1	21.2	0.84	0.67	0.78		5.8		
GS301-3	16.1	0.79	1.01	0.70	−35.80	9.6		

(b)

图 4-24　川西拗陷成都气田上侏罗统（a）、中江气田中侏罗统（b）连井气藏剖面图

　　川西拗陷须五段、须四段烃源岩以腐殖型为主，由于源于腐殖型母质的天然气通常富含异构烷烃（戴金星等，2012），天然气的 iC_4/nC_4 值普遍大于 1.0［表4-1，图4-1（b）］。随着须家河组天然气沿断层自下而上运移到侏罗系，再沿总体致密且具有极强非均质性的储集砂体侧向运移，天然气同时具有渗流和扩散两种运移方式，导致 iC_4/nC_4 值纵横向上均没有表现出明显的变化规律［图4-1（b），图4-24］。

　　3）N_2 含量

　　氮气分子直径小，易于扩散和运移。因此，沿着运移方向 N_2 含量会出现类似甲烷的逐渐增大的变化规律。

　　川西拗陷上三叠统—侏罗系天然气 N_2 含量纵横向分布特征［图4-1（c），图4-24］表明，随着运移距离的增加，天然气逐渐富集氮气。N_2 含量可以作为示踪天然气运移方向和路径的地化指标。

4）烷烃碳同位素组成

理论上，天然气运移距离与 $\delta^{13}C_1$ 呈负相关。但是，如果存在不同成熟度天然气的混合作用及气田水对天然气碳同位素的分馏作用，则可能导致随着运移距离的增加甲烷碳同位素逐渐变重［图4-24（b）］。

图4-24 显示当川西地区侏罗系天然气沿着河道砂岩侧向运移时，运移距离与 $\delta^{13}C_1$ 呈负相关，且此趋势不受运移相态的影响，即沿着运移方向，水溶气甲烷碳同位素出现与游离气类似的逐渐变轻的变化规律［图4-24（b）］。此现象的原因与引起水溶气 C_1/C_2 值异常变化趋势的原因相同，即具较轻甲烷碳同位素的成藏早期较低成熟度天然气和早期脱溶气一起沿着条带状河道砂岩侧向运移，且始终位于运移方向的前端，导致沿着运移方向甲烷的碳同位素值逐渐变轻。

5）地层水化学特征

前已述及，川西拗陷侏罗系气藏伴生水普遍具有中低矿化度的特征。其中，中侏罗统低矿化度气藏伴生水主要与须五段泥岩黏土矿物转化形成的大量低矿化度地层水沿断层上涌有关，上侏罗统低矿化度气藏伴生水则主要是大气水沿断层下渗淡化作用所致。因此，总体上川西侏罗系地层水表现出断层越流淡化地层水的特征，局部地区断层附近可见来自须二段、须四段的高矿化度地层水。据此可以确定断层沟通了深层须家河组与中浅层侏罗系，是油气垂向运移的通道。平面上，沿着运移方向，地层水由断层附近的高矿化度混合地层水向气藏主体部位的中低矿化度混合地层水或凝析水过渡，再向中高矿化度原始地层水过渡（图4-24）。因此，根据地层水矿化度及水化学变化特征，可以对天然气的运移方向和路径进行判识。

6）储层中自生矿物碳氧同位素及流体包裹体特征

川西地区中侏罗统砂岩的含气性与自生方解石的碳氧同位素值具有明显相关性，砂岩的含气性越好，自生方解石的碳氧同位素值越低（图4-22），表明其受来自下伏烃源岩的包含有机成因 CO_2 的高温酸性流体的影响越大。侏罗系天然气中 CO_2 的碳同位素值明显偏轻（ $\delta^{13}C_{CO_2} < -10‰$ ），也进一步证实了有机成因 CO_2 的存在。同时，侏罗系储层中存在大量低盐度、高均一化温度，以及高盐度、异常高均一化温度的含烃盐水包裹体［图4-23，图4-24（b）］，反映了深部须家河组高温流体的混入。此外，中侏罗统河道砂岩中是否存在具较轻碳氧同位素的自生方解石，或者存在低盐度、高均一化温度的含烃盐水包裹体，也是判断该河道是否与断层相接、能否高效成藏的一个重要依据。对于受须家河组高温酸性流体影响较小的上侏罗统，可以根据包裹体有机组分的差异判断油气的运移方向，CH_4/C_1^+ 增加的方向指示运移方向，如成都气田蓬莱镇组气藏，从 SF5 井至 SF9 井，随着运移距离的增加，CH_4/C_1^+ 由 0.59 增大至 0.69。

7）扩散作用

分子扩散是物质传递的一种重要方式，只要存在浓度梯度（浓度差），天然气就会自发地发生由高浓度区向低浓度区的质量传递，直至浓度达到平衡。本书在完成砂岩、泥岩样品扩散系数实测的基础上，对侏罗系不同地层天然气的扩散量进行了计算，以期对须家河组天然气通过扩散作用在侏罗系成藏的可能性进行探讨。

首先，应用中国石油勘探开发研究院廊坊分院研制的较高温压的扩散系数实验测定装置，采用游离烃浓度法测定了不同实验条件下30块致密砂岩和泥岩样品中甲烷扩散系数（表4-9）。然后，采用菲克定律对典型井不同层位的扩散强度和残留强度进行了计算。计算结果（表4-10）表明，随着层位由深至浅，扩散强度、残留强度均逐渐降低。J_1b中平均残留量占82.1%，J_2q中平均残留量占4.8%，J_2x中平均残留量占1.6%，J_2s中平均残留量占0.5%，J_3sn中平均残留量占0.13%，J_3p中平均残留量占0.06%。绝大部分的天然气经过扩散作用之后，残留于白田坝组内。由于白田坝组本身以泥岩为主，储层物性低，通过扩散在更浅部的上、下沙溪庙组，遂宁组残留的量平均不足2%，至蓬莱镇组残留量更低。因此，天然气通过扩散作用在侏罗系成藏的观点并不能够得到有效的支持。

综合以上分析可以看出，深层须家河组与中浅层侏罗系之间存在通过断层的流体跨层流动，断层是油气垂向运移的通道。同时，物性较好的孔隙型河道砂岩对天然气长距离侧向运移也提供了良好的输导条件。烃源断层、砂体间次级断裂、孔隙型河道砂岩及裂缝系统相互组合，形成了复杂的油气运移立体通道网络。通过立体网状的复合输导体系，来自须家河组的天然气能够沿着不同方向、以不同距离进行纵横向立体式运移，从而聚集、成藏。

表4-9　川西拗陷侏罗系致密砂岩和泥岩扩散系数实验室测定数据表

序号	井号	层位	岩性	扩散系数/(cm²/s)	序号	井号	层位	岩性	扩散系数/(cm²/s)
1	聚源21	J_2x	粉砂岩	4.45×10^{-5}	16	马深1井	T_3x^4	碳质页岩	1.86×10^{-5}
2	聚源21	J_2q	中砂岩	4.79×10^{-4}	17	马深1井	T_3x^4	细砂岩	3.25×10^{-4}
3	聚源21	J_3sn	粉砂岩	9.26×10^{-5}	18	马深1井	T_3x^3	黑色页岩	1.24×10^{-5}
4	聚源21	J_2s	细砂岩	3.49×10^{-4}	19	马深1井	T_3x^2	粉砂岩	2.64×10^{-4}
5	聚源21	J_2x	细砂岩	1.88×10^{-4}	20	什邡13	J_2s	粉砂质泥岩	1.28×10^{-5}
6	聚源21	J_2q	粉砂岩	2.00×10^{-5}	21	什邡13	J_3sn	粉砂质泥岩	1.70×10^{-5}
7	温江2	J_3p	粉细砂岩	9.46×10^{-5}	22	什邡2	J_3p^3	粉砂岩	2.45×10^{-4}
8	温江2	J_3p	泥质粉砂岩	3.26×10^{-5}	23	什邡2	J_3p^3	泥岩	1.24×10^{-4}
9	温江2	J_3p	细砂岩	2.08×10^{-4}	24	洛深1	T_3x^4	砂岩	2.14×10^{-4}
10	温江2	J_3sn	细砂岩	2.19×10^{-4}	25	回龙2	—	泥岩	1.12×10^{-4}
11	温江2	J_3sn	粉砂质泥岩	4.98×10^{-5}	26	回龙2	—	泥质粉砂岩	1.27×10^{-4}
12	温江2	J_2s	细砂岩	3.94×10^{-4}	27	新繁1	J_2s	粉砂质泥岩	9.37×10^{-6}
13	温江2	J_2s	粉砂岩	2.16×10^{-4}	28	新繁1		中砂岩	4.07×10^{-4}
14	温江2	J_2s	粉砂岩	3.79×10^{-5}	29	新繁1	J_2s	泥岩	1.81×10^{-4}
15	温江3	J_2q	砾岩	2.43×10^{-4}	30	新繁1	J_2s	粉砂质泥岩	2.45×10^{-5}

表4-10　川西拗陷侏罗系典型井扩散强度和残留强度表

井号	层位	J_1b	J_2q	J_2x	J_2s	J_3sn	J_3p
温江2	扩散强度/(m³/km²)	8.21×10^{-8}	3.09×10^{-8}	6.28×10^{-7}	1.49×10^{-7}	6.21×10^{-6}	2.00×10^{-6}
	残留强度/(m³/km²)	4.74×10^{-9}	5.12×10^{-8}	2.46×10^{-8}	4.80×10^{-7}	8.64×10^{-6}	4.21×10^{-6}

续表

井号	层位	J₁b	J₂q	J₂x	J₂s	J₃sn	J₃p
洛深1	扩散强度/(m³/km²)	5.41×10⁻⁸	1.40×10⁻⁸	5.93×10⁻⁷	1.68×10⁻⁷	6.64×10⁻⁶	2.77×10⁻⁶
	残留强度/(m³/km²)	5.02×10⁻⁹	4.02×10⁻⁸	8.05×10⁻⁷	4.25×10⁻⁷	1.01×10⁻⁷	3.87×10⁻⁶
马深1	扩散强度/(m³/km²)	3.07×10⁻⁸	9.54×10⁻⁷	4.17×10⁻⁷	1.37×10⁻⁷	6.51×10⁻⁶	2.74×10⁻⁶
	残留强度/(m³/km²)	5.25×10⁻⁹	2.11×10⁻⁸	5.36×10⁻⁷	2.80×10⁻⁷	7.19×10⁻⁶	3.77×10⁻⁶
新场28	扩散强度/(m³/km²)	2.17×10⁻⁸	8.44×10⁻⁷	3.16×10⁻⁷	1.09×10⁻⁷	4.91×10⁻⁶	1.20×10⁻⁶
	残留强度/(m³/km²)	5.34×10⁻⁹	1.32×10⁻⁸	5.28×10⁻⁷	2.08×10⁻⁷	5.96×10⁻⁶	3.72×10⁻⁶
川江566	扩散强度/(m³/km²)	3.69×10⁻⁸	1.05×10⁻⁸	5.51×10⁻⁷	1.97×10⁻⁷	7.26×10⁻⁶	1.72×10⁻⁶
	残留强度/(m³/km²)	5.19×10⁻⁹	2.65×10⁻⁸	4.94×10⁻⁷	3.54×10⁻⁷	1.25×10⁻⁷	5.54×10⁻⁶
绵阳1	扩散强度/(m³/km²)	1.39×10⁻⁸	5.56×10⁻⁷	2.36×10⁻⁷	7.24×10⁻⁶	3.09×10⁻⁶	8.70×10⁻⁵
	残留强度/(m³/km²)	5.42×10⁻⁹	8.32×10⁻⁹	3.20×10⁻⁷	1.64×10⁻⁷	4.15×10⁻⁶	2.22×10⁻⁶
潼深1	扩散强度/(m³/km²)	7.59×10⁻⁸	2.51×10⁻⁸	4.24×10⁻⁷	1.25×10⁻⁷	5.62×10⁻⁶	1.50×10⁻⁶
	残留强度/(m³/km²)	4.80×10⁻⁹	5.07×10⁻⁹	2.09×10⁻⁸	2.99×10⁻⁷	6.92×10⁻⁶	4.12×10⁻⁶
崇州1	扩散强度/(m³/km²)	5.66×10⁻⁸	2.04×10⁻⁸	5.92×10⁻⁷	1.63×10⁻⁷	7.12×10⁻⁶	2.29×10⁻⁶
	残留强度/(m³/km²)	4.99×10⁻⁹	3.62×10⁻⁸	1.45×10⁻⁷	4.29×10⁻⁷	9.23×10⁻⁶	4.83×10⁻⁶
郫县2	扩散强度/(m³/km²)	4.06×10⁻⁸	1.15×10⁻⁸	3.68×10⁻⁷	1.42×10⁻⁷	6.86×10⁻⁶	2.28×10⁻⁶
	残留强度/(m³/km²)	5.15×10⁻⁹	2.91×10⁻⁸	7.85×10⁻⁷	2.26×10⁻⁷	7.35×10⁻⁶	4.58×10⁻⁶

（五）天然气成藏动态演化模式

本书根据侏罗系天然气来源、成藏期次、成藏动力及运移机制的研究，建立了远源成藏体系天然气成藏动态演化过程（图4-25，图4-26）。

（1）燕山中期，须家河组五段烃源岩已进入生烃门限，但未达到生排烃高峰期，烃源岩生成的油气沿燕山期形成的烃源断层垂向运移到侏罗系。此时侏罗系储层尚未致密化，油气沿烃源断层向上运移至侏罗系后，继续沿孔隙型砂体向构造高部位作侧向运移，在构造高部位聚集。此时须五段烃源岩刚进入排烃门限，生烃量不足，导致储层含水明显，天然气主要富集在构造高部位。

（2）燕山晚期—喜马拉雅早期，须五段烃源岩已进入生排烃高峰期，构造-岩性圈闭形成，侏罗系储层大部分尚未致密化。油气在源储压力差作用下沿烃源断层向侏罗系储层中充注，导致该时期气藏含气面积增大，含气丰度提高，该时期为侏罗系气藏的成藏关键时期。此时，作为油气运移的主要通道，断层需要与砂体间具有良好的配置关系，才能构成有效圈闭：① 储集砂体以其低部位与断层相接；② 储集砂体在其上倾方向能够形成构造或岩性封闭。

（3）喜马拉雅中、晚期，早期形成的气藏发生调整、改造，并最终定型。此时研究区侏罗系储层已部分致密化，导致前期形成的气藏开始"贫化"，致密储层含气性变差，气藏面积变小，天然气主要聚集在局部构造高部位和相对优质储层中。此外，构造最终定型及构造作用形成裂缝，导致早期形成的天然气藏发生转移、调整和再分配。

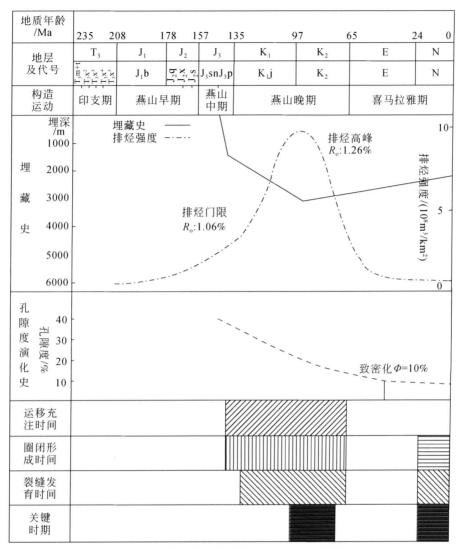

图4-25　川西拗陷蓬莱镇组气藏成藏事件图

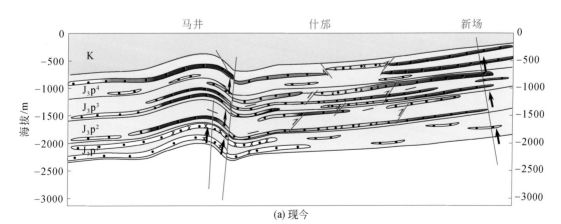

(a)现今

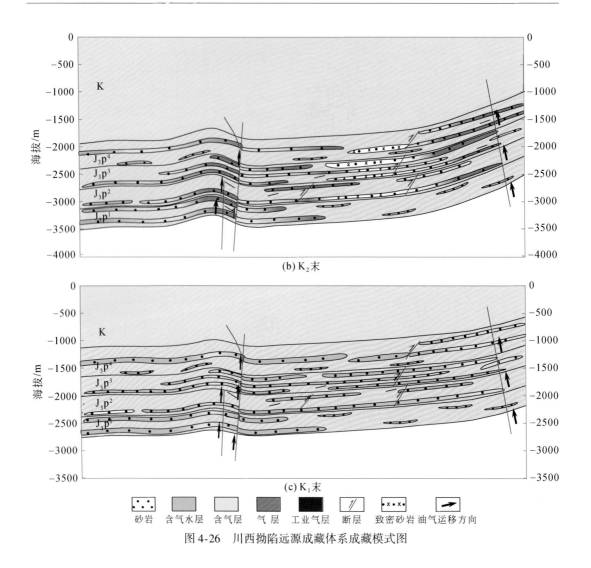

图 4-26　川西拗陷远源成藏体系成藏模式图

二、近源成藏体系

(一) 天然气来源

前已述及，须二段天然气的轻烃对比和甲烷碳同位素分析均反映天然气主要来自下伏的马鞍塘组—小塘子组；须四段天然气主要来自须三段，同时在须四中、上亚段有部分须四段内部烃源岩的贡献。

根据川西拗陷陆相烃源岩排烃门限和排烃高峰的研究，马鞍塘组—小塘子组烃源岩的排烃门限对应的 R_o 值为 0.99%，对应的深度约为 2700m；排烃高峰对应的 R_o 值为 1.48%，埋深约为 3850m。结合埋藏史分析，川西马鞍塘组—小塘子组烃源岩在晚三叠世末期进入排烃门限，晚侏罗世早期开始进入排烃高峰期。须三段烃源岩排烃门限对应的 R_o 值为

0.95%，对应的深度约为2600m；排烃高峰对应 R_o 值为1.56%，深度约为4050m。须三段烃源岩在中侏罗世晚期至晚侏罗世晚期进入排烃门限，早白垩世早期至晚期进入排烃高峰期（表4-11）。不同地区进入排烃门限和排烃高峰期的时间略有差异。大邑和鸭子河地区的马鞍塘组—小塘子组源岩排烃门限时间最早（T_3 中、晚期），新场构造带次之（T_3 末期），成都凹陷进入排烃门限时间较晚（T_3 末期）。须三段进入排烃门限的时间顺序与马鞍塘组—小塘子组具有相似的规律，即大邑、鸭子河地区和马井地区的须三段进入排烃门限时间相对较早（J_2 早期至 J_3 早期），新场构造带次之（J_2 中期至 J_3 中期），成都凹陷进入排烃门限时间较晚（J_2 中期至 J_3 末期）。总体表现为山前带进入生排烃高峰时间较早，其次为新场构造带，凹陷区较晚。

表4-11 川西拗陷中段马鞍塘组—小塘子组至须四段主要生排烃期

地层	构造单元	主要生排烃期
T_3x^4	龙门山前带	J_2 晚期至 J_3 末
	新场构造带	J_2 末至 K_1
	中江斜坡带	J_3 晚期至 K_1
T_3x^3	龙门山前带	J_2 中期至 J_3 末
	新场构造带	J_2 末至 K_1
	成都、梓潼凹陷带	J_2 中期至 J_3 末
	中江斜坡带	J_3-K_1
T_3x^2	龙门山前带	J_2-J_3
	新场构造带	J_2-J_3
	成都、梓潼凹陷带	J_2-J_3
	中江斜坡带	J_3 末至 K_1
T_3m+t	龙门山前带	T_3 末，J_2-J_3
	新场构造带	T_3 末，J_2-J_3
	成都、梓潼凹陷带	T_3 末，J_2-J_3
	中江斜坡带	T_3 末，J_3 末至 K_1

川中须家河组烃源岩在晚侏罗世（165Ma）进入生烃门限，R_o 为0.5%~0.7%；早白垩世—晚白垩世早期，R_o 为0.7%~1.3%，烃源岩进入中低成熟度阶段；晚白垩世以来，川中地区整体抬升，须家河组烃源岩逐渐停止生烃。

川东北通南巴地区须家河组源岩在中侏罗世中期（170Ma左右）R_o 达到0.5%，开始生气；中侏罗世晚期（160Ma左右）R_o 达到0.7%，开始大量生气；晚侏罗世（140Ma左右）R_o 达到1.0%，进入生气高峰；早白垩世末期达到最大埋深，R_o 达到1.8%~2.0%，源岩进入高-过成熟阶段。晚白垩世（约110Ma），川东北地区整体大幅度抬升，须家河组烃源岩逐渐停止生烃。

川南地区须家河组烃源岩整体表现为晚侏罗世末期进入生油窗，R_o 为0.6%~0.7%；早白垩世末期进入生油中期，R_o 为0.8%~0.9%；晚白垩世末期进入高成熟阶段，R_o 为

1% ~1.1%。总体上，川南地区生排烃时间略晚于川西和川东北地区。

采用相同的方法编制了四川盆地马鞍塘组—小塘子组及须三段白垩纪末的生烃强度图（图4-27，图4-28）。马鞍塘组—小塘子组烃源岩生烃中心主要位于川西拗陷，生烃强度为 $20×10^8 ~280×10^8 m^3/km^2$；须三段烃源岩（暗色泥页岩+煤层）生烃中心也主要位于川西拗陷，生烃强度为 $10×10^8 ~150×10^8 m^3/km^2$，川东北地区须三段烃源岩厚度较大，有机质丰度及成熟度较高，生气强度可达 $5×10^8 ~10×10^8 m^3/km^2$。

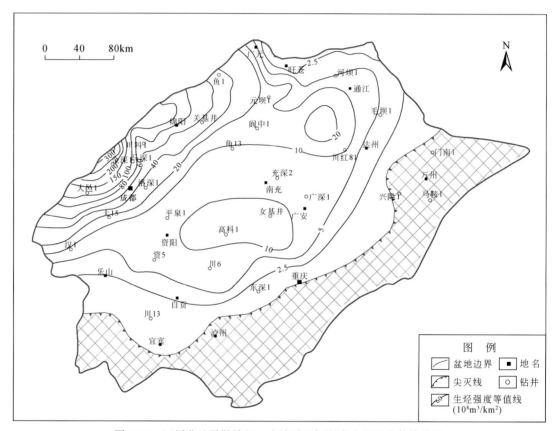

图4-27　四川盆地马鞍塘组—小塘子组烃源岩生烃强度等值线图

（二）成藏时间及期次

1. 川西须家河组

川西拗陷须二段存在液态和气态两类烃类包裹体。其中，液态烃包裹体的均一化温度普遍相对较低，一般分布在 90 ~110℃，极个别大于130℃（图4-29）。气态烃包裹体的均一化温度普遍相对较高，均一化温度主峰区间在 130 ~150℃（图4-30）。表明川西须二段油气具有两期成藏：早期为古油藏发育阶段，以液态烃为主，并含少量的气态烃，成藏期大致在早侏罗世的早、中期；晚期为气藏发育阶段，以干气为主，成藏期大致在晚侏罗世早期至晚白垩世。须二段砂岩中自生伊利石 K-Ar 测年数据显示年龄分布较为集中，为 110 ~140Ma，对应晚侏罗世—早白垩世（杨克明等，2012），与包裹体测温的结果基本一致。

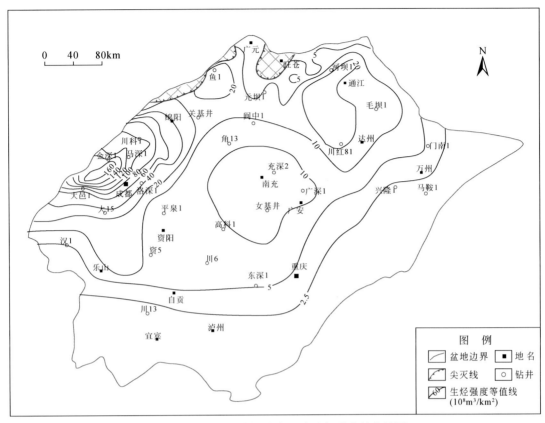

图 4-28　四川盆地须三段烃源岩生烃强度等值线图

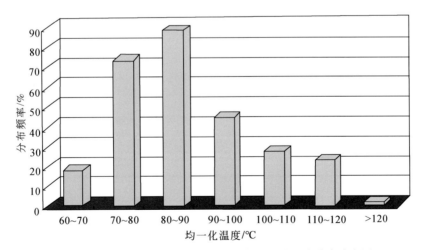

图 4-29　川西拗陷须二段液态烃包裹体均一化温度分布直方图

川西拗陷须四段同样存在液态和气态两类烃类包裹体。液态烃包裹体的均一化温度普遍相对较低,均一化温度在 80~90℃ 的样本点的频率在 60% 左右,成藏时间大致在中侏罗世晚期至晚侏罗世早期。须四上、下亚段气态烃包裹体的均一化温度差异较大,其中须

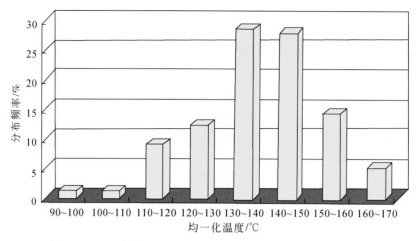

图4-30　川西坳陷须二段气态烃包裹体均一化温度分布直方图

四上亚段均一化温度在90～120℃，须四下亚段均一化温度在110～150℃，明显高于须四上亚段（图4-31），反映它们的来源不同，烃源岩的演化程度不同，但对应的主成藏时间基本相同，均为早白垩世。须四段砂岩中自生伊利石K-Ar测年数据显示年龄分布范围较窄，为110～140Ma，对应晚侏罗世—早白垩世（杨克明等，2012），与包裹体测温的结果基本一致。总体上，川西须四段成藏时间略晚于须二段，说明烃源岩生排烃时间的差异是控制成藏早晚的主要因素。

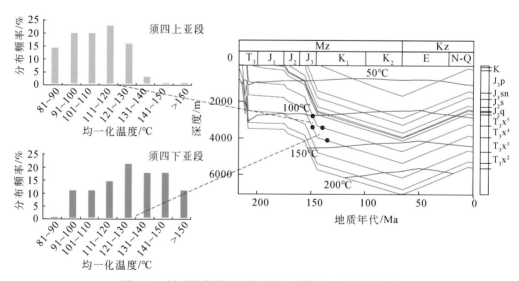

图4-31　川西坳陷须四段气态烃包裹体均一化温度分布

　　川西南部平落坝、白马庙气田须二段自生伊利石年龄为78～83Ma，相当于晚白垩世，成藏时间晚于川西坳陷中段（张有瑜等，2015）。

2. 川中须家河组

川中须二段自生伊利石年龄为110～140Ma，相当于晚侏罗世—早白垩世（张有瑜等，

2015），基本与川西地区相同。

川中须四段自生伊利石年龄为120～140Ma，相当于晚侏罗世—早白垩世，略早于川西地区，反映晚侏罗世时须四段最大埋深可能在川中地区，之后白垩纪至今的差异构造抬升作用导致现今川中地区须家河组埋深较浅（张有瑜等，2015）。

王鹏等（2016）根据包裹体均一化温度、自生伊利石测年及自生矿物电子自旋共振（ESR）测年分析，指出川中须家河组包裹体均一化温度主要分布在120～140℃，伊利石形成年龄主要在120～70Ma，对应早白垩世中期至晚白垩世中期。徐昉昊等（2012）通过包裹体均一化温度、自生矿物K-Ar法测年及裂缝充填物ESR法测年，确定了川中地区须家河组天然气主成藏期在晚侏罗世。陶士振等（2009）根据流体包裹体特征分析，指出晚侏罗世—晚白垩世是川中须家河组大量生烃阶段，形成大面积连片分布的低丰度气藏，白垩纪末至古近纪末构造抬升产生断裂和裂缝，烃源岩中的气进一步释放，同时早期形成气藏发生调整、改造。

3. 川东北、川南须家河组

川东北元坝、通南巴地区须家河组油气大量充注主要发生在晚侏罗世—早白垩世末期（李军等，2016）。

杨玉祥等（2010）通过对流体包裹体特征与均一化温度分析，确定川南泸州地区须家河组天然气具有三期成藏，其中主成藏期发生在白垩纪晚期至末期，与须家河组烃源岩生排烃高峰时间一致。同时，川南地区断裂发育，下伏海相油气可能沿着喜马拉雅期形成的断裂进入上三叠统成藏，导致出现异常高温包裹体。

综上分析，四川盆地须家河组主成藏期为晚侏罗世—早白垩世，同时不同地区、不同层段主成藏时间又存在差异，总体表现出须四段成藏时间较须二段略晚，川西南部平落坝、白马庙地区，以及川东北、川南地区成藏时间较川西坳陷中段和川中地区略晚。这种由深至浅、由构造形变较弱地区到较强地区成藏时间逐渐变晚的趋势说明烃源岩生排烃时间的差异，以及晚期断层发育造成的晚期油气充注及早期油气的调整是控制成藏时间早晚的主要因素。

（三）成藏动力

四川盆地上三叠统须家河组主要发育致密–超致密砂岩储层。其中，川西坳陷须二段、须四段储层致密化时间分别为中侏罗世末期和晚侏罗世末期到早白垩世初期（表3-7），而烃源岩生烃高峰期分别为晚侏罗世早期和早白垩世早期至晚期（表4-10），表明川西须家河组气藏以先成型为主。川东北元坝、通南巴地区须家河组储层在油气主充注期已经致密，以先成型为主。对于后成型气藏，早期为常规气藏阶段，处于自由流体动力场，源岩发生大量排烃作用，油气初次运移动力以生烃增压为主，二次运移动力以浮力和水动力为主，在浮力作用下主要在构造高部位形成常规油气藏。之后随着埋深增大，储层在成岩作用和（或）构造挤压作用下变得致密，处于局限流体动力场。一方面早期形成的常规油气藏受晚期构造运动改造，在异常压力作用下形成构造与非构造、常规与致密油气藏；另一方面在生烃增压和毛细管压力差驱动下在邻近烃源岩的致密砂岩储层中形成致密深盆气藏。对于先成型气藏，烃源岩生烃增压和砂岩–泥岩之间的毛细管压力差是油气运聚的主要动力，由于天然气进入储层后很难形成一定高度的连续气柱，浮力难以发生作用。

根据四川盆地须家河组砂岩物性统计结果（表3-2），须四段在川西、川中地区物性较好，平均孔隙度大于5%，部分地区现今仍处于自由流体动力场范围；须二段在川中和川东北地区物性较好，自由流体动力场分布范围较广，川西地区须二段储层整体致密，大部分地区现今处于局限流体动力场，自由流体动力场仅在川西局部地区分布。

油气成藏经历了不同过程、不同动力的叠加。局部地区物性较好，以自由流体动力场为主，浮力对成藏后气水分布起主导作用，具有正常的上气下水的气水分布关系。其他大部分地区处于局限流体动力场，浮力作用受到限制，呈现高位与低位油气共存、先成型深盆气藏与后成型复合气藏共存的特征。

（四）运移机制

1. 川西须二段气藏

根据川西新场气田须二段天然气 C_1/C_2 值与 iC_4/nC_4 值关系，可以将天然气样品分成两组（图4-32）。其中，一类天然气具有低 iC_4/nC_4 值、高 C_1/C_2 值，表现出马鞍塘组—小塘子组高成熟度、海陆过渡天然气的特征；另一类天然气则具有高 iC_4/nC_4、低 C_1/C_2 值，表现出典型的较低成熟度、陆相成因气的特征。前者主要产自邻近深大断裂的钻井及须二下亚段气藏，后者则主要来自远离深大断裂且产层位于须二中、上亚段的钻井。

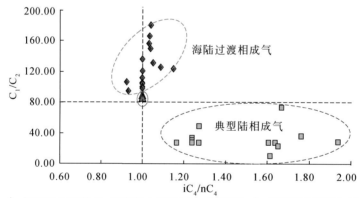

◆ 邻近深大断裂　■ 远离深大断裂(中、上亚段)　▲ 远离深大断裂(下亚段)

图4-32　新场气田须二段天然气 C_1/C_2 值与 iC_4/nC_4 值关系图

通过气藏伴生水化学特征及单井产出动态分析，新场须二段可见3种类型气藏伴生水（图4-33）：①较低矿化度（<60g/L）、低 SO_4^{2-} 含量（<100mg/L）地层水，对应低产气量和低水气比；②高矿化度、低 SO_4^{2-} 含量地层水，对应中高产气量和中高水气比；③高矿化度、高 SO_4^{2-} 含量地层水，对应中低产气量和中高水气比。其中，类型一地层水表现出凝析水特征，类型二地层水表现出须二段及马鞍塘组—小塘子组地层水特征，类型三地层水则表现出海相地层水特征。此外，须二段地层水硼（B）含量异常高，Sr/Ba>1，表现出海相或海相影响的浓缩地层水特征。须二段地层水常规及微量元素组成特征均反映存在断至马鞍塘组—小塘子组或雷口坡组的断层。

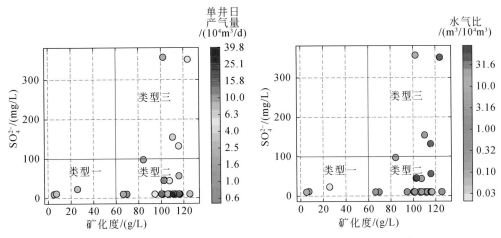

图 4-33　新场气田须二段单井日产气量、水气比与地层水矿化度、SO_4^{2-} 关系图

因此，根据气源特征及天然气、地层水化学特征的对比研究，结合单井产出动态分析，可以将川西须二段气藏划分为断层输导型及源储相邻型两种类型。主要的运移路径包括断层、砂体和微裂缝，天然气主要通过断层输导及生烃增压扩散运聚两种方式运移。天然气以水溶相运移为主。

2. 川西须四段气藏

川西须四中、上亚段气藏在天然气、地层水化学特征及单井生产动态等方面与须四下亚段气藏存在明显差异。其中，须四中、上亚段天然气主要来自须四中亚段，天然气中 CH_4 及 C_1/C_2 值较低，地层水矿化度较低（<60g/L），高产气井少且产水特征明显；须四下亚段天然气主要来自须三段，天然气中 CH_4 及 C_1/C_2 值较高，地层水矿化度高（>60g/L），产水特征不明显。总体上，川西须四段天然气主要通过层间断裂和孔隙型砂体以水溶相方式进行垂向和短距离侧向运移，天然气表现出近源成藏的特点。尽管川西须四段天然气均主要以水溶相运移，但须三段烃源岩生烃强度远高于须四中亚段，导致须四下亚段气源充足，充注程度高，气水分异明显，含气性普遍较好。

利用川西新 22-1H 井（须五段）地层水开展了天然气在地层水中溶解度的实验分析，结果反映不同温、压条件下，天然气在实际地层水状态下的溶解度具有明显差异（图 4-34）。根据溶解度测试结果，结合构造抬升幅度及温度、压力变化特征，计算川西须四段在超压条件下脱溶量只有 0.4 ~ 1 mL/mL，表明其脱溶能力相对较弱，气水分异程度较低。

3. 川东北须家河组气藏

川东北马路背-通江地区须二段、须四段天然气常规组分及碳同位素特征（表 4-1，表 4-2）显示该区天然气存在海相气的混入。通南巴构造带地处米仓山-大巴山前陆冲断带前缘，受中晚喜马拉雅期南大巴山向前陆挤压的影响，该构造带在先期 NE 向构造的基础上，发育了一组与下部断裂系统连接的 NW 向逆冲和反冲断裂，这些断裂沟通了志留系与二叠系和中生界地层，导致下志留统龙马溪组或下二叠统天然气上窜，混入上三叠统须家河组及以上地层陆相气藏中。因此，形成于燕山中期—喜马拉雅期以来的贯穿二叠系—

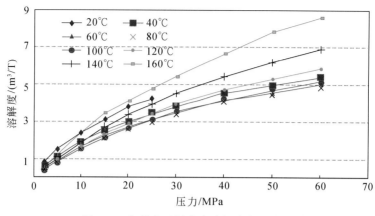

图 4-34　气体在地层水中溶解度方程曲线

三叠系的逆冲断裂，以及须家河组内部发育的砂岩、砂砾岩储集体和裂缝共同构成了该区油气的运移通道。

4. 川中须家河组气藏

川中地区须家河组天然气具较低 C_1/C_2 值，以湿气为主（表 4-1）。甲烷碳同位素较轻，乙烷碳同位素较重（表 4-2），与海相天然气明显不同。同时，须家河组天然气 C_1/C_2 值与甲烷碳同位素间具有较好的正相关关系，反映主要受烃源岩热演化程度的影响，天然气主要为本地供源（陶士振等，2009；唐跃等，2011）。川中地区构造平缓，大断裂不发育，以通过裂缝垂向运移及通过砂体侧向运移为主（陶士振等，2009）。

李伟等（2011）根据天然气组分及碳同位素变化特征，指出川中地区须家河组气藏为水溶气脱溶成藏。尽管川中地区须家河组地层倾角仅 1°～2°，构造作用对气水分异作用并不明显，但是喜马拉雅运动以来该区发生了区域性的强烈隆升与地层剥蚀减压，地层压力降低 20～40MPa（李伟等，2012），为水溶气脱溶成藏创造了条件，脱溶作用明显强于川西地区。该区主要存在地层抬升减压降温脱溶成藏与水溶气顺层侧向运移减压脱溶成藏两种成藏模式（李伟等，2012）。

（五）天然气成藏动态演化模式

根据须二段、须四段天然气来源、成藏期次、成藏动力及运移机制等方面的研究，建立了近源成藏体系天然气成藏动态演化过程。

1. 须二段气藏

川西须二段气藏气源主要来自马鞍塘组—小塘子组和须二段自身发育的泥质烃源岩。根据烃源岩排烃门限和排烃高峰的研究，马鞍塘组—小塘子组和须二段泥质烃源岩在晚三叠世末即进入早期生烃高峰，在中侏罗世—晚侏罗世进入第二个生烃高峰，早于须二段储层致密化时间（表 4-10，图 4-35）。结合构造演化、生排烃史和储层致密化时间，认为新场须二段成藏主要经历了 3 个阶段（图 4-36）。

印支晚期—燕山早期：马鞍塘组—小塘子组烃源岩进入早期生油期，以生油为主，且该时期储层尚未致密化，油气以生烃增压和浮力为主要成藏动力，通过广覆式的面状供烃方式围绕构造形成大面积低丰度油藏，在构造位置较高地区形成相对高丰度常规油气藏。

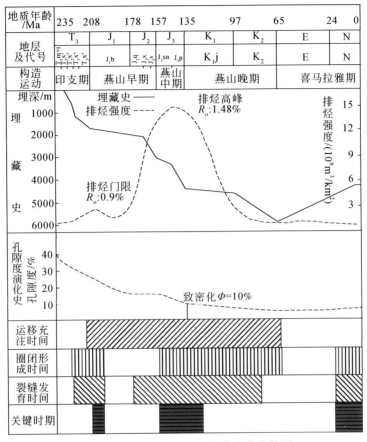

图 4-35 川西拗陷须二段气藏成藏事件图

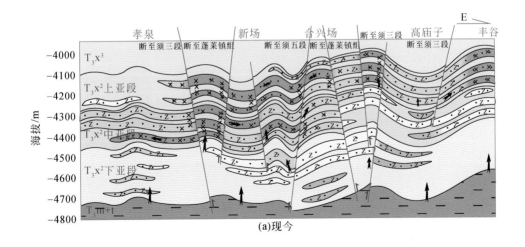

(a)现今

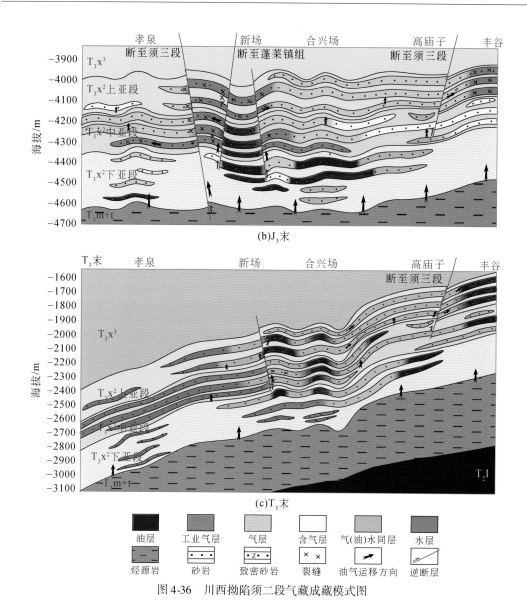

图 4-36　川西拗陷须二段气藏成藏模式图

　　燕山中晚期：受燕山运动的影响，发生构造抬升，且在部分地区形成了断至马鞍塘组—小塘子组烃源层的烃源断层及须二段层间断层。此时烃源岩已进入了第二个生烃高峰，以生气为主。储层开始致密，油气在生烃增压作用下，沿着断裂和孔隙型砂岩储层进行垂向和侧向运移并聚集成藏。

　　喜马拉雅期：此时储层已经致密，整体处于局限流体动力场，早期形成的常规油气藏转变成致密油气藏，浮力作用受限。同时，在生烃增压和毛细管压力差驱动下在邻近烃源岩的致密砂岩储层中形成致密深盆气藏。受喜马拉雅运动影响，四川盆地整体隆升，构造幅度进一步增大，地层遭受剥蚀，并产生大量的断裂和裂缝系统，一方面提高了致密砂岩的渗透性，另一方面导致系统内压力的急剧降低。早期形成的油气藏发生调整和改造，油气主要在构造高部位及断裂带附近等低势区富集。同时，在断裂不发育地区，储层致密造成油气非浮力运聚成藏，可能形成大面积连续分布、低丰度的岩性气藏。这一时期油气的运移通道主要为构造运动产生的断裂和裂缝。总体呈现高位与低位油气共存、先成型深盆气藏与后成型复合气藏共存的特征。

2. 须四段气藏

须四段气藏成藏事件与成藏动态演化过程如图 4-37 ~ 图 4-39 所示。研究表明，川西须四段气藏存在两个气藏子系统：①川西须四上、中亚段成藏子系统；②川西须四下亚段成藏子系统。其中，须四上、中亚段成藏子系统是以须四中亚段为烃源岩，以须四上亚段致密砂岩为储层，以须五段泥岩为盖层的近源成藏系统；须四下亚段成藏子系统是以须三段为主要烃源岩，以须四下亚段致密砂砾岩为主要储层，以须四中亚段泥岩为盖层的成藏系统。

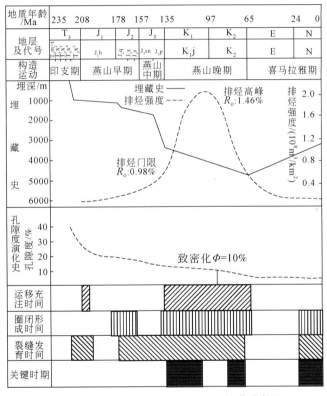

图 4-37　川西拗陷须四上、中亚段成藏事件图

1）川西须四上、中亚段

印支晚期—燕山早期：该时期须四中亚段烃源岩未达到生烃高峰，且储层未致密化，烃源岩所生成的少量烃类垂向充注于大面积分布的砂体，油气主要沿孔隙型砂体及断裂向构造高部位运移。但此时烃源岩生烃能力差，供烃不足，导致须四上亚段储层含气丰度较低。

燕山中晚期：此时须四中亚段烃源岩已进入生烃高峰期，且储层大部分还未致密化，烃源岩所生成的烃类垂向充注于大面积分布的砂体，油气以水溶气方式沿着孔隙型砂体及

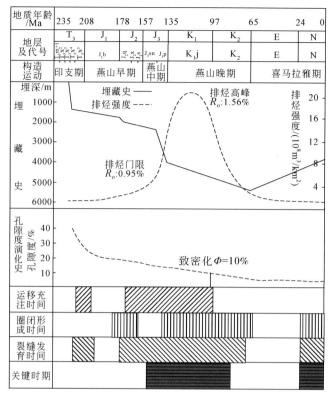

图 4-38　川西拗陷须四下亚段成藏事件图

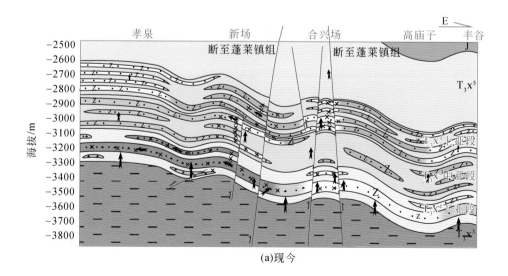

(a)现今

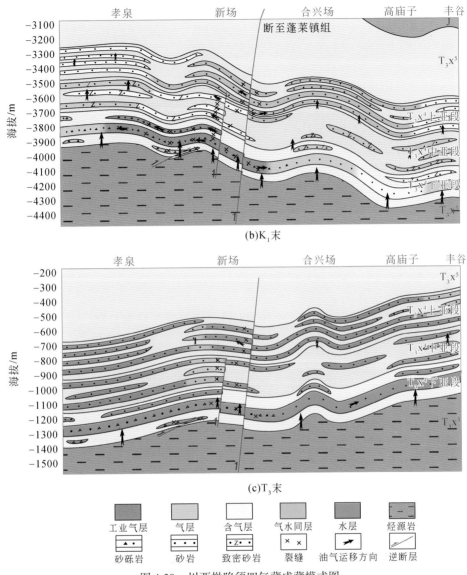

图 4-39　川西坳陷须四气藏成藏模式图

断裂向构造高部位运移，气水分异差，表现为含气饱和度较低的"泛含气砂体"模式，气藏主要分布在构造相对高部位的有利储层中。

喜马拉雅期：四川盆地整体隆升，构造幅度进一步增强，形成了大量的断层及裂缝，早期形成的水溶气藏受到晚期抬升脱溶作用的影响。喜马拉雅构造事件对川西地区的影响小于川北和川中地区，川西地区隆升幅度与地层剥蚀减压及水溶气脱溶程度较弱，导致川西地区须四上、中亚段气藏普遍以气水同层形式存在（图 4-39）。此时储层已经致密化，因此该时期形成的断层及裂缝对天然气运移意义重大。一方面，天然气沿着断裂和裂缝运移至构造高部位，早期油气聚集发生调整和改造；另一方面，该时期形成的断裂对早期的油气聚集具有一定的破坏作用。例如，川西合兴场地区发育多条断至侏罗系的断层，导致早期形成的气藏遭受破坏，天然气沿着这些断层运移至侏罗系储层中成藏，须四上亚段圈闭含气性明显变差。

2）川西须四下亚段

印支晚期—燕山早期：须三段烃源岩进入生烃门限，但尚未达到生排烃高峰期，储层物性较好，处于自由流体动力场。须三段烃源岩所生成的烃类向上运移至须四下亚段储层，并向构造较高部位侧向运移聚集，气藏规模较小，且多为气水同层。

燕山中晚期：须三段烃源岩已进入生排烃高峰期，此时储层尚未完全致密化，部分地区仍可见物性较好储层。油气在生烃增压作用下向上垂向运移进入须四下亚段储层并在构造高部位聚集成藏，如油气进入与烃源岩相邻的致密储层则可形成深盆气藏。因成藏持续时间长，烃源充足，气水分异明显，含气丰度普遍较高。由于储层具较强的横向非均质性，致密砂、砾岩带可形成良好的侧向封堵。虽然气藏气水分布总体受成藏期古构造控制，但可能存在多个透镜状、分隔独立的水化学体系。

喜马拉雅期：盆地进一步隆升，形成了大量的断裂。此时储层完全致密，早期油气聚集沿断裂向低势区运移，发生调整和改造。

3）川中须四段

川中须四段天然气主要来自须三段和须五段，有机碳含量为 1.8% ~ 3.0%，有机质类型以Ⅲ型为主，实测 R_o 值为 1.02% ~ 1.59%，已达到高成熟演化阶段。

储层属于三角洲平原分流河道、三角洲前缘水下分流河道和河口坝沉积（图 2-29），储层孔隙度平均 6.32%，平均渗透率 0.62mD（表 3-2），以孔隙型和裂缝–孔隙型储层为主，整体物性条件好于川西地区。

油气成藏动态演化过程及配置关系如图 4-40 和图 4-41 所示。

晚侏罗世末期：烃源岩开始生烃，储层物性较好，处于自由流体动力场，油气在浮力作用下进入印支晚期—燕山期古隆起形成常规油气藏。

白垩纪—古近纪（燕山晚期—喜马拉雅早期）：为主要的油气成藏期，储层开始致密化，但仍存在较多物性较好储层，天然气以水溶相方式沿砂体侧向运移，气藏气水赋存状态总体受成藏期古构造控制。

新近纪以来（喜马拉雅期）：存在区域性的强烈隆升与地层剥蚀减压，总剥蚀量在1500 ~ 2500m（赵文智等，2010），为水溶气脱溶成藏创造了条件，脱溶作用明显强于川西地区。同时，由于川中须四段砂体具相对较好的连通性，气水分布主要受浮力作用控制，存在相对统一的气水界面，气藏分布范围较广，多发育在构造高部位。

三、源内成藏体系

"十一五"及"十二五"期间，四川盆地致密砂岩源内成藏体系在川西新场须五段、川西大邑须三段、川北剑阁及元坝须三段、川中安岳须五段等均取得了重要发现。

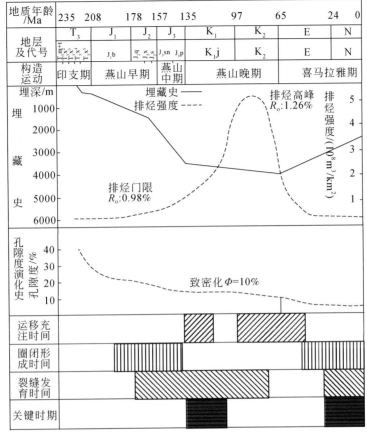

图 4-40 川中广安地区须四段成藏事件图

采用广安 13 井埋藏曲线（赵文智等，2010）

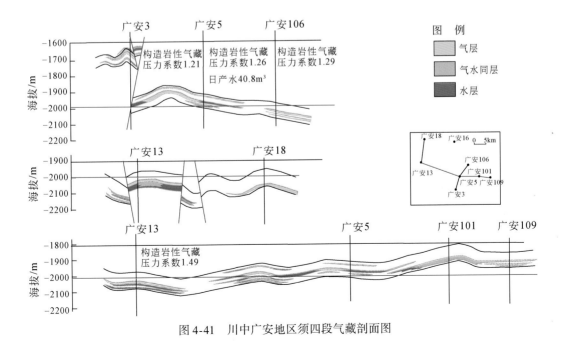

图 4-41 川中广安地区须四段气藏剖面图

（一）天然气来源

源内气藏以须三段和须五段暗色泥岩为主要烃源岩。由于在源岩内成藏，具有近源、成藏早的特点，天然气成熟度与源岩近似。例如，川西新场地区须五段天然气具有较低甲烷含量、较低 C_1/C_2 值及较低 $\delta^{13}C_1$ 值（表4-1，表4-2）；川东北元坝地区须三段烃源岩成熟度明显高于阆中地区（图4-42），与元坝地区须三段天然气甲烷含量、C_1/C_2 值及 $\delta^{13}C_1$ 值（表4-1，表4-2中元坝2、元坝6井）均高于阆中地区（表4-1，表4-2中星1井）是一致的。

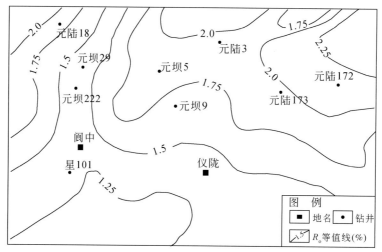

图4-42　川东北须三段烃源岩白垩纪末 R_o 等值线图

其中，须三段烃源岩生烃中心主要位于川西拗陷，生烃强度为 $10\times10^8 \sim 150\times10^8\,m^3/km^2$，川东北地区须三段烃源岩厚度较大，有机质丰度及成熟度较高，生气强度可达 $5\times10^8 \sim 10\times10^8\,m^3/km^2$（图4-28）；须五段烃源岩生烃中心主要位于川西拗陷和川东北地区，川西地区累计生气强度普遍达到 $20\times10^8\,m^3/km^2$（图4-16）。

（二）成藏时间及期次

通过对川西须五段致密砂岩内赋存的含气态烃盐水包裹体的均一化温度进行统计，发现包裹体的均一化温度变化很大，在 $70 \sim 150℃$ 均有分布，主峰在 $100 \sim 130℃$（图4-43），对应晚侏罗世—早白垩世，略早于须五段烃源岩排烃高峰期（早白垩世中、晚期）。

川东北元坝、通南巴地区须家河组油气大量充注主要发生在晚侏罗世—早白垩世末期，基本与烃源岩大量生排烃时间一致（李军等，2016）。总体上，源内气藏具有形成时间早、持续时间长的特点。

（三）成藏动力

源内成藏体系储层一般为赋存在烃源岩层系中的三角洲前缘水下分流河道、河口坝、席状砂和浅湖砂坝砂岩。储层物性总体极差，属于特低孔、特低渗储层。例如，川西须五

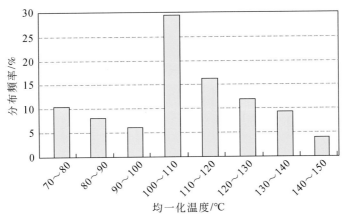

图 4-43　川西坳陷须五段包裹体均一化温度直方图

段平均孔隙度 1.84%，平均渗透率 0.02mD；川东北元坝地区须三段平均孔隙度 1.89%，平均渗透率 0.012mD（表 3-2）。油气充注发生在储层致密之后，储层总体致密，以局限流体动力场为主，浮力作用受到限制，生烃增压和泥岩-砂岩毛细管压力差为主要的成藏动力。

如果假定连续气柱高度为 40m，根据简化的 Hobson 公式计算，可产生 0.29MPa 浮力，浮力孔喉半径下限为 0.35μm。川西须三段、须五段和元坝须三段中值压力分别为 24.64MPa、57.48MPa 和 66.3MPa（分别对应地层条件下 3.5MPa、8.2MPa、9.5MPa 气水压力），中值孔喉半径分别为 0.03μm、0.01μm 和 0.01μm，孔喉半径均远小于浮力孔喉半径下限。因此，仅凭浮力，天然气不可能在致密储层中运移。根据马卫等（2013）湖相烃源岩生烃增压模拟实验研究，假定有机质类型为 II_2 型，烃源岩 TOC 为 2%，R_o 为 1.0%，生烃增压为 7.7MPa，如果 R_o 增大至 1.7%，生烃增压为 12.3MPa。采用川西坳陷新场须五段泥岩、砂岩实测压汞分析数据，计算得出砂岩-泥岩的毛细管压力差为 4.24MPa。可见，生烃增压和毛细管压力差合计可达 11.9~16.5MPa，完全可以克服毛细管阻力，实现油气的有效运移。

（四）运移机制

储集岩以砂岩、砾岩为主。其中，砂岩储层通常粒度较细，以粉细砂岩为主，具有较高的黏土矿物含量（表 3-4），天然气容易以吸附态赋存。根据川西坳陷新场地区须五段细粒岩石吸附实验分析（图 4-44），以及根据地层条件下天然气溶解度计算获得的溶解气含量，吸附气含量为 1m³/t 左右，游离气含量为 0.3m³/t 左右，溶解气含量为 0.03m³/t 左右。因此，天然气以主要是吸附气，其次是游离气，少量水溶气 3 种方式运移。烃源岩中生成的天然气在生烃增压和毛细管压力差作用下进入致密储层形成致密深盆气藏。在裂缝不发育区，油气缓慢充注，大面积含气，但含气丰度低；在裂缝发育区，油气首先充满裂缝，再向相对高孔渗带及微裂缝发育区运移成藏形成甜点（图 4-45）。但是，喜马拉雅期形成的沟通浅层的断裂可能导致早期的油气聚集遭到破坏，在侏罗系形成次生气藏。例如，川西坳陷新场须五段气藏就呈现距断层越近，产水量和水气比越高的特征。

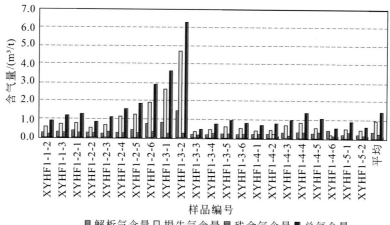

图 4-44　川西拗陷新页 HF-1 井须五段含气量

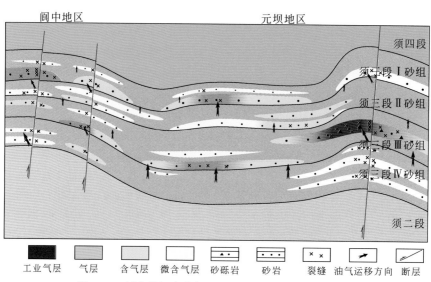

图 4-45　川东北阆中南部–元坝地区须三段成藏模式图

第五章　叠覆型致密砂岩气区地质特征及形成条件

第一节　四川盆地致密砂岩油气勘探面临的科学问题

四川盆地是中国致密砂岩气发现、开发最早的地区。自 1971 年在川西发现了中坝致密砂岩气田至今，已发现了广安、合川、孝泉–新场、马井–什邡、新都–洛带、白马庙、邛西、磨溪、八角场等众多大中型致密砂岩气田，已发现的陆相产层有 11 个。

针对致密砂岩气藏，国内外诸多学者相继提出了"深盆气藏""连续型气藏"等概念和成藏地质理论。例如，Masters（1979）提出"深盆气藏"概念，也可称盆地中心气藏、根缘气等，其特征可概括为：拗陷深部及斜坡的致密地层中普遍含气，气水倒置且无明显的气水界面，地层压力异常，活塞式运聚的动态圈闭气藏，其主要形成条件为大面积分布的煤系气源岩与大面积分布的致密储层密切接触，天然气持续补给，顶、底板封盖好，区域构造稳定且断裂少。"连续型"油气藏由 Schmoker（1995）首次提出，泛指分布在含油气盆地的致密砂岩、煤层、页岩等非常规储层中，大面积聚集分布，缺乏明确油气水界面的油气聚集。邹才能等（2009）认为"连续型"油气藏是指低孔渗储集体系中油气运聚条件相似、含流体饱和度不均的非圈闭油气藏，即无明确的圈闭界限和盖层、主要分布在盆地斜坡或向斜部位、储集层低孔渗或特低孔渗、油气运聚中浮力作用受限、大面积非均匀性分布、源内或近源为主、无运移或一次运移为主、异常压力（高压或低压）、油气水分布复杂、常规技术较难开采的油气聚集。

四川盆地致密砂岩气藏特征与深盆气藏、连续型油气藏等典型致密砂岩气藏的特征有一些共性，如以煤系地层为主要烃源岩、气藏大面积分布、储层致密、岩性圈闭为主、圈闭界限模糊、气水关系复杂、源储广覆性接触等。同时，在气藏纵横向分布特征、圈闭类型、源储关系、成藏期次、成藏动力及运聚方式等方面存在明显差异（表5-1）。四川盆地致密砂岩气纵向分布层位跨度大，气藏分布从深层上三叠统须家河组至中浅层侏罗系白田坝组、千佛崖组、沙溪庙组、遂宁组和蓬莱镇组及白垩系；气藏既可以分布在凹陷、斜坡区，又可以分布在构造高部位；圈闭类型多样，岩性圈闭、构造圈闭、构造–岩性圈闭、断层–岩性圈闭等均有发育；源储组合关系复杂，既存在自生自储、下生上储的源储一体、源藏伴生的源内、近源气藏，又存在源储跨越的远源次生气藏；气藏多期次成藏，天然气充注时间可以在储层致密化前，也可以在储层致密化后或与储层致密化过程同步；运聚方式多样，短距离一次面状运移与长距离二次网状运移共存。

表 5-1　国内外典型致密气藏特征对比表

气藏类型 要素特征	深盆气藏	"连续型"气藏	叠覆型致密砂岩气区
主要代表人物	Masters, 1979；袁政文、许化政, 1996；金之钧和张金川, 1999；张金川, 2003	Schmoker, 1995；邹才能等, 2009	杨克明等, 2012
深度范围/m	500~6000	1500~6000	500~6000
分布特征	凹陷中心区	凹陷区、斜坡区	构造高部位、斜坡区、凹陷区
储层物性	致密储层	致密储层	致密储层
有机质类型	Ⅲ	Ⅲ	Ⅰ、Ⅱ、Ⅲ
圈闭类型	岩性圈闭	岩性（圈闭界线模糊）	复合、岩性为主（圈闭界线模糊）
源储组合关系	源内、近源	源内、近源	源内、近源、远源
气水分布	下气上水，界面模糊	气水界面模糊	气水界面模糊
孔隙流体类型	束缚水+油气	束缚水+油气	自由水+束缚水+油气
压力特征	异常低压	异常低压	异常高压
水动力场类型	滞留水	滞留水、封闭水	滞留水、封闭水
成藏动力	毛细管力	毛细管力	浮力、异常压力、毛细管力
渗流特征	非达西渗流为主	非达西渗流为主	达西流、非达西渗流
流体运移方式	一次运移面状方式	一次运移面状方式	二次运移网状、一次运移面状
气藏垂向叠合性	单一气藏	单一气藏	叠合型气区
源储分布广覆性	广覆性接触	广覆性接触	广覆性接触
成藏过程周期性	单一	单一	多期次
调整改造性	无	无	有
圈闭模糊性	糊性	糊性	糊性
盆地类型	单旋回前陆盆地、类克拉通盆地	单旋回前陆盆地、类克拉通盆地	多旋回叠合型前陆盆地

　　已有的钻探实践表明，四川盆地致密砂岩气藏在平面上广泛分布，含气边界不受构造控制，圈闭内高点、构造圈闭之外的低部位或凹陷斜坡区均可富集天然气（图 5-1）。此外，四川盆地陆相碎屑岩储层普遍致密且具强非均质性，孔隙度一般小于10%，渗透率小于0.1mD，纳米级孔喉占主体，但局部发育物性较好储层。钻探成果同时显示，低孔致密储层及高孔优质储层中均可富集天然气。这种高位低位、高孔低孔富气共存的现象既不能用常规气藏成因理论予以解释，也不能用非常规深盆气藏或连续性气藏成因机制进行解释。因此，需要在分析总结四川盆地致密砂岩气藏地质特征、成藏机理、成藏模式和分布规律的基础上，提出新的概念及成藏地质理论以对该类型致密砂岩气藏的高效勘探提供重

要的理论指导。

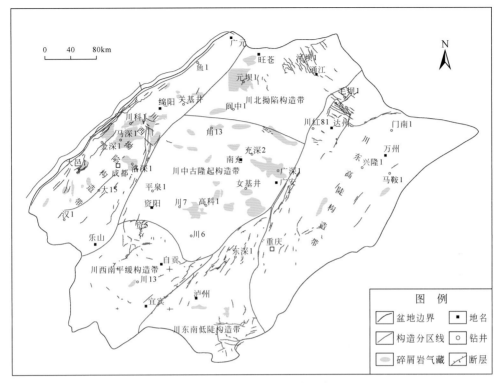

图 5-1 四川盆地碎屑岩气藏分布图

第二节 叠覆型致密砂岩气区概念及特征

一、叠覆型致密砂岩气区概念

分析研究表明，四川盆地致密砂岩气藏经历了不同成藏动力、不同输导方式、不同类型气藏在时空上的复合叠加，是由不同烃源层系与不同储集层系，由多种成藏机制在盆地演化不同阶段形成的不同成因机制、不同类型气藏在时空上叠加而形成的复杂气藏群，称为叠覆型致密砂岩气区（杨克明等，2012；杨克明和朱宏权，2013）。气区具有纵向上多个成藏体系、多种类型气藏相互叠置，平面上复合连片，形成演化具多阶段性，空间分布具多方位性的特征。

二、叠覆型致密砂岩气区特征

四川盆地叠覆型致密砂岩气区具有叠合性、广覆性、节律性、模糊性和多样性 5 种特征。

（一）叠合性

1）原型盆地的叠合性

表现为构造演化过程中不同类型盆地的垂向叠合。川西拗陷陆相盆地在不同时期，经历了多次构造转换与沉积迁移，自晚三叠世至侏罗纪，盆地类型由被动大陆边缘、局限前陆盆地、再生前陆盆地在垂向上相互叠覆。晚三叠世早期，龙门山及其前缘缓慢沉降，海水向东缓慢侵进，并由西向东超覆于古隆起之上，为局限前陆盆地；晚三叠世中、晚期，受控于扬子板块的俯冲作用，松潘甘孜造山带发生幕式隆升，形成典型的广海条件下的局限前陆盆地；进入侏罗纪，川西拗陷再次遭受挤压，构造活动中心发生迁移，米仓山－大巴山造山带强烈隆升，在米仓山－大巴山前缘形成了巨厚地层，川西拗陷进入成熟前陆盆地演化阶段（图1-6）。

2）构造变形的叠合性

一方面表现为前陆盆地前期构造（近EW向构造），前陆盆地中、后期构造（NE向构造和SN向构造），成熟前陆盆地构造（NNE向构造和NW向构造）的多次叠加与构造变形；另一方面，表现为前陆盆地形成期受周缘山系分阶段递进隆升造山活动控制，展现出"东西分带、南北分段"的变形特征。

3）储层和砂体展布的叠合性

受西部龙门山、北侧米仓山、大巴山古陆、东南部江南古陆、南部峨眉山－瓦山古陆及西南部康滇古陆等多个物源共同控制，四川盆地在晚三叠世—新生代广泛发育来自不同物源的长、短轴三角洲沉积，总体表现出不同物源、不同类型、不同期次砂体的垂向叠置（图2-26，图2-28，图2-38～图2-51）。例如，川西地区陆相层系纵向上发育84套砂层组，其中已有57套砂层组提交了探明和控制储量。

对于储层而言，其叠合性表现为海相储层、海陆交互相储层、陆相储层的叠置，孔隙型储层、孔隙–裂缝型储层、裂缝型储层在空间上的复合叠置，以及近常规储层、致密储层和超致密储层在空间上的复合叠置。

4）成藏体系的叠合性

根据储层与烃源岩在空间上的配置关系，可以将四川盆地陆相层系划分为源内、近源和远源3个成藏体系（图4-10），其中源内成藏体系主要以马鞍塘组—小塘子组、须三段、须五段和下侏罗统自流井组为烃源岩，源储一体，气藏包括马鞍塘组—小塘子组、须三段、须五段及自流井组气藏；近源成藏体系主要以马鞍塘组—小塘子组、须三段和须五段为烃源岩，源储直接接触，气藏包括须二段和须四段气藏；远源成藏体系以深部须家河组烃源岩和早期圈闭中的油气为气源，源储跨越式接触，气藏包括侏罗系上、下沙溪庙组，遂宁组，蓬莱镇组和白垩系气藏。源内、近源和远源3个成藏体系在空间上相互叠置与复合（图5-2）。

5）气藏分布的叠合性

目前川西陆相已发现了须二段、须三段、须四段、须五段、白田坝组、千佛崖组、下沙溪庙组、上沙溪庙组、遂宁组、蓬莱镇组和白垩系11个层段的气藏。同一个气田内多个气藏在纵向上相互叠置，如新场气田发育了须二段、须四段、须五段、千佛崖组、下沙溪庙组、上沙溪庙组、蓬莱镇组等多个气藏（图 5-2）。

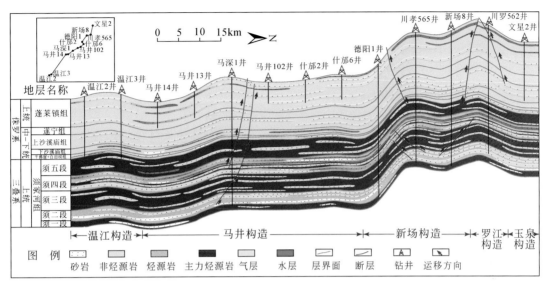

图 5-2　川西拗陷叠覆型致密砂岩气区气藏剖面示意图

（二）广覆性

1）烃源分布的广覆性

四川盆地陆相层系中主要发育马鞍塘组—小塘子组、须三段、须五段和下侏罗统 4 套源岩，在全盆广泛分布（图 2-27，图 2-29，图 2-31）。烃源岩厚度大、品质优，生气强度大于 $20\times10^8 m^3/km^2$ 的强生气区遍布前陆隐伏冲断带、前渊拗陷和前缘隆起带（图 4-16，图 4-27，图 4-28）。

2）储层分布的广覆性

须二段、须四段沉积时期，四川盆地广泛发育大型辫状河三角洲沉积，多期砂体在空间上相互叠置连片，形成范围广、厚度大、含砂率高、粒度粗的网毯状砂岩储集体（图 2-26，图 2-28）。早侏罗世—白垩纪，四川盆地广泛发育长、短轴浅水三角洲沉积，不同物源、不同类型、不同期次分流河道砂体大面积叠覆连片（图 2-33 ～图 2-36，图 2-44 ～图 2-51），形成透镜状砂岩储层。

3）盖层分布的广覆性

四川盆地，特别是川西拗陷陆相层系特殊的脉冲式波动"二元"层序结构特征，决定了三角洲相砂体与湖相泥岩广覆式间互的沉积充填特征。其中，须家河组发育了须三段和须五段两套区域性盖层，暗色泥岩厚度普遍均在 200m 以上，盆内广泛连续分布。中浅层主要存在白垩系和遂宁组两套区域性盖层。白垩系泥岩厚度较大，一般在 200m 以上，同时在上白垩统灌口组可见薄层石膏岩，封盖性能高，是蓬莱镇组气藏的区域性盖层。遂宁组的棕红色泥岩在四川盆地分布面积广、厚度稳定、质纯、塑性强，构成了下伏气藏的区域性盖层。

4) 圈闭分布的广覆性

烃源岩分布、储层分布和盖层分布的广覆性决定了构造–岩性复合圈闭和岩性圈闭的大面积分布, 如成都凹陷面积为 3080km^2, 其侏罗系圈闭面积达 2371km^2, 占总凹陷面积的 72%。

5) 气藏分布的广覆性

圈闭分布的广覆性决定了气藏纵向上叠置、平面上复合连片。四川盆地已发现的广安、合川、孝泉–新场、马井–什邡、新都–洛带、白马庙、邛西、磨溪、八角场等大中型致密砂岩气田均呈现出平面上成群、成带大面积分布的分布格局 (图 5-1) 即为最好佐证。

(三) 节律性

1) 构造演化的节律性

构造演化的节律性主要表现为受周缘山系周期性隆升的影响, 盆地表现出的挤压–松弛交替变化的节律性。龙门山强烈隆升时, 四川盆地表现为 NW-SE 向挤压、NE-SW 向松弛的构造特征; 米仓山–大巴山强烈隆升时, 则表现为 NE-SW 向挤压、NW-SE 向松弛的构造特征。

2) 沉积演化的节律性

构造演化的节律性直接导致沉积演化的节律性。自晚三叠世始, 周缘山系的幕式冲断作用控制了前陆盆地沉积充填时可容纳空间的变化和层序发育的节律性。逆冲挤压期, 应力缓慢集中, 产生新的挠曲沉降, 湖盆水体逐渐上升, 可容纳空间的增加量超过沉积物补给量, 沉积速率增大, 湖侵体系域开始发育; 当应力集中到最大后迅速释放进入松弛期, 湖平面迅速降低, 可容空间快速减小, 沉积速率降低, 低位体系域开始发育。构造与沉积演化的节律性控制了四川盆地垂向上生储盖成藏组合的发育。

3) 烃源、储层及气藏形成演化的节律性

构造和沉积演化的节律性导致储层演化、油气充注和成藏同样表现出节律性的特点 (图 4-25, 图 4-35, 图 4-37, 图 4-38): ①晚三叠世末, 前陆盆地发展阶段, 须家河组储层埋藏浅, 孔隙度和渗透率较高, 早期油气在古构造或构造相对高部位充注, 形成常规油气藏。②侏罗纪成熟前陆盆地阶段, 须家河组烃源岩进入生排烃高峰期, 须家河组储层逐渐致密, 油气在生烃增压作用下, 沿着断裂和孔隙型砂岩储层进行垂向和侧向运移并聚集成藏。同时, 早期形成的常规油气藏转变为致密油气藏, 形成岩性、构造–岩性复合气藏。侏罗纪末, 须五段烃源岩已进入生烃门限, 侏罗系储层尚未致密化, 油气沿燕山期形成的烃源断层垂向运移到侏罗系并在构造高部位聚集成藏。③燕山晚期, 须家河组储层已经完全致密, 在邻近烃源岩的致密砂岩储层中形成致密深盆气藏。须五段烃源岩已进入生排烃高峰期, 侏罗系储层大部分尚未致密化, 构造–岩性圈闭形成, 油气在源储压力差作用下沿烃源断层向侏罗系储层中充注, 气藏含气面积增大, 含气丰度提高。④喜马拉雅期, 四川盆地整体隆升, 构造幅度进一步增大, 地层遭受剥蚀, 并产生大量的断裂和裂缝系统。受强烈构造运动影响, 早期复合油气藏发生调整和改造。总体上, 储层与气藏形成演化具有多阶段性。

（四）模糊性

1）气水边界的模糊性

四川盆地陆相碎屑岩储层总体致密，以局限流体动力场为主，油气为非浮力聚集，成藏动力以剩余压力差为主，聚集阻力主要为毛细管力，二者耦合控制含气边界，平面上气水分布不受宏观构造控制。同时，局部地区物性较好，处于自由流体动力场范围，油气在浮力作用下聚集在构造高部位，气水分异明显。储层的强非均质性及不同成藏过程的复合叠加，导致不同类型流体动力场共存，气水分布复杂多变，无统一气水边界，气水边界模糊。

2）圈闭边界的模糊性

四川盆地陆相层系圈闭类型多样，发育构造、岩性、成岩、构造-岩性、裂缝-岩性等多种类型气藏。油气既可以在高孔储层中富集，也可以在低孔致密储层中富集。同时，圈闭内高点、构造圈闭之外的低部位或斜坡区均可富集油气。这种高孔低孔油气共存、高位低位油气共存、先成型深盆气藏与后成型复合气藏共存、不同类型圈闭共存的特征导致含气面积大，含气丰度不均，圈闭边界模糊。

（五）多样性

多样性包括烃源的多样性、储层类型的多样性、运移方式的多样性及气藏类型的多样性。

1）多源多期供烃

四川盆地陆相碎屑岩气藏具有多套烃源岩，包括马鞍塘组—小塘子组、须三段和须五段。同时，在断裂发育的川东北通南巴地区及川南地区可能存在海相烃源的补充。烃源岩类型多样，发育海相、海陆过渡相与陆相三大类烃源岩。

四川盆地陆相气藏多源多期供烃主要表现在3个方面：①不同成藏体系具有不同的主力烃源岩。②同一成藏体系，甚至同一气藏具有一个或多个不同的烃源供给，如川西新场须四段气藏，其中须四中上亚段天然气主要来自须四中亚段烃源岩，须四下亚段天然气则主要来自须三段。③烃源岩的差异演化导致不同地区、不同层系烃源岩的埋藏史和生烃演化史差异较大，形成了多个生排烃高峰期，油气可以多期成藏。

总体上，四川盆地发育多套、多类型烃源岩，由于差异演化及液态烃晚期裂解成气，可以形成多个"生油窗""生气窗"及生排烃高峰期，烃源岩生排烃具有多期、多阶段、持续时间长的特点，为多层系油气分布、多期成藏奠定了基础。

2）多种类型储层

受构造、物源、沉积等多重因素影响，四川盆地发育不同岩石类型、不同物性条件、不同储集空间类型的碎屑岩储层。储层类型多样，既有近常规孔隙型储层，又有致密和超致密裂缝-孔隙型、裂缝型储层。

3）多种运移方式

四川盆地陆相气藏具有多种运移路径。断裂、孔隙型砂岩储层、裂缝系统及不整合面等多种输导体系相互组合，形成了复杂的立体网状复合输导体系。

　　川西拗陷陆相须家河组和侏罗系气藏的形成都或多或少与断层的分布和活动有关。其中，是否存在沟通烃源的断层是侏罗系远源次生气藏能否形成的关键因素之一。川西拗陷新场、马井、什邡、中江等地区能够形成侏罗系气藏均与发育断至须家河组的烃源断层密切相关（图5-3）。川东北元坝、通南巴地区具有相似的特征。由于大巴山推覆挤压，自燕山中期至喜马拉雅期川东北地区形成了一系列NW-SE向的逆冲断层，来自二叠系和三叠系的天然气沿着这些断层向上运移至须家河组储层中成藏（图5-4）。

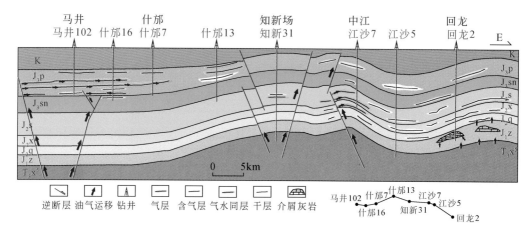

图5-3　川西拗陷侏罗系天然气运移输导体系构成样式

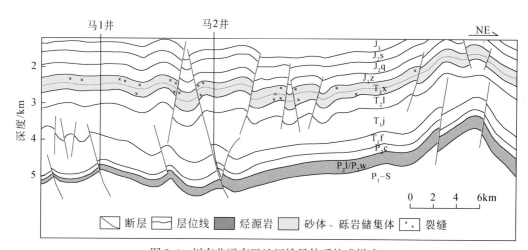

图5-4　川东北通南巴地区输导体系构成样式

　　分布在储层内部的次级断裂和裂缝系统也对成藏具有重要意义。例如，川东北元坝地区须家河组致密砂岩储层中发育一系列低角度、高角度和网状缝。油气沿优势运移通道（断层、裂缝、高渗带），沿断层→大缝→小缝→微缝→纳米级基质储层逐级运移，导致油气通常在断裂或高孔渗带附近富集。

　　油气运移路径的多样性造成源内面状供烃及源外网状供烃多种供烃方式共存。同时，不同流体动力场、不同源储时空配置关系及不同地层温压条件导致了成藏动力及运移相态的多样性。

4）多种气藏类型

根据前述不同成藏体系成藏机理分析，并结合钻井勘探实践，四川盆地陆相层系具有多种气藏类型，常规气藏与非常规页岩气藏、水溶气藏并存，先成藏储层后期致密的后成型致密砂岩气藏与储层先期致密的深盆气藏并存，构造-岩性复合气藏、岩性气藏、构造气藏并存。

第三节　叠覆型致密砂岩气区形成条件

（一）多旋回前陆盆地的叠置是叠覆型致密砂岩气区形成的构造背景

中生代以来四川盆地经历了早期的被动大陆边缘盆地、印支期的局限前陆盆地、燕山期的成熟前陆盆地和喜马拉雅期的构造残余盆地演化阶段，属于多期发育的叠合含油气盆地，与国内外单旋回一期盆地或多旋回连续继承性盆地明显不同。由于盆地经历了多期构造沉积演化，发育多套不同类型的烃源岩、多类型储集层及多个生储盖组合，气藏分布具有纵向上多层系、平面上多带多区的特点。

（二）多旋回前陆盆地的沉积充填特征是叠覆型致密砂岩气区叠合性、广覆性形成的沉积基础

自晚三叠世始，四川盆地进入陆内前陆盆地发展阶段，其沉积充填时可容纳空间变化和层序发育分别主要受控于周缘山系的幕式冲断作用和古气候变化，呈现出脉冲式波动"二元"层序结构特征（图2-10）。逆冲挤压期，应力缓慢积累导致前陆盆地发生强烈挠曲沉降，湖盆水体逐渐加深，进入湖侵体系域发育阶段，可容空间增加，滨岸退积上超，粗粒碎屑岩沉积主要发育在湖盆边缘，而盆地主体则以半深湖–深湖的细粒碎屑岩沉积为主。松弛期，湖平面快速下降，可容空间快速减小，低位粗碎屑体系发育。这种特殊的脉冲式波动"二元"层序结构在纵向上形成了三角洲相砂体与湖相泥岩广覆式间互的沉积充填特征，造就了多套烃源岩、多套储集层、多个生储盖组合及大面积岩性圈闭的形成。

晚三叠世—早侏罗世，烃源岩和储层广覆间互沉积，源储大面积直接接触，因此，近源成藏体系和源内成藏体系以源内自生自储面状供烃方式为主。中侏罗世晚期至晚侏罗世，以干旱环境的红层沉积为主，烃源岩不发育，源储间需通过断层沟通，导致远源成藏体系以源外下生上储网状供烃方式为主。

（三）多套大面积分布的优质烃源岩是叠覆型致密砂岩气区形成的物质基础

一个盆地油气的富集规模很大程度上取决于生烃量和生烃强度。卢双舫等（2003）对中国主要含油气盆地天然气的生气量与探明储量之间的关系研究表明，勘探成效和天然气富集程度与生气量呈正相关关系。储量大于 $100 \times 10^8 \mathrm{m}^3$ 的大中型气田，主要分布在生气强度大于 $20 \times 10^8 \mathrm{m}^3/\mathrm{km}^2$ 的生气中心及周缘。同时，在广覆式烃源岩与大规模储集砂体相互叠置的条件下，天然气近距离运聚可以提高聚集效率，形成致密砂岩大气田的生气强度下

限可降低至 $10 \times 10^8 \mathrm{m}^3 / \mathrm{km}^2$（赵靖舟等，2012）。

四川盆地陆相层系发育马鞍塘组—小塘子组、须三段、须五段及下侏罗统多套烃源岩，烃源岩在盆地内呈广覆式展布，同时在盆地西部、北部形成两个生烃中心（图4-16，图4-27，图4-28）。其中，川西拗陷生烃量巨大，总生烃量为 $125 \times 10^{12} \mathrm{m}^3$，生烃强度总体大于 $20 \times 10^8 \mathrm{m}^3 / \mathrm{km}^2$，最高达到 $300 \times 10^8 \mathrm{m}^3 / \mathrm{km}^2$，属强生烃区；川东北及川中地区须家河组生烃强度普遍大于 $10 \times 10^8 \mathrm{m}^3 / \mathrm{km}^2$，属于中等–强生烃区；川东北、川南地区陆相烃源岩生烃强度较低，但由于深大断裂发育，具有大量海相烃源的补充。由此可见，四川盆地发育多套、多类型烃源岩，烃源岩多期、长时间持续供烃，有利于天然气的富集和大中型气田的形成，为一系列致密砂岩气藏在纵向上叠置及平面上大面积连片分布提供了丰富的物质基础。

（四）多套大面积广覆式分布的致密砂岩是叠覆型致密砂岩气区形成的储层基础

晚三叠世以来四川盆地周缘存在多个造山带，包括西缘龙门山、东北缘米仓山–大巴山和秦岭–大别山、东部江南（雪峰）古陆，以及西南部康滇古陆和南部的峨眉山–瓦山古隆起等，总体表现出多物源、多沉积体系的特点，自盆缘向盆内依次发育冲积扇–辫状河（曲流河）–辫状河（曲流河）三角洲平原–辫状河（曲流河）三角洲前缘–湖泊沉积。盆地形成演化的多旋回性、沉积物源的多源性，以及沉积体系的多样性和叠合性造就了多套砂岩大面积广覆式的分布，为四川盆地多层系、大面积叠置连片分布的砂岩储集体的形成提供了物质基础。

储层整体致密，纳米级孔喉占主体，但在三角洲平原分流河道、前缘水下分流河道和河口坝沉积中可见相对优质储层发育。因此，沉积相带明显控制了储层及气藏的分布。勘探实践揭示，已发现气藏主要分布在三角洲平原和三角洲前缘亚相。

（五）多期构造演化决定了叠覆型致密砂岩气区的节律性

受周缘山系周期性隆升的影响，四川盆地表现出挤压–松弛交替变化的节律性，直接控制了前陆盆地沉积充填时可容纳空间的变化和层序发育的节律性，造成湖侵细碎屑体系与低位粗碎屑体系的交替出现，导致垂向上多套烃源岩、多套储层及多个生储盖组合的发育，总体表现出多套烃源岩多期性发育、储层形成演化具有多阶段性、油气成藏具有多期性的特征。

差异沉降与多阶段演化造成平面上不同地区、纵向上不同层系烃源岩的埋藏历史和生烃演化历史差异较大，每套烃源岩进入生排烃高峰期的时间不尽相同，具有多个生排烃高峰期，表现出烃源岩多期发育的特点。例如，川西拗陷马鞍塘组—小塘子组烃源岩在晚侏罗世进入生排烃高峰期，须三段烃源岩在早白垩世早期进入生排烃高峰期，须五段在早白垩世中、晚期进入生排烃高峰期，不同地质时期均有烃类生成。

受多旋回沉积构造演化与多期复杂成岩作用等多种地质因素综合控制，储层形成演化具有多阶段性，不同地质历史时期发育不同类型的储层，表现出储层多阶段发育的特征。例如，川西拗陷须二段储层致密化时间为中侏罗世末期，须四段储层致密化时间为晚侏罗世末期至早白垩世初期，上、下沙溪庙组储层致密化时间为晚白垩世末期至古近纪初期，蓬莱镇组储层致密化时间为古近纪（表3-7）。此外，多旋回构造运动形成的断裂系统及多套烃源岩热演化生成的酸性流体可以对储层进行多次溶蚀、改造，是导致储层演化表现出节律性的关键因素之一。

烃源岩多次生烃、储层多阶段形成演化及油气成藏期和期后发生的多次构造运动导致多期生烃、多期充注、多期调整改造，油气成藏出现多期性。例如，新场构造带须二段气藏存在两期烃类充注，第1期包裹体均一化温度主要为90～110℃，表现为液态烃包裹体，反映早期液态烃的充注；第2期包裹体均一化温度主要为130～150℃，为气态烃包裹体，反映晚期气态烃的充注（图4-29，图4-30）。

（六）储层致密化与成藏耦合关系决定了叠覆型致密砂岩气区的多样性和模糊性

受构造、物源、沉积等多重因素影响，四川盆地发育不同岩石类型、不同物性条件、不同储集空间类型的碎屑岩储层。储层在岩石组分、储集空间类型、物性特征、孔隙结构特征、天然气充注物性下限和孔喉下限等方面表现出极强的纵、横向非均质性，储层类型多样，既有近常规孔隙型储层，又有致密和超致密裂缝-孔隙型、裂缝型储层。

烃源岩与储层的差异演化导致同一时期不同地区或同一地区不同时期具有不同的储层致密史与成藏史，不同类型流体动力场共存，先成型（储层先致密后成藏）和后成型（先成藏储层后致密）气藏共存。对于先成型气藏，油气大量充注发生在储层致密化之后，储层总体致密，以局限流体动力场为主，浮力作用受到限制，成藏动力以源储压力差为主，聚集阻力主要为毛细管力，二者耦合控制含气边界，气水边界不受构造控制，圈闭边界模糊，主要发育岩性气藏。对于后成型气藏，油气大规模充注成藏在储层致密化之前，成藏时储层物性较好，处于自由流体动力场范围内，油气在浮力作用下聚集在构造高部位，气、水分异相对明显，主要发育构造气藏和构造-岩性复合气藏。同时，后成型致密油气藏与先成型深盆气藏叠加复合可以形成致密复合油气藏，既具有高位、高孔富集的特征，也具有低凹、低孔汇聚的特征，气水分布复杂多变，无统一的气水边界，气水边界模糊。

第六章 叠覆型致密砂岩气区天然气富集规律

第一节 典型气藏解剖与对比

一、远源成藏体系

四川盆地致密砂岩远源成藏体系以川西拗陷侏罗系次生气藏为主，已发现并建成了孝泉–新场、马井–什邡、新都–洛带、白马庙、邛西、八角场等多个大中型气田。其中，马井–什邡蓬莱镇组气藏和中江沙溪庙组气藏累计提交探明储量 $2253.1×10^8 m^3$，控制储量 $4873.45×10^8 m^3$。

（一）马井–什邡蓬莱镇组气藏

马井–什邡蓬莱镇组气藏由十余个气藏叠覆而成，埋藏深度 $600 ~ 2500 m$，储层类型以孔隙型为主，气藏平均地温梯度为 $2.07℃/100 m$，平均压力系数为 1.31，属正常地温系统、异常高压气藏。

1. 构造特征

马井–什邡地区位于成都凹陷德阳向斜北坡（图6-1），总体表现为凹陷–斜坡区，西北部为 NE 向展布的鸭子河正向构造带，西南部为崇州–郫县向斜区，北部为 NEE 向展布的新场构造带，东部为 SN 向展布的龙泉山构造带，南部为广汉–金堂–新都–洛带斜坡区。该区块总体上构造较为单一，表现为一自西南向东北逐渐增高的较大斜坡区，仅在马井局部地区表现为 NE 向的低幅背斜隆起。构造演化研究表明，白垩纪早中期该区的构造格局与现今基本一致，表明向斜在喜马拉雅期以前基本定型，此时的马井–什邡–广汉–金堂一线位于斜坡相对较高区域，具有有利的古构造背景。

2. 烃源条件

马井–什邡蓬莱镇组气藏烃源主要来自下伏须五段，少量来自中下侏罗统暗色泥页岩。烃源岩展布特征研究表明，该地区须五段暗色泥质岩厚度达 $300 ~ 350 m$，中下侏罗统烃源岩厚度较小，为 $10 ~ 30 m$。须五段烃源岩总体品质较好，马井–什邡地区有机碳丰度高（$2.0\% ~ 3.5\%$），有机质类型主要为腐殖型（Ⅲ型），R_o 为 $1.2\% ~ 1.6\%$，已达到高成熟演化阶段，烃源岩生气强度为 $30×10^8 ~ 45×10^8 m^3/km^2$（图6-2）。中下侏罗统烃源岩有机质类型以Ⅱ型、Ⅲ型为主，有机碳含量 $0.5\% ~ 1\%$，R_o 为 $0.9\% ~ 1.1\%$，生气强度为 $0.25×10^8 ~ 10×10^8 m^3/km^2$。烃源岩热演化史研究表明，须五段烃源岩在早白垩世早期进入生烃门限，晚白垩世中期进入生排烃高峰期。该区位于生排烃中心，具有较好的烃源条件。

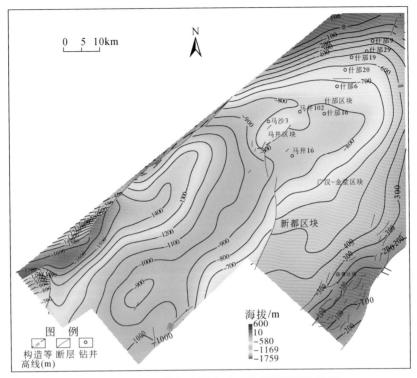

图 6-1　马井–什邡及周边地区蓬莱镇组顶构造图

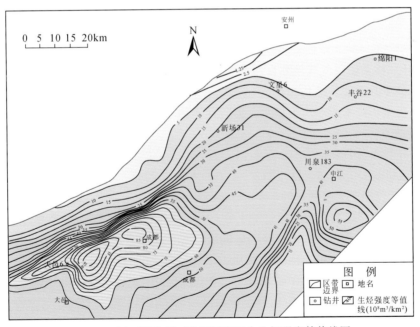

图 6-2　川西拗陷须五段烃源岩现今生烃强度等值线图

3. 储层条件

马井–什邡地区蓬莱镇组同时受长轴、短轴两大物源体系的影响，主要发育辫状河–曲流河三角洲前缘水下分流河道、河口坝沉积（图 2-48 ~ 图 2-51），砂体发育且分布稳定，其中厚度 4m 以上砂体的钻遇率平均达 78%。砂岩主要由岩屑砂岩、长石岩屑砂岩和岩屑长石砂岩组成（图 2-23），砂岩平均孔隙度 9.5%，平均渗透率 0.31mD，属于近致密-致密储层，储层非均质性较强。根据统计，该区蓬莱镇组厚度 4m 以上储层的钻遇率平均为 62%，储层总体较发育。储层孔隙类型主要为粒间（溶）孔，并见少量粒内溶孔、铸模孔、层间微缝等，具有微孔喉、差孔喉分选、低渗透的特征，以孔隙型储层为主。储层致密化史研究表明，该区蓬莱镇组储层致密化时间为古近纪。

4. 气藏流体与温压特征

马井-什邡蓬莱镇组气藏产出流体以天然气为主，并伴有少量地层水，个别天然气样品中偶见微量凝析油产出。天然气甲烷平均含量 93.78%，乙烷平均含量 2.30%，丙烷平均含量 0.46%，二氧化碳平均含量 0.41%，氮气平均含量 1.94%，不含硫化氢。天然气相对密度平均 0.5870，临界温度平均为 193.8604K，临界压力平均为 4.5784MPa。

地层水矿化度中等-较高，总矿化度为 22.7 ~ 83.9g/L，平均为 43g/L；pH 为 5.5 ~ 8.8，平均值 6.2；地层水以 $CaCl_2$ 型为主，并见部分 Na_2SO_4 地层水，总体属于原始沉积-变质水，地层水封闭条件较好。

凝析油无色-浅黄色，透明-半透明，具有低密度（平均值 $0.58g/cm^3$）、低黏度（平均值 $0.72mPa \cdot s$）的特征。

气藏实测地层温度为 38.56 ~ 50.6℃，平均地温梯度为 2.07℃/100m，属于正常地温系统。实测原始地层压力为 15.95 ~ 20.22MPa，压力系数为 1.25 ~ 1.37，平均压力系数为 1.31，属于高压气藏。

5. 试采特征

马井-什邡蓬莱镇组气藏单井自然产能较低，测试产量平均 $0.84×10^4m^3/d$，气井压裂可以大幅提高单井产能，平均单井测试产量 $2.65×10^4m^3/d$，总体属低产工业气井。试采井在生产过程中不产水或产出少量水，多数井初期产水量高，随着生产时间的增长，水产量呈下降的趋势。

根据气井产能大小，将气井分为 A、B、C 三类。A 类井无阻流量大于 $5×10^4m^3/d$，配产控制在无阻流量的 1/7 ~ 1/6，稳产期 3 ~ 4 年，大约占 22%；B 类井无阻流量在 $3×10^4$ ~ $5×10^4m^3/d$，配产控制在无阻流量的 1/5 ~ 1/4，稳产期 2 ~ 3 年，占 20%；C 类井无阻流量小于 $3×10^4m^3/d$，配产控制在无阻流量的 1/6 ~ 1/5，稳产期 4 ~ 5 年，这类井占 58%。

气井初期多采用定产方式生产，中后期采用定压生产方式，大部分气井井口压力呈现线性下降或非线性递减趋势，且 A 类井压力下降最慢（0.015MPa/d），单位井口压降产量最高（$181.32×10^4m^3$/MPa）；B 类井次之（0.03MPa/d、$150.95×10^4m^3$/MPa）；C 类井压降速度最快（0.06MPa/d），单位压降产量最低（$59×10^4m^3$/MPa）。

6. 成藏差异性对比

根据气藏测试、试采资料统计，马井-什邡蓬莱镇组气藏在纵横向上表现出明显的非均质性。纵向上，含气性较好的层段主要为蓬三段（对应蓬二气藏）JP_2^2、JP_2^3 砂组，测试产量大于 $2×10^4m^3/d$ 的钻井中有 40% 产自这两个砂组，其次为 JP_1^3、JP_2^5、JP_3^8、JP_3^9、JP_4^3 砂组。试采过程中蓬二气藏产量占绝对优势，占气田总产量的一半以上，其次为蓬二段（对应蓬三气藏）。砂岩纵向上含气性的差异主要与储层物性及厚度相关。垂向上，马井–什邡地区物性较好的砂岩储层主要分布在蓬二段和蓬三段，平均孔隙度大于10%，平均渗透率大于0.5mD，4m以上储层的钻遇率均高于60%，其中蓬三段达到85%，储层发育程度明显优于其他段层。例如，什邡20井JP$_2^3$砂体厚约16m，平均孔隙度13.2%，平均渗透率0.9mD，测试获得13.8×10^{4}m^3/d工业产能。

平面上，构造高、低部位均有工业气井和干井分布，位于构造低部位的什邡5井、什邡3井、什邡6井、什邡7井，以及位于新场南翼斜坡地带的川孝605井、什邡20井均获工业气流。气藏含气性并不完全受构造控制，构造高部位含气性不一定好于构造低部位。

7. 成藏过程及成藏配置关系

马井–什邡蓬莱镇组气藏属于典型的岩性气藏，成藏主控因素包括优质充足的烃源、相对优质储层，以及储层与构造、断层之间较好的配置关系。

天然气输导体系研究表明，马井–什邡蓬莱镇组气藏天然气运移路径主要为断层和孔隙型砂岩储层。断至烃源层系的烃源断层是天然气垂向运移的主要通道。马井–什邡地区烃源断层主要发育在马井构造，断裂性质均表现为压性逆断层，具有多期次活动的特征。其中，马井F1断层从深层须家河组至浅层白垩系，F20断层向下断至须家河组，向上与浅层分布在蓬莱镇组内部的F44断层相接，构成了该区主要的气源断层，烃类垂向输导条件较好（图6-3）。此外，沟通烃源的断层位于马井构造高点与新场构造南翼斜坡之间的最低部位，砂体均以低部位与断层相接，具有良好的断砂配置关系。

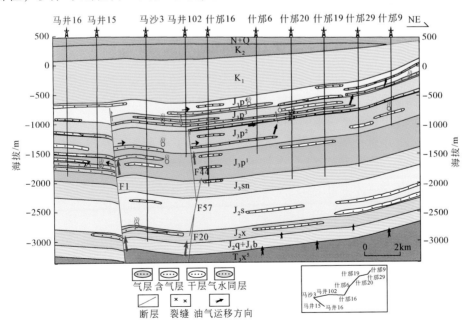

图6-3　马井–什邡地区蓬莱镇组气藏成藏模式图

什邡地区烃源断层欠发育，因此该区蓬莱镇组中天然气主要是由西部马井气田侧向运移进入。当远离烃源断层的什邡地区良好储层与西部马井气田储层间具较好的侧向连通性时，在气源充足的条件下，天然气就能沿着高孔渗的孔隙型储层进入而富集成藏。什邡地区蓬莱镇组全直径岩心分析结果显示，样品水平渗透率是垂直渗透率的两倍（表 6-1），佐证了烃类具备侧向运移的条件。

表 6-1　什邡地区蓬莱镇组全直径岩心分析结果

井号	测试方向	井深/m	孔隙度/%	密度/(g/cm^3)	渗透率/mD
什邡 19 井	水平	1182.4 ~ 1182.51	14.76	2.2713	1.6038
	垂直				0.87
什邡 20 井	水平	1323.12 ~ 1323.2	13.33	2.3175	0.234
	垂直				0.1654
什邡 17 井	水平	1412.4	11.05	2.3723	0.2373
	垂直				0.1684
	水平	1414.68 ~ 1414.80	11.49	2.3573	0.5014
	垂直				0.2822

马井-什邡地区位于须五段烃源岩生、排烃中心，具备丰富气源。蓬莱镇组广泛发育三角洲平原、前缘（水下）分流河道、河口坝砂岩，砂岩纵向多层叠置、平面连续分布，储层物性条件良好。同时，该区具备由断层、砂体、破裂系统等输导体系构成的立体网状复合输导体系，且主要成藏期及现今构造位置较高，砂体与构造、断层间具备较好的配置关系。

（二）川西拗陷中江斜坡上、下沙溪庙组气藏

川西拗陷中江斜坡位于川西拗陷向川中隆起带过渡的斜坡带。1995 年在川泉 181 井上沙溪庙组酸化测试获日产天然气 $0.99 \times 10^4 m^3/d$，发现了中江上沙溪庙组沙一气藏，2005 年在江沙 3 井加砂压裂测试获得 $1.78 \times 10^4 m^3/d$ 的工业气流，发现了上沙溪庙组沙二气藏，2013 年在高庙 32 井射孔测试获得 $6.85 \times 10^4 m^3/d$ 的工业产能，发现了下沙溪庙组沙三气藏。截至 2015 年年底，该区上、下沙溪庙组专层井超过 130 口。其中，含气性较好、测试产能较高的层系主要包括 JS_3^{3-2}、JS_3^2、JS_2^{4-1}、JS_2^1、JS_1^4、JS_1^1 等十余个砂组，埋藏深度 $1700 \sim 3100m$。

1. 构造特征

川西拗陷中江斜坡构造复杂，从自流井组到沙溪庙组构造具继承性，总体表现为"三隆夹一凹"的特征。即合兴场-丰谷 NEE 向鼻状构造，中江-回龙 NE 向鼻状构造，知新场-石泉场断背斜构造和永太（黄鹿）向斜构造。区内断裂发育且主要分布在西部，其中合兴场和知新场-石泉场构造区域断层较发育，断裂走向主要为 NE 向和 SN 向（图 6-4）。

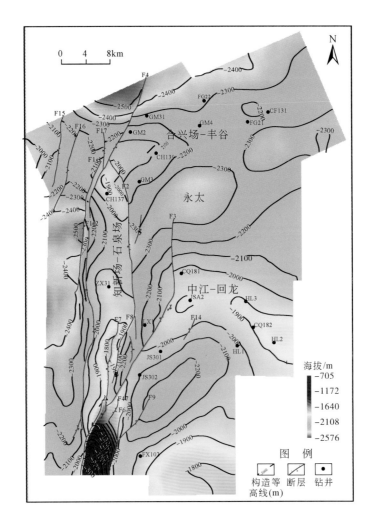

图6-4 川西拗陷中江斜坡下沙溪庙组顶面构造图

区内主要发育5条烃源断层，即F1-1、F1-2、F2、F3、F4，均分布在工区西部，断距由深至浅、由南向北逐渐减小。这5条烃源断层沟通了须五段烃源岩与侏罗系储集层，为须五段生成的天然气向中浅层运移提供了良好的运移通道。

2. 烃源条件

川西拗陷中江斜坡须五段烃源岩厚度主要分布在200～350m，有机质类型以腐殖型（Ⅲ）为主，有机碳含量主要分布在2.0%～4.0%，R_o为1.2%～1.7%，处于成熟-高成熟演化阶段，生气强度达到$20×10^8 m^3/km^2$以上（图6-2）。

3. 储层条件

上、下沙溪庙组以细-中粒岩屑长石砂岩、长石岩屑砂岩为主（图2-19，图3-3），并见少量岩屑砂岩和岩屑石英砂岩。砂岩孔隙度主要为6.40%～10.77%，平均8.42%；渗透率主要分布在0.06～0.30mD，平均0.13mD；孔喉半径普遍小于0.1μm，孔喉分选系数普遍大于 2，总体属于微–纳米孔喉、差孔喉分选、低孔低渗致密砂岩储层。储层孔渗相关性较好，以孔隙型储层为主，孔隙类型以剩余粒间孔和粒间溶孔为主，其次为粒内溶孔。

4. 气藏流体及温压特征

上、下沙溪庙组天然气具有高甲烷含量、低重烃含量，低二氧化碳和氮气含量，以及无硫化氢的特点，甲烷占烃类总量的 90% 以上。

地层水矿化度为 6～90g/L，其中高庙 33、高沙 301、江沙 7 等井矿化度相对较低，在 30g/L 以下，高沙 303、江沙 3-1HF、江沙 33-8 等井矿化度较高，普遍大于 50g/L，地层水以 $CaCl_2$ 型为主，显示其保存条件相对较好。

气藏实测地层温度为 55.9～74℃，地温梯度为 2.26～2.32℃/100m，属于正常地温系统。实测地层压力为 22.49～35.24MPa，地层压力系数为 1.26～1.84，属于低超压–异常高压气藏。

5. 试采特征

试采数据显示，中侏罗统气藏水气比较高，平均为 2.60，总体表现出中侏罗统上、下沙溪庙组的产水量及水气比高于上侏罗统的特征。这与本书提出的中侏罗统天然气主要以水溶相运移、上侏罗统天然气主要以游离相运移的结论是一致的。

平面上，气水分布与构造、距断层距离及砂体物性条件关系明显。在储层较发育的地区，以自由流体动力场为主，气水分布受构造影响明显，高部位产气量较高，产水量和水气比较低。同时，断层对气水分布也具明显的控制作用。断层附近存在大气水下渗及深部须家河组地层水的跨层越流混合（叶素娟等，2014a），导致断层附近气藏一般具有较高的产水量。

根据气井试采资料，结合试气成果及地质分析，可将中江斜坡上、下沙溪庙组气藏气井分为 3 类，不同类型气井具有不同的试采动态特征。

（1）Ⅰ类气井：储层物性好、厚度大、含气饱和度高，表现为试采产量高、动态储量大、弹性产率高、基本不产水等特征。大部分气井产出水以凝析水为主，产水量少，一般低于 $1m^3/d$，水气比低，一般低于 $0.2m^3/10^4m^3$。

（2）Ⅱ类气井：储层物性较好、厚度较大，表现为试采初期产量高、递减较快，动态储量、弹性产率中等特征。该类气井又可分为两类：Ⅱ₁型，储层物性明显不如Ⅰ类钻井，气井基本不产水，但由于储层物性差、泄气半径较小，气井产量比Ⅰ类井低；Ⅱ₂型，储层物性与Ⅰ类气井相当，但含水饱和度比Ⅰ类井高，产水量较大。

（3）Ⅲ类气井：分布广泛，与储层物性、含气性、储层改造工艺有关，主要表现为试采产量低、产水量较大、动态储量小、弹性产率小的特征。

6. 成藏差异性对比

以中江、高庙子地区下沙溪庙组为例开展成藏差异性对比。中江地区下沙溪庙组单井年产气量略高于高庙子地区，两地区气藏差异主要表现在中江地区下沙溪庙组单井产水量明显低于高庙子地区，平均仅为高庙子地区的 1/8，反映中江地区下沙溪组气藏含气丰度高，含水量低。

1) 源

高庙子、中江地区上、下沙溪庙组气藏具有不同的烃源通道条件，高庙子烃源断层主要为 F2、F4 断层，中江地区主要为 F3 断层（图 6-4，表 6-2）。

表6-2　高庙子、中江地区主要断层参数对比表

断层名称	断开层位	断距/m	走向	倾向	倾角/(°)	形成时间
F4	须四段—地表	40~80	NE	SEE	50~60	喜马拉雅期
F2	马鞍塘组—地表	50~260	NS	W	70~80	燕山中晚期
F3	雷口坡组—蓬莱镇组	20~280	NNE-NS	E	60~70	喜马拉雅中晚期

F2 断层近 SN 走向，向西倾，延伸长度达 36.08km，断开层位马鞍塘组—地表，断距较大，为 50~260m（由南向北断距逐渐减小），形成于燕山中晚期；F4 断层走向为 NE 向，断层倾角较缓，倾向为 SEE 向，断开层位须四段—地表，形成于喜马拉雅期，相对较晚。F3 断层在南部断距较大，北部断距较小，深层断距较大，浅层断距较小，该断层上部被 F2 断层所切割，形成时间为喜马拉雅中晚期，形成时间较晚。受龙泉山断裂带自南向北构造活动强度逐渐减弱的影响，F2、F4、F3 断层均表现出南部断距大、北部断距逐渐变小的特征。F3 断层在中江地区断距相对较大，通道输导条件优于高庙子地区，气源供给更充足，气藏充注程度更高。

2) 相

高庙子、中江地区下沙溪庙组具有相同沉积背景，均以三角洲平原-前缘沉积为主，岩石类型及物性条件近似，总体上高庙子地区下沙溪庙组储渗条件略优于中江地区。

3) 位

从现今下沙溪庙组顶底构造图可以看出，中江地区较高庙子地区高 100m 左右。同时，根据该区关键地质时期古构造恢复研究成果，研究区成藏期下沙溪庙组顶面古构造与现今具有相似性，表现为持续性的南高北低的构造格局（图 6-5）。由此可以看出，从燕山晚期至现今，中江地区构造位置始终较高庙子地区高。本书研究揭示川西地区中侏罗统天然气主要以水溶相自须家河组向侏罗系运移，构造位置的差异导致这两个地区水溶气脱溶程度不同，中江地区因为构造位置较高，更有利于水溶气的脱溶成藏。

从中江、高庙子地区中侏罗统成藏模式（图 6-6）可以看出，中江、高庙子地区下沙溪庙组主力产层砂体与烃源断层配置关系存在差异。实钻表明，中江地区下沙溪庙组高产气井主要位于现今构造低部位，现今砂体上倾方向与 F3 烃源断层相接，近烃源断层相对高部位含水特征明显；高庙子地区高产气井则位于现今构造高部位，现今砂体下倾方向与 F2 烃源断层相接，近烃源断层低部位含水明显。

通过上述 3 个因素的对比分析，可以看出导致高庙子、中江地区下沙溪庙组成藏差异的主要原因为"烃源"和"构造、断层"：中江地区烃源断层输导条件更优越，且形成时间较晚，与烃源岩生排烃高峰时间基本一致；同时中江地区古今构造均高于高庙子地区，一方面有利于油气的运移聚集，另一方面导致中江地区具有较高的水溶气脱溶强度。

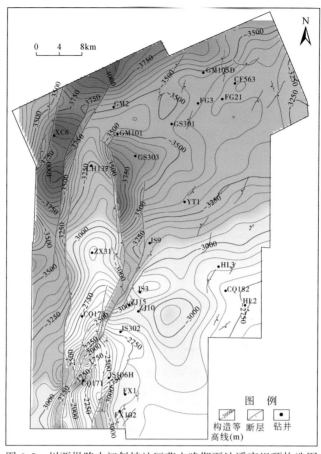

图 6-5　川西拗陷中江斜坡地区燕山晚期下沙溪庙组顶构造图

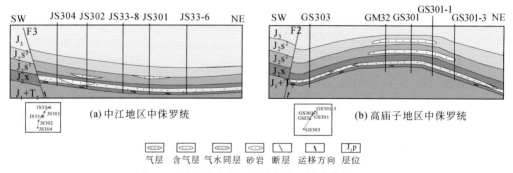

图 6-6　川西拗陷中江斜坡中侏罗统成藏模式图

7. 成藏过程及成藏配置关系

中江斜坡上、下沙溪庙组气藏形成主要经历了 3 个阶段（图 4-26）。①燕山中期：早期成藏，须五段烃源岩生成的少量油气沿燕山期形成的烃源断层垂向运移到侏罗系并在早期高孔渗储层中侧向运移、成藏，天然气主要在构造高部位富集。②燕山晚期：主成藏期，须五段烃源岩大量生烃，油气在源储压力差作用下沿烃源断层向侏罗系储层中充注，该时期气藏含气面积增大，含气丰度提高，部分地区储层尚未致密化，圈闭类型以构造-岩性圈闭和岩性圈闭为主。③喜马拉雅期：早期形成的气藏发生调整、改造，并最终定型，储层已部分致密化，前期形成的气藏开始"贫化"，致密储层含气性变差，气藏面积变小，天然气在相对优质储层中富集。在水溶气脱溶程度较低的地区，如高庙子地区，天然气主要聚集在局部构造高部位；在水溶气脱溶程度较高的地区，如中江地区，天然气分布则不完全受现今构造控制。

二、近源成藏体系

(一) 川西新场须二段气藏

须二段气藏在四川盆地广泛发育，从川西坳陷新场、邛西、中坝、平落坝、大邑地区到川西坳陷东斜坡中江地区，再到川中隆起带安岳、合川等地区均有分布，累计提交探明储量近 $7000\times10^8\,\mathrm{m}^3$。本书通过重点解剖川西坳陷新场须二段气藏，对须二段近源成藏体系成藏主控因素及成藏模式进行研究。

2000 年 11 月新 851 井在须二段获得天然气产量 $38\times10^4\,\mathrm{m}^3/\mathrm{d}$、无阻流量 $151\times10^4\,\mathrm{m}^3/\mathrm{d}$ 的工业气流，发现了新场须二段气藏，随后在新 5、新场 8、新 10、新 11 等井相继获工业气流，新场须二段天然气勘探评价取得了进一步的进展。截至 2011 年，新场须二段共提交探明储量 $1211.2\times10^8\,\mathrm{m}^3$。新场须二段气藏是由数套厚度大、延伸范围广的储集砂体组成，埋藏深度 4500~5300m，压力系数为 1.66 左右，属异常高压气藏。

1. 构造特征

新场构造带是一个近 EW 走向的大型低幅度隆起带。该构造带在早、中侏罗世已具雏形，后期经历了多期构造运动改造。平面上，新场构造为复式背斜构造圈闭，发育孝泉构造、新场构造、合兴场构造、丰谷构造等多个局部构造。该地区须二段主要发育印支早期形成的近 EW 向断层及燕山中晚期形成的 SN 向（近 SN 向）断层（图6-7，表6-3）。其中，燕山晚期形成的 SN 向断层在控制现今构造形态的同时，还控制着须二段气藏的高产富集。

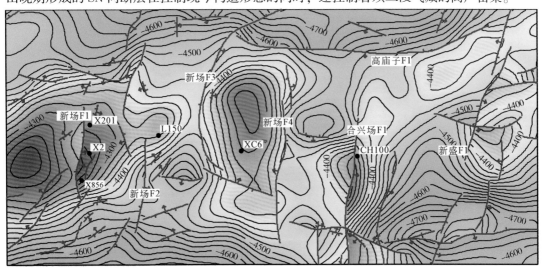

图 6-7　川西新场构造带晚期 SN 向断层平面分布图

表 6-3　新场构造带主要 SN 向断层要素统计表

区块	断层名称	断层性质	断开层位	断距/m	走向	倾向	最大延伸长度/km	邻近单井
新场–罗江	新场 F1	逆断层	T_3x^4-T_2l	30~50	近 SN	近 E	5.5	X851、X2
	新场 F2	逆断层	T_3x^4-T_3m	20~30	近 SN	近 E	6	L150、X8
	新场 F3	逆断层	T_3x^3-T_2l	20~40	SN–NE	E—SW	15.1	X5、X501
	新场 F4	逆断层	J_3p-T_3x^2	25~50	近 SN	近 W	17.3	X601
合兴场	合兴场 F1	逆断层	J_2x-T_3m	50~75	近 SN	近 E	14.6	CH100、CH127
高庙子–新盛	新盛 F1	逆断层	T_3x^5-T_3m	15~50	近 SN	近 E	9	XShengI

2. 烃源条件

川西须二段气藏的烃源岩主要为马鞍塘组—小塘子组及须二段自身的暗色泥页岩。

通过对达标的烃源岩样品（TOC>0.4%）进行统计，马鞍塘组—小塘子组泥页岩有机碳含量为 0.48%~5.76%，平均为 1.2%；须二段泥页岩有机碳含量为 0.50%~14.16%，平均为 2.49%。干酪根类型主要为Ⅱb、Ⅲ型。烃源岩热演化史研究表明，马鞍塘组—小塘子组和须二段烃源岩在晚三叠世末进入生烃门限，在中侏罗世—晚侏罗世进入生排烃高峰（表 4-10），累计生烃强度为 30×10^8~60×10^8m³/km²（图 6-8），为川西须二段气藏的形成提供了良好的烃源条件。

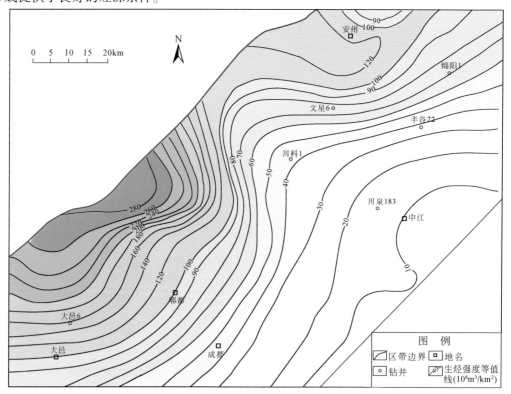

图 6-8　川西拗陷马鞍塘组—小塘子组累计生烃强度等值线图

3. 储层条件

川西新场地区须二段属于三角洲前缘–前三角洲沉积体系（图2-38），多套进积型三角洲前缘水下分流河道叠加河口坝砂体，是本区储集性较好的砂体。储层岩石类型以中–粗粒岩屑石英砂岩为主，储层基质物性致密–超致密，相对优质储层的分布局限，储层非均质性极强。据岩心物性分析资料统计，新场须二段储层孔隙度最大12.97%，最小仅0.31%，平均3.56%，主要分布在1.5%~4.5%；渗透率最大526.488mD，最小0.00019mD，平均0.06mD，主要分布在0.02~0.08mD，属于典型的致密–超致密储层。

根据铸体薄片和扫描电镜观察结果，新场须二段主要发育粒间充填剩余孔、粒间溶孔、粒内溶孔、黏土矿物晶间孔和裂缝等储集空间类型，孔喉半径普遍小于0.04μm，孔喉分选系数普遍大于1.8（表3-6），总体属于纳米孔喉、差孔喉分选、超低孔超低渗致密–超致密砂岩储层。储层致密化史研究表明，新场须二段储层致密化时间为晚侏罗世末期（表3-7）。

岩心和成像测井裂缝倾角统计结果表明，新场地区须二段主要发育低角度斜交裂缝及高角度斜交裂缝，水平缝较少发育（仅见于新501），垂直缝不发育（图6-9）。其中，德阳1、新场15、新209、新203、新场8、新501等井的低角度斜交裂缝所占比例均超了过75%，最高达到了94%（新场15井），高角度斜交裂缝仅在新201井广泛发育，所占比例达到73%。综合分析新场地区须二段裂缝倾角与构造位置及断裂的关系，发现位于相对构造高部位及相对邻近SN向断裂的井，高角度缝所占比例相对较大；位于相对构造低部位及相对远离SN向断裂的井，高角度缝相对较不发育。

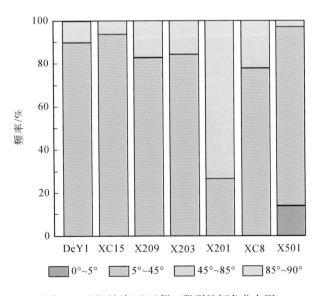

图6-9 川西新场地区须二段裂缝倾角分布图

已有研究表明，E–W向高角度裂缝在川西地区广泛发育（毕海龙等，2012；Su et al.，2014）。由于E–W向裂缝充填程度低、有效程度高，裂缝通常具有高导缝的性质。

综合裂缝形成时间及形成机制的研究成果，川西须家河组裂缝主要形成于印支晚幕、燕山期及喜马拉雅期等多幕构造运动。其中，NW–SE 向裂缝形成于印支早期、燕山中晚期及喜马拉雅中晚期；NE–SW 向裂缝形成于印支中晚期——燕山早期；E–W 向裂缝主要形成于燕山中晚期及喜马拉雅期。川西新场地区须二段现今应力场方向研究表明，新场地区最大主应力以 NEE–SWW 向为主（图 6-10）。E–W 向高角度裂缝与现今最大主应力方向趋于一致，现今的构造应力环境可以开启早期闭合的裂缝，对多期形成的 E–W 向裂缝具有积极的改造作用。

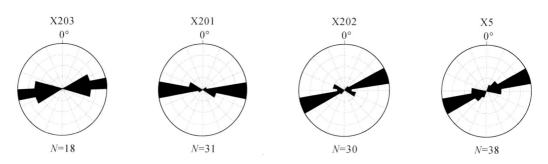

图 6-10　川西新场地区须二段最大主应力方向分析图

4. 气藏流体与温压特征

新场地区须二段天然气甲烷含量分布在 96% ~ 98%，乙烷含量普遍低于 1%，天然气湿度系数 $\Sigma C_{2+}/C_1$ 小于 1%，CO_2 含量低（平均 0.8%），属于比较典型的干气。天然气碳同位素绝大部分表现出 $\delta^{13}C_1 < \delta^{13}C_2 < \delta^{13}C_3 < \delta^{13}C_4$ 的正常系列分布特征，显示天然气主要为典型的有机成因气。

地层水以 $CaCl_2$ 型为主。矿化度主要分布在 5 ~ 130g/L，且矿化度差别明显，可分为三类：第一类以低矿化度为特征，总矿化度小于 10g/L，属于典型的凝析水，一般产于高产气井或气井的高产气、低产水阶段，如新 851 井、川合 100 井、川合 127 井、川合 137 井等；第二类地层水总矿化度中等，分布在 10 ~ 80g/L；第三类以高矿化度为特征，总矿化度大于 80g/L，部分大于 100g/L，主要分布于高产水井（水层）或气井的高产水（高水气比）阶段，如川孝 560 井、川合 137 井等。

气藏地温梯度在 2.22 ~ 2.44℃/100m，属正常地温系统。原始地层压力系数为 1.6 ~ 1.73，属异常高压气藏。总体上，新场须二段气藏属于异常高压常温气藏。

5. 试采特征

截至 2015 年年底，新场地区须二段气藏单井累计产气量为 53×10^4 ~ $74565 \times 10^4 m^3$，累计产水量为 10 ~ 761984 m^3，表明新场构造带须二段气藏产能差异大，部分井产水严重。总体上，新场须二段气藏属于含水气藏，气井在生产过程中不同程度产水，主要分为裂缝性水窜和裂缝孔隙性产水。裂缝性水窜主要表现为气井见水后产水急剧上升，气井产量、压力急剧降低，压差急剧增加，气井排水采气时间提前，同时见水后可造成水封气，形成死气区，大大降低气藏采收率。裂缝孔隙性产水主要是气水同产，产水量较低，在能量较为充足的时候，不会对气井产生较大危害。

以年均产气量和年均递减率两个参数作为分类依据，可以将气井分为高产稳产型、中产稳产型、中产缓减型和低产衰竭型 4 种类型。其中，高产稳产型单井年均产气量大于 $3000\times10^4 m^3$，年均递减率低于 15%；中产稳产型单井年均产气量为 $1000\times10^4 \sim 3000\times10^4 m^3$，年递减率低于 15%；中产缓减型单井年均产气量与中产稳产型相类似，为 $1000\times10^4 \sim 2500\times10^4 m^3$，但是年递减率在 15%~25%；而低产衰竭型单井年均产气量基本不足 $1000\times10^4 m^3$，且年均递减率普遍高于 30%。

由图 6-11 可以看出，新场须二段无成层的地层水分布，水的分布表现出串珠状残留地层水的特征，水层横向不连通，孤立的水层分布不受构造控制，没有表现出上气下水常规油气藏或上水下气深盆气藏的特征，没有明显的气水边界。新场须二段气水分布特征是须家河组砂体展布变化大、储层内部非均质性强、孤岛状岩性圈闭发育等共同所致。

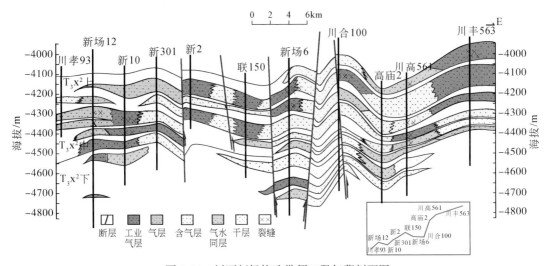

图 6-11　川西新场构造带须二段气藏剖面图

6. 成藏差异性对比

根据气源特征及天然气、地层水化学特征的对比研究，结合单井产出动态分析，可以将新场须二段气藏划分为断层输导型及源储相邻型两种类型，前者邻近 SN 向深大断层，后者则远离 SN 向深大断层。两类气藏在气源及天然气运移方式上存在明显差异。

1）源

天然气组分和碳同位素组成均反映须二段天然气为海陆过渡相成因气和典型陆相成因气的混合（图 4-7）。同时，不同构造部位主要气源存在明显差异。其中，产自邻近 SN 向深大断层钻井的天然气具有相对较低 iC_4/nC_4 值和高 C_1/C_2 值，表现出马鞍塘组—小塘子组海陆过渡天然气的特征。远离 SN 向深大断层须二段中、上亚段天然气则具有相对较高 iC_4/nC_4 值、低 C_1/C_2 值，表现出须二段内部烃源岩典型陆相成因气的特征（图 4-32）。

2）相

在沉积相和储层方面，二者具有相同沉积背景，均以三角洲前缘沉积为主（图 2-38）。储层整体致密，但在三角洲前缘水下分流河道和河口坝微相发育相对优质储层（图 3-37 ~ 图 3-39）。

3）位

断层发育程度存在明显差异，导致二者具有明显不同的天然气运移方式。其中，晚期形成的 SN 向断层在控制现今构造形态的同时，还起到沟通和输导下伏马鞍塘组—小塘子组气源和贯通须二段内部气源的作用，断层输导成为天然气运移的主要方式，地层水表现出须二段、马鞍塘组—小塘子组及海相地层水的特征。在远离 SN 向断层地区，源储直接接触有利于油气近距离运聚成藏，生烃增压成为天然气运聚成藏的主要动力。

综合上述对比分析可以看出，断层输导型气藏邻近 SN 向深大断层，天然气通过断层运移，气源条件更优越，有利于油气高产富集；而源储相邻型气藏远离 SN 向深大断层，缺乏油气运移高速通道，但是在优质烃源岩和优质储层发育，且源储大面积直接接触的地区，油气同样可以富集成藏。

7. 成藏过程及成藏配置关系

新场须二段成藏主要经历了 3 个阶段（图 4-35，图 4-36）。①印支晚期：早期成藏，围绕构造形成大面积低丰度油藏，在构造位置较高地区形成相对高丰度常规油气藏。②燕山中期：主成藏期，受燕山运动的影响，新场构造带构造格局发生变化，西部孝泉、新场地区发生构造抬升，且在西部地区形成了断至马鞍塘组—小塘子组烃源层的烃源断层及须二段层间断层。此时烃源岩已进入了生排烃高峰，以生气为主，储层开始致密，油气在剩余压力差作用下，沿着断裂和孔隙型砂岩储层进行垂向和侧向运移并聚集成藏。③喜马拉雅期：受喜马拉雅运动影响，四川盆地整体隆升，构造幅度进一步增大，地层遭受剥蚀，并产生大量的断裂和裂缝系统，早期形成的油气藏发生调整和改造，油气主要在构造高部位及断裂带附近等低势区富集。同时，在断裂不发育地区，储层致密造成油气非浮力运聚成藏，可能形成大面积连续分布、低丰度的岩性气藏。

（二）川西新场须四段气藏

川西坳陷须四段气藏主要分布在新场构造带。2004 年 10 月在新 882 井酸化压裂测试获日产天然气 $2.32×10^4 m^3/d$，发现了新场须四上亚段气藏。此后在联 116、新 10、新场 22、新场 26 等井相继获工业气流，发现了新场须四下亚段气藏。新场须四段由数套厚度大、延伸范围广的储集砂体组成，埋深 $3300～4100m$，压力系数平均 1.92，属于异常高压气藏。

1. 构造特征

新场须四段构造为一短轴背斜，存在 3 个面积和幅度较小的高点（孝泉–新场构造、罗江构造和东泰构造），新场地区发育 SN 向、NE 向、EW 向等多个方向的断层，断距较小。

2. 烃源条件

新场须四下亚段天然气主要来自须三段。由于须四中亚段泥页岩的封挡作用，须三段生成的天然气很难继续向上运移至上亚段，须四中上亚段天然气主要来自须四段内部烃源岩的贡献。通过对达标的烃源岩样品（TOC>0.4%）进行统计，须三段泥页岩有机碳含量为 0.50%～6.51%，平均为 1.94%，累计生烃强度为 $60×10^8～90×10^8 m^3/km^2$（图 6-12）；

须四中亚段暗色泥页岩在新场地区较发育，厚度 90 ~ 120m，有机碳含量为 0.47% ~ 19.24%，平均为 2.59%，生烃强度为 $5 \times 10^8 ~ 10 \times 10^8 \text{m}^3/\text{km}^2$。干酪根类型均以 Ⅲ 型为主。

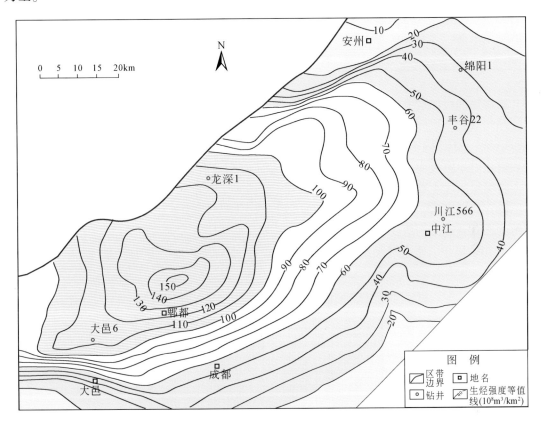

图 6-12 川西拗陷须三段累计生烃强度等值线图

烃源岩热演化史研究表明，须三段烃源岩在中侏罗世晚期至晚侏罗世晚期进入排烃门限，早白垩世早期至晚期进入排烃高峰期；须四段烃源岩在中侏罗世末期至早白垩世达到成熟，晚白垩世进入生排烃高峰（表4-10）。

3. 储层条件

新场须四上亚段和下亚段主要发育辫状河三角洲平原-前缘（水下）分流河道、河口坝、远砂坝沉积（图2-40），其中须四中亚段相对发育泥页岩沉积，泥地比平均可达 61.3%。须四上亚段以岩屑砂岩和岩屑石英砂岩为主，中亚段以钙屑砂岩为主，下亚段则以岩屑石英砂岩和岩屑砂岩为主。此外，须四下亚段普遍发育辫状河三角洲平原砂砾质、砾质河道沉积，这些砂砾质、砾质河道裂缝较发育，极大地改善了储层的渗流能力。新场地区须四段储层物性整体较差，孔隙度一般小于 10%，渗透率一般小于 0.1mD。其中，须四上亚段物性相对最好，下亚段次之，中亚段物性最差，但须四下亚段的裂缝较发育。从储层类型上看，须四上、中亚段以孔隙型储层为主，而须四下亚段以孔隙型、裂缝-孔隙型储层为主（表6-4）。

表6-4　川西新场地区须四各亚段储层物性统计表

层位	样品数	孔隙度/%			渗透率/mD			层理缝/(条/m)	构造缝/(条/m)
		最小值	最大值	平均值	最小值	最大值	中值		
上亚段	2191	0.33	21.09	5.90	0.0001	200.44	0.086	10~20	<3
中亚段	784	0.50	13.99	3.27	0.001	287.82	0.020		
下亚段	1160	0.25	12.33	4.98	0.001	1070.03	0.087	10~15	7.57

新场须四段储层孔隙类型主要为剩余粒间孔、粒内溶孔、粒间溶孔，并见少量铸模孔、晶间微孔、层间微缝等。储层孔喉半径普遍小于 $0.04\mu m$，孔喉分选系数平均为 2.18（表3-6），总体属于纳米孔喉、差孔喉分选、低–超低孔超低渗致密–超致密砂岩储层。储层致密化史研究表明，新场须四段储层致密化时间为早白垩世末期（表3-7）。

新场须四段主要发育低角度斜交裂缝及高角度斜交裂缝，水平缝发育较少，垂直缝基本不发育（图6-13）。其中，低角度斜交裂缝所占比例均超过40%，大多数在80%以上；高角度斜交裂缝比例均在45%以下，大多数在20%以下；水平缝比例均在16%以下，大多数在10%以下；垂直缝仅见于部分钻井（新10、新2），且比例均小于10%。

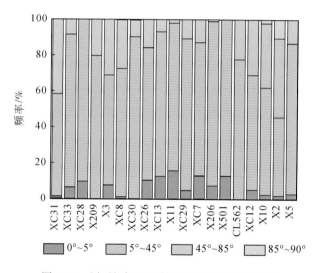

图6-13　川西新场地区须四段裂缝倾角分布图

新场须四段最大主应力方向为 NEE-SWW 向，同时存在 NE-SW 向、E-W 向和 NW-SE 向（图6-14）。与须二段相似，与现今最大主应力方向一致的 E-W 向高角度裂缝充填程度低，有效程度高。

4. 气藏流体及温压特征

天然气甲烷含量相对于须二段明显较低，主要分布在83%~93%，乙烷含量则普遍大于2%，干燥系数分布在0.85~0.98，平均值为0.93，大部分样品为典型的湿气。

地层水水型较单一，主要为 $CaCl_2$ 型。矿化度也较大，一般在50g/L以上，阳离子以 Na^+ 和 Ca^{2+} 为主，阴离子则以 Cl^- 占绝对优势，表现出深层封闭环境下地层水的特征，有利

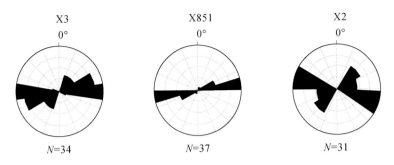

图 6-14 川西新场地区须家河组四段最大主应力方向分析图

于油气的聚集和保存。

气藏地温梯度为 1.94 ~ 2.37℃/100m，属正常地温系统。原始地层压力系数为 1.7 ~ 2.03，属异常高压气藏。总体上，新场须四段气藏属于异常高压常温气藏。

5. 试采特征

新场须四段气藏先后有 25 口井投入试采。其中，上、中亚段气藏投入试采井 9 口，下亚段投入试采井 16 口。总体上，单井产出流体以气水同产为主要特征。

截至 2015 年年底，单井累计产气量为 $8 \times 10^4 \sim 20335 \times 10^4 m^3$，累计产水量为 6 ~ 257226$m^3$。纵向上，须四上、中亚段单井试采效果一般，单井累计产气量为 $8 \times 10^4 \sim 2849 \times 10^4 m^3$，累计产水量为 38 ~ 257226$m^3$，水气比为 0.10 ~ 118.50$m^3/10^4 m^3$，表明新场地区须四上、中亚段含气丰度较低、含水特征明显；下亚段产气效果好于上、中亚段，产水量较低，水气比为 0.10 ~ 15.87$m^3/10^4 m^3$，其中新场 21-1H 井单井累计产气量超过 $2 \times 10^8 m^3$。

6. 成藏差异性对比

川西新场须四上、中亚段气藏在天然气、地层水化学特征及单井生产动态等方面与须四下亚段气藏存在明显差异。

1）源

须四中亚段暗色泥页岩为须四上、中亚段气藏的主力烃源岩，以三角洲前缘水下分流间湾沉积为主。烃源岩厚度 90 ~ 120m，达标烃源岩有机碳平均为 2.59%，有机质类型主要为腐殖型（Ⅲ），R_o 主要在 1.2% ~ 1.6%，累计生烃强度为 $5 \times 10^8 \sim 10 \times 10^8 m^3/km^2$。

须三段为须四下亚段气藏的主力烃源岩，以前三角洲-滨浅湖沉积为主。烃源岩厚度 300 ~ 500m，达标烃源岩有机碳平均为 1.94%，有机质类型主要为腐殖型（Ⅲ），R_o 主要在 1.5% ~ 1.8%，累计生烃强度为 $60 \times 10^8 \sim 100 \times 10^8 m^3/km^2$。

2）相

须四上、中亚段除了少数裂缝样品的影响外，大部分样品孔渗关系较好，储层类型以孔隙型为主，不均匀分布的层理缝、层间缝及微裂缝对改善孔隙性和渗透性贡献有限。

须四下亚段储层属于冲积扇-辫状河-辫状河三角洲沉积体系。其中，砾岩储层孔隙度一般在 2% 以下，储集性能较差；砂岩储层孔隙度主要分布在 6% ~ 10%，渗透率则主要分布在 0.02 ~ 0.4mD。裂缝较发育，以裂缝-孔隙型储层为主。

3）位

须四上、中亚段与下亚段在构造特征上差异并不明显，但是下亚段底部砾岩较砂岩更致密，因此，局部发育的沟通须三段烃源的断层有利于须四下亚段油气的运聚成藏。

总体上，须四下亚段的烃源条件优于上、中亚段。同时，上、中亚段主要发育砂岩储层，砂岩分布范围广，单砂体厚度大，侧向连通性较好；下亚段岩性复杂，砂岩、砾岩及砂砾岩储层均见分布，局部裂缝发育，储层横向连通性差，形成彼此孤立的砂、砾岩体。对于须四上、中亚段，构造和断层对气水分布具有一定的控制作用，构造高部分含气程度高。但是，由于须四中亚段烃源岩生烃强度较低，天然气充注程度不足，且构造抬升幅度相对较小，脱溶程度较弱，气藏普遍以气水同层的形式存在。对于须四下亚段，构造高部位及断裂附近天然气产能较高，表明构造和断裂对气水分布具有一定的控制作用，但控制程度相对较低。由于须三段烃源岩排烃强度大，充足的烃源保证天然气可有效驱替储层内地层水，气水分异明显。同时，须四下亚段砂砾岩储层发育，物性条件总体较差，储层内部具较强的横向非均质性，导致气藏气水分布虽然总体受成藏期古构造控制，但可能存在多个透镜状、分隔独立的水化学体系，没有明显的气水边界。

7. 成藏过程及成藏配置关系

新场须四上、中亚段成藏主要经历了3个阶段（图4-37，图4-39）。①印支晚期：早期成藏，烃源岩所生成的少量烃类垂向充注于大面积分布的高孔渗砂体，油气主要沿孔隙型砂体及断裂向构造高部位运移，由于此时供烃不足，须四上亚段储层含气丰度较低。②燕山中晚期：主成藏期，烃源岩所生成的烃类垂向充注于大面积分布的砂体，油气以水溶气方式沿着孔隙型砂体及断裂向构造高部位运移，气水分异差，气藏主要分布在构造相对高部位的有利储层中。③喜马拉雅期：四川盆地整体隆升，构造幅度进一步增强，形成了大量的断层及裂缝，早期形成的水溶气藏受到晚期抬升脱溶作用的影响。川西地区隆升幅度与地层剥蚀减压及水溶气脱溶程度较弱，导致气藏普遍以气水同层形式存在。

新场须四下亚段成藏主要经历了3个阶段（图4-38，图4-39）。①印支晚期：早期成藏，须三段烃源岩生成的少量烃类向上运移至须四下亚段储层，并向构造较高部位侧向运移聚集，气藏规模较小，且多为气水同层。②燕山中晚期：主成藏期，油气在生烃增压作用下向上垂向运移进入须四下亚段储层并在构造高部位聚集成藏，如油气进入与烃源岩相邻的致密储层则可形成深盆气藏。因成藏持续时间长，烃源充足，气水分异明显，含气丰度普遍较高。③喜马拉雅期：盆地进一步隆升，形成了大量的断裂，此时储层完全致密，早期油气聚集沿断裂向低势区运移，发生调整和改造。

（三）川中广安须四段气藏

广安气田须四段气藏的发现井为广51井，至2007年，揭穿须四段的完钻井53口，油气测试井33井次，获工业气井20口，低产量气井3口，累计测试日产气量达179.36×10^4m^3。截至2009年年底，广安须四段气藏提交天然气探明储量566.91×10^8m^3。

1. 构造特征

广安须四段气田圈闭特征整体表现为一个核部被逆断层错断的EW向不对称背斜，背斜南翼陡北翼缓，翼部发育一系列 NWW、NW 或 NEE 走向的鼻突或高点。构造最高部位在北翼的大兴场圈闭；最大鼻突在中部的井溪寺，属于多个高点组成的构造群，构造闭合面积超过 250km²（车国琼等，2007）。因此，川中广安气藏主要为断背斜气藏（属于构造气藏，在工区西部和南部发育），其次为构造–岩性气藏（发育在背斜北翼低缓斜坡上）。

2. 烃源条件

气源对比表明，广安地区须四段天然气主要来自须三段，部分来自须五段。川中地区上三叠统须家河组煤系地层有机碳丰度较高（1.8%～3.0%），有机质类型主要为 III 型，实测 R_o 为 1.02%～1.59%，已达到成熟–高成熟演化阶段。本地区上三叠统须家河组累计生气强度较大，生烃中心位于广安气田附近，生气强度可达 $20×10^8 m^3/km^2$ 以上（图 4-16，图 4-28），烃源较丰富。

3. 储层条件

广安须四段储层属于三角洲前缘水下分流河道和河口坝沉积（图 2-28），砂体厚度相对稳定，具有多物源的特征。储层孔隙度最高 15.4%，平均 5.12%；渗透率为 0.01～33mD，平均 0.32mD，储渗性优于川西拗陷。储层具有特低孔低渗–低孔低渗的特征，局部裂缝发育，以孔隙型储层为主。裂缝发育有利于气藏的富集和高产（车国琼等，2007；赵文智等，2010）。

4. 气藏流体与温压特征

天然气甲烷含量相对于川西拗陷明显较低，主要分布在 89%～94%，乙烷含量则普遍大于 4%，C_1/C_2 值分布在 15～22，以湿气为主。天然气甲烷碳同位素普遍低于 −37‰，反映天然气成熟度较低。

地层水水型较单一，主要为 $CaCl_2$ 型。矿化度较高，一般在 150g/L 以上，封闭性好。地层压力系数为 1.2～1.5，属高压气藏。总体上，新场须四段气藏属于异常高压常温气藏。各气水系统被泥岩及致密砂岩在纵、横向上分隔，形成多个相互独立、具有不同温压特征的气水系统。

5. 试采特征

截至 2009 年年底，广安气田投产井约 51 口，其中须六段井 43 口，须四段 8 口，试采井的试采产量与水气比差异较大，生产动态特征差异也较大（兰朝利等，2010）。总体上，须四段产水普遍，单井产能较低，宏观上仍遵循上气下水的规律。同时，泥岩及致密砂岩的分隔，导致单个气层在构造相对高或低处均有分布，如广安 106 井位于斜坡部位，上倾方向具有岩性封堵，且裂缝发育，测试获得 $7.1×10^4 m^3/d$ 高产气流（图 4-41）。

有效储层与构造高部位有效配置，含气饱和度和单井产量均相对较高（赵文智等，2010）。其中，广安背斜构造高部位试采气产量 ≥ $10×10^4 m^3/d$，水气比≤$1m^3/10^4 m^3$，生产动态特征表现为油、套压稳定，产气量高且稳定，产水量、水气比低而稳定；构造低部位气水同层区或富水区，产气量低、产水量较高（兰朝利等，2010）。结合广安地区须四段顶面构造与气藏剖面（图 4-41），可以发现大致低于 −2000m 的低构造部位基本不含气，高于 −2000m 的构造普遍含气，现今构造基本控制了气水分布。

6. 成藏过程及成藏配置关系

研究表明广安地区须四段油气成藏主要经历了 3 个动态演化过程（图 4-40）。①晚侏罗世末期：早期成藏，储层物性较好，油气在浮力作用下进入印支晚期至燕山期古隆起形成常规油气藏。②白垩纪—古近纪（燕山晚期—喜马拉雅早期）：主成藏期，储层开始致密化，但仍存在较多物性较好储层，天然气以水溶相方式沿砂体侧向运移，气藏气水赋存状态总体受成藏期古构造控制。③新近纪以来（喜马拉雅期）：区域性强烈隆升与地层剥蚀减压为水溶气脱溶成藏创造了条件，脱溶作用明显强于川西地区。同时，由于该区须四段砂体具相对较好的连通性，存在相对统一的气水界面，气藏分布范围较广，多发育在构造高部位。

三、源内成藏体系

"十一五"及"十二五"期间，四川盆地致密砂岩源内成藏体系在川西新场须五段、川西大邑须三段、川北剑阁及元坝须三段、川中安岳须五段等均取得了重要发现。"十二五"期间在川西新场须五段提交天然气控制储量 $1095.53 \times 10^8 \mathrm{m}^3$，预测储量 $1003.12 \times 10^8 \mathrm{m}^3$；川东北元坝须三段提交控制储量 $962.24 \times 10^8 \mathrm{m}^3$。

1. 川西新场须五段气藏

1）构造特征

新场构造带须五段呈现 NE 向展布的宽缓复式背斜，背斜西高东低，南陡北缓。平面上主体区断裂整体不发育，主要发育于东部罗江–合兴场一带，纵向上底部断层较上部更为发育。

2）烃源条件

新场须五段气藏烃源主要来自须五段内部，研究区内须五段烃源岩厚度主要分布在 200 ~ 350 m，有机质类型主要为腐殖型（Ⅲ），有机碳平均为 4.95%，R_o 分布在 0.8% ~ 1.3%，泥页岩处于成熟–高成熟阶段。新场地区须五段生烃强度为 $20 \times 10^8 ~ 40 \times 10^8 \mathrm{m}^3/\mathrm{km}^2$（图 6-1），具有较好的烃源条件。

3）储层条件

新场地区须五段属三角洲前缘–湖相沉积（图 2-41），其中三角洲前缘水下分流河道、河口坝、席状砂及湖相滩坝砂是本区主要的储集砂体类型。储层岩石类型以细–粉砂岩屑砂岩为主，富岩屑，贫长石，成分成熟度低（表 3-3，表 3-4，图 3-3），黏土矿物及碳酸盐胶结物含量高（表 3-4）。

据岩心物性统计，须五段砂岩储层孔隙度平均 1.84%，平均渗透率 0.02mD（表 3-2），属特低孔超致密储层。储集空间以溶蚀孔、晶间孔、晶内孔、有机质纳米孔和微裂隙为主，孔喉半径普遍小于 0.01 μm，中值压力平均 57.38MPa，孔喉分选系数平均 4.54（表 3-6），总体属于纳米孔喉、差孔喉分选、特低孔特低渗超致密砂岩储层。

4）保存条件

新场须五段气藏盖层主要为上覆侏罗系巨厚的砂泥岩和须五段本身广泛发育的泥页岩，盖层分布广、厚度大、岩性稳定，封盖条件较好，有利于油气聚集和保存。

新场构造带由短轴背斜或平缓的鼻状构造组成，发育近 EW 向和 SN 向断层，部分断层向上延伸至侏罗系，可能导致早期的油气聚集遭到破坏，在侏罗系形成次生气藏。根据气藏含气性与断层距离的关系研究，新场须五段气藏总体表现出与断层距离越近，产水量和水气比越高的特征。

5）气藏流体与温压特征

天然气以 CH_4 为主，并含少量的 CO_2 和 N_2。CH_4 含量较低，乙烷含量较高，C_1/C_2 值平均为 22，纵向上具最低值（图 4-1），以湿气为主。$\delta^{13}C_1$ 值变化较大（图 4-20），可能有两个原因：①成熟度差异；②地层水对天然气的溶解作用及解吸-吸附作用引起的甲烷碳同位素组成分馏。

地层水以 $CaCl_2$ 型为主，矿化度较高，一般在 50g/L 以上，平均 72.6g/L，表现出典型封闭环境的水化学特征。

地温梯度 2.13～2.14℃/100m，属正常地温系统。原始地层压力系数为 1.83～1.84，属于异常高压气藏。

6）试采特征

新场须五气藏先后投产 17 口井，日产气 $9.32×10^4m^3$，日产水 $236.38m^3$。截至 2013 年年底，累计产气 $3502.24×10^4m^3$，累计产水 $16.57×10^4m^3$。根据生产井试采初期效果统计分析，可分为 3 种类型：①初期产量>$3×10^4m^3/d$，排液采气阶段压力、产量均快速递减；②初期产量为 $1×10^4$～$3×10^4m^3/d$，压力快速递减，产量递减相对较慢；③初期产量<$1×10^4m^3/d$，压力、产量缓慢递减，低压低产。

7）成藏过程及成藏配置关系

川西须五段在早白垩世早、中期进入排烃门限，早白垩世中、晚期进入排烃高峰期（表 4-4）。此时，储层已基本致密，油气充注发生在储层致密之后，以局限流体动力场为主，浮力作用受到限制，生烃增压和泥岩-砂岩毛细管压力差为主要的成藏动力。由于储层超致密，新场须五段表现出大面积含气但含气丰度低的特点。

2. 川东北元坝须三段气藏

1）构造特征

元坝构造南部为川中低缓构造带北部斜坡，东为通南巴构造带西南端，北为九龙山背斜南端。局部褶皱较强烈，西北受九龙山背斜的影响，断层较发育，在须三段共解释出 219 条断层，但断层规模均较小，以高角度、逆断层为主（图 6-15）。受区域构造运动影响，各地层之间具较好继承性，自下而上褶皱和断层发育的程度逐渐减弱。

该区断层主要是喜马拉雅期的产物。九龙山背斜的断层主要是 NE 向，与龙门山方向的 NW-SE 向挤压应力垂直；中部断褶带的断层走向比较杂乱，主要包括 NE-SW 向，NW-SE 向和近 N-S 向，甚至同一条断层出现多个走向（图 6-15）。此外，中部断褶带的不同方向的断层没有明显交切关系，进一步表明中部断褶带的断层主要为喜马拉雅期的产物。

2）烃源条件

元坝须三段烃源岩的厚度在 48～121m，平均 83m。须家河组暗色泥岩 TOC 为 0.17%～13.38%，大部分在 0.5%～5.0%，平均为 2.51%。有机质类型主要为Ⅲ型，R_o 为 1.30%～2.00%，已达到高成熟演化阶段。须三段烃源岩累计生烃强度可达 $2×10^4$～$10×10^8m^3/km^2$（图 6-16），烃源较丰富。

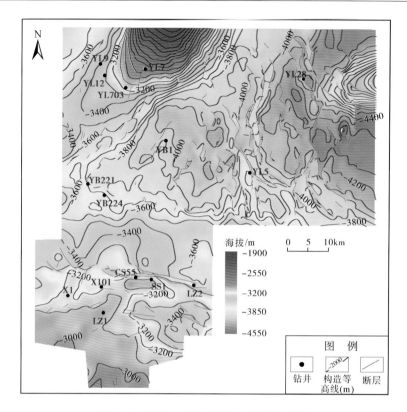

图 6-15 阆中–元坝地区须三段顶构造图

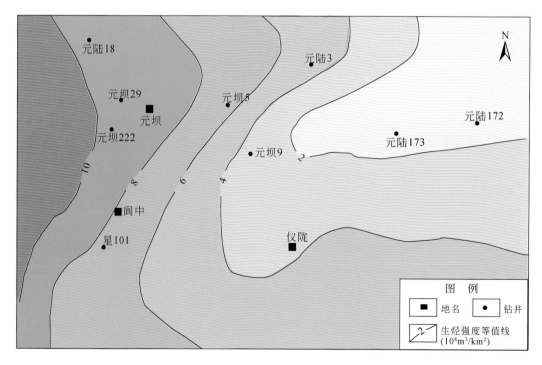

图 6-16 川东北阆中–元坝地区须三段烃源岩累计生烃强度等值线图

3）储层条件

元坝须三段以中粒含钙、富钙屑砂岩、钙屑砂砾岩为主，砂岩中石英及长石含量较低，岩屑含量较高，且主要为碳酸盐岩岩屑（图2-15，表3-3，表3-4）。平均孔隙度2.1%，平均渗透率0.01mD，总体属于超低孔、超低渗储层。同时，钙屑砂砾岩中微裂缝较发育，岩石渗透率明显较高（表6-5）。根据成像测井资料，元坝须三段裂缝主要发育于砂泥、砾泥互层性较强的层段。此外，较厚的砂岩段多在靠近泥岩的岩性界面处发育裂缝。总体上，裂缝发育程度与宏观构造位置没有明显相关性，而受岩性组合影响较大，砂泥、砾泥互层段是裂缝发育的有利层段。

表6-5 元坝地区须三段粒度与岩石物性及自生矿物含量关系

粒度	孔隙度/%	渗透率/mD	方解石/%	白云石/%
砾岩	1.52	0.045	4.7	0.05
中粒	1.99	0.005	9.9	0.7
细粒	1.56	0.006	11.2	2.5
粉砂	1.36	0.005	12.1	2.5

根据裂缝充填方解石脉中的流体包裹体均一化温度统计，主要分布在120～170℃（图6-17），结合元坝地区的埋藏史和热史（图6-18），该温度分布范围与构造抬升期的地层温度具有高度的一致性，表明裂缝形成及流体活动主要发生在燕山晚期和喜马拉雅期。

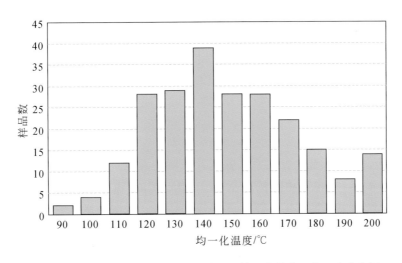

图6-17 元坝地区裂缝充填方解石脉的流体包裹体均一化温度分布图

4）保存条件

元坝地区陆相盖层发育，纵向上发育须三段、须五段、下侏罗统珍珠冲段—马鞍山段、下侏罗统大安寨二亚段、中侏罗统千佛崖组二段等多套直接盖层和区域盖层，盖层条件十分有利。

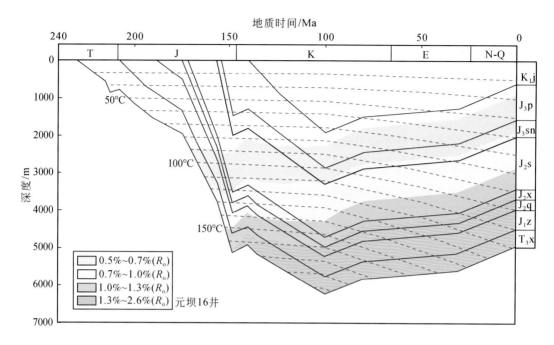

图6-18 元坝地区埋藏史、热史曲线

5）气藏流体与温压特征

总体上，天然气具有高甲烷含量、低重烃含量、低CO_2和N_2含量及无H_2S的特点。平面上，自北（元坝）向南（阆中），天然气C_1/C_2值逐渐降低，如YL7井C_1/C_2值为212，X1井C_1/C_2值则降至13。地层水以$CaCl_2$型为主，矿化度较高，一般在100g/L以上，平均113.7g/L，表现出典型封闭环境的水化学特征。其中，YL7井气藏伴生水矿化度低于15g/L，表现出凝析水特征，产水量和水气比明显低于其他钻井。

元坝地区须家河组地层压力系数在1.75~1.93，属异常高压气藏，也表明该区须家河组气藏具较好的保存条件。

6）试采特征

元坝须三段气藏产能低，各层系、各气井产能差异大，单井测试日产气0.01×10^4~$120.83\times10^4 m^3/d$，84%的钻井测试产量小于$10\times10^4 m^3/d$，63%的井测试产量小于$5\times10^4 m^3/d$，以低产为主。气藏具有能量衰竭快的特点，表明裂缝在初期的产能贡献中起了大部分作用。

元坝须三段气水分布基本不受构造控制。如YL7、X1、YL703井均位于构造较高部位（图6-15），试采水气比分别为0.05、5.50和6.28；YB221、YB224井位于构造低部位（图6-15），试采水气比分别为0.37和0.15。构造对气水分布的影响较小。

7）成藏过程及成藏配置关系

元坝须家河组烃源岩在中侏罗世中期进入排烃门限，早白垩世中、晚期进入排烃高峰期（图6-18）。天然气主充注期在储层致密化（中侏罗世中期至晚侏罗世）之后，以局限流体动力场为主，浮力作用受到限制，生烃增压和泥岩-砂岩毛细管压力差为主要的成藏动力。优质烃源岩不仅提供气源，还提供油气运移的动力，同时生烃增压能够形成破裂缝，为油气运移提供通道。因此，气藏具有源储紧密相邻、近源就近富集成藏的特征。

第二节　天然气成藏主控因素与富集规律

四川盆地陆相层系经过多年的勘探，已发现并建成了多个大中型气田。截至"十二五"末，四川盆地陆相碎屑岩层系已累计提交天然气探明储量 $13819.85\times10^8m^3$。纵向上主要分布在上三叠统须家河组和侏罗系下沙溪庙组、上沙溪庙组和蓬莱镇组（图4-10）；平面上主要分布在川西拗陷带、川中隆起带及川北拗陷带（图4-15）。

对于远源成藏体系，大中型气田均分布在川西拗陷带。其中成都气田蓬莱镇组气藏规模最大，探明储量达到 $2034.18\times10^8m^3$，其次为新场气田上、下沙溪庙组气藏，探明储量为 $597.34\times10^8m^3$，中江气田沙溪庙组气藏和新场蓬莱镇组气藏探明储量也均大于 $200\times10^8m^3$。

对于近源成藏体系，大中型气田在须二段、须四段和须六段均有分布。其中以须二段气田规模最大，已发现3个探明储量超过 $1000\times10^8m^3$ 的大型气田，分别是川中隆起带的合川气田（$2299.35\times10^8m^3$）、安岳气田（$2081.91\times10^8m^3$）和川西拗陷的新场气田（$1211.2\times10^8m^3$）。此外，在川西拗陷邛西气田、川北拗陷通南巴构造的河坝气田须二段也已提交探明储量超过 $100\times10^8m^3$。须四段和须六段气藏规模明显小于须二段。其中须四段气田主要分布在川中广安气田（探明储量 $=566.91\times10^8m^3$）和川西的新场气田（探明储量 $=408.09\times10^8m^3$），其他气田主要分布在川中隆起带，如充西气田、荷包场气田、丹凤场气田等，但气田规模较小（探明储量 $<100\times10^8m^3$）。须六段气田目前仅在川中的广安地区发现，规模较大，探明储量达到 $784.1\times10^8m^3$。

对于源内成藏体系，目前勘探程度较低，勘探效果远不及近源和远源成藏体系，尚未提交探明储量。但是近期的勘探发现，马鞍塘组—小塘子组、须三段和须五段气显示频繁且多井测试获得工业气流，在川西南灌口地区马鞍塘组—小塘子组、川北剑阁须三段、川东北元坝须三段、川西大邑须三段、川中遂南气田须三段、川西新场须五段、川中安岳须五段、川中广安须五段和川中磨溪须五段等均取得了重要油气发现，并在川西新场须五段、川西大邑须三段、川东北元坝须三段及川北剑阁须三段提交了控制或预测储量，展示了源内体系较大的勘探潜力。

一、远源成藏体系

通过川西拗陷马井-什邡地区蓬莱镇组气藏及中江斜坡上、下沙溪庙组气藏成藏要素剖析分析，并结合气水产出特征，远源气藏的成藏主控因素可以概括如下。①源控——位于或紧邻生烃中心且烃源断层发育是规模成藏的基础；②相控——储层品质、分布与发育决定了气藏的规模与产能；③位控——成藏期断砂配置是成藏的关键。

1. 位于或紧邻生烃中心且烃源断层发育是规模成藏的基础

川西拗陷侏罗系天然气主要来自须五段，须五段烃源灶的形成演化及分布控制着侏罗系气藏的分布。川西拗陷须五段烃源岩的生烃中心主要位于龙门山前大邑地区、成都凹陷崇州–郫县地区（图6-2）。从侏罗系现今天然气储量分布范围和须五段烃源岩生烃强度等值线的叠合情况（图6-19）来看，除大邑地区中浅层保存条件较差而导致中浅层无气藏分布外，其他地区，如马井、新场、中江等地区均位于或紧邻生烃中心，具备较好的烃源条件，并已经在这些地区形成气藏，显示了烃源灶对气藏具有明显的控制作用。

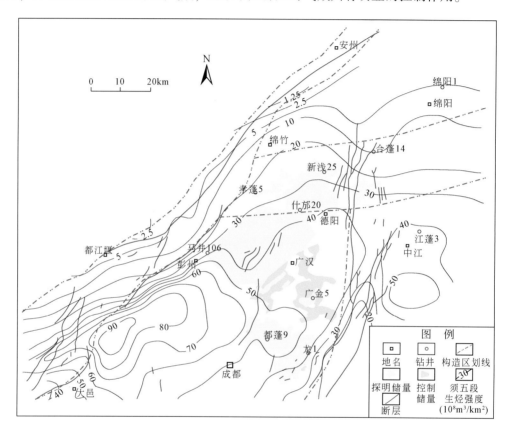

图6-19　川西拗陷中段上侏罗统蓬莱镇组气藏分布与烃源灶和烃源断层关系

同时，发育烃源断层也是远源气藏形成的关键。来自深部须家河组的烃类需要沿着断裂或裂缝破碎带向上运移，并在侏罗系较好储层中成藏。新场气田侏罗系中浅层气藏的成藏与新场构造东侧青岗嘴一带近SN向的逆断层密切相关；马井–什邡地区蓬莱镇组气藏能够成藏的主要原因之一是在马井构造的东南翼及东部发育有NE向断层，其中F1断层断开层位从深层须家河组至白垩系，F20断层向下断至须家河组，向上与浅层分布在蓬莱镇组内部的F44断层相接，构成马井–什邡地区良好的气源断层（图6-1，图6-3）；新都、洛带、中江、文星等含气构造均见断至须家河组的烃源断层（图6-1，图6-4），这些断层的沟通作用控制了侏罗系天然气藏的形成。

2. 储层品质、分布与发育决定了气藏的规模与产能

天然气在沿通道垂向运移的过程中，只有遇到具一定孔渗性的储层天然气才能进入其中并作侧向运移。而致密砂岩因其毛细管压力高，天然气不易进入，不能成藏。因此，良

好储层的存在是远源天然气藏形成的基础。

有利储层发育主控因素研究表明储层发育与沉积微相密切相关，有利储层主要分布在分流河道、河口坝砂岩中。不同沉积微相砂岩含气性统计也证明远物源长轴三角洲平原、前缘（水下）分流河道、河口坝砂岩含气性明显好于其他微相砂岩（图6-20）。根据马井－什邡地区61口钻井蓬莱镇组测试情况统计，单井产能与砂岩有效厚度呈明显正相关，测试产能大于$1×10^4 m^3/d$的气层主要分布于厚度 > 6m 的砂层中。

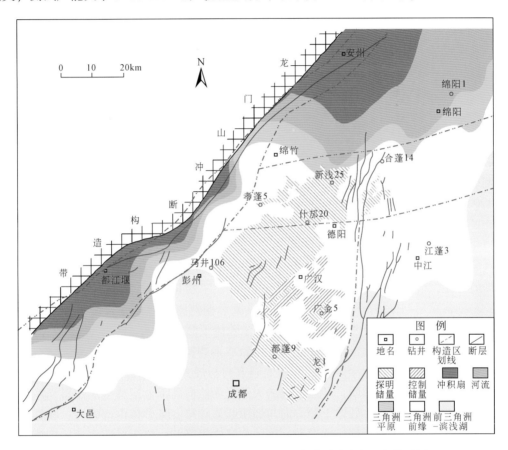

图6-20　川西拗陷中段上侏罗统蓬莱镇组气藏分布与沉积相关系图

此外，砂岩含气性与储层物性关系密切，砂岩含气性及测试产能与砂岩孔隙度、渗透率呈明显正相关（图6-21），如孝泉－新场蓬莱镇组气层孔隙度一般大于8%，渗透率大于0.3mD，测试产能大于$1×10^4 m^3/d$的层段平均渗透率普遍大于0.7mD，平均孔隙度大于12%。马井－什邡、新都－洛带地区蓬莱镇组表现出相似的特征。

综上所述，天然气规模成藏要求具有一定厚度和储渗条件的储层，砂岩物性纵横向非均质性决定了气藏垂向和平面分布上的差异。

3. 成藏期断砂配置是成藏的关键

川西侏罗系圈闭类型主要为受断层控制的构造－岩性圈闭和岩性圈闭。作为油气运移的主要通道，断层需要与储集砂体合理配置，才能构成有效圈闭。要形成有效圈闭，必须

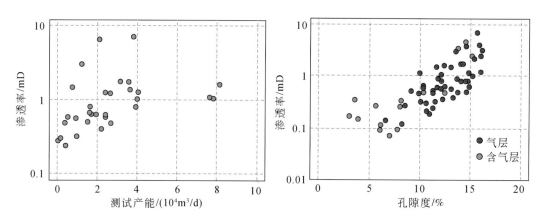

图 6-21 川西孝泉–新场地区蓬莱镇组砂岩含气性与物性关系图

满足两个条件：①储集岩以其低部位与油气运移通道（断裂）相接；②储集岩在其上倾方向能够构成构造或岩性封闭。

断砂配置关系是影响侏罗系远源次生气藏成藏和调整的关键因素。通过开展成藏期及现今断砂配置关系研究，可以更好地了解断裂和砂体作为油气运移输导通道的作用及对气水分布的控制作用。

以川西拗陷中江斜坡中江气田上、下沙溪庙组气藏断砂配置关系的演化研究为例。在完成该区成藏期古构造形态恢复的基础上，通过上、下沙溪庙组气藏主成藏期与现今断砂配置差异性的研究，结合流体产出特征等分析，建立了"三类四型"动态成藏模式（表 6-6）。其中，早期成藏后期保持型（Ⅰ型）和早期成藏后期调整保留型（Ⅱ₁型）为有利类型。①早期成藏后期保持型（Ⅰ型）：成藏期与现今砂体下倾方向均与烃源断层相接，有利于油气的有效充注及有效圈闭的形成。②早期成藏后期调整保留型（Ⅱ₁型）：成藏期砂体下倾方向与烃源断层相接，现今调整为砂体上倾方向与烃源断层相接且砂体内部发育岩性、物性侧向封隔，形成岩性圈闭，早期聚集的天然气无法向高部位运移至断层进而逸散。如果后期构造调整发生倒转，砂体上倾方向与烃源断层相接，且砂体内部岩性、物性封隔不发育，天然气则沿砂体向断层运移逸散，砂体含气丰度降低，即为早期成藏后期调整破坏型（Ⅱ₂型）。

表 6-6 川西拗陷中江气田上、下沙溪庙组断砂动态配置类型

断砂配置类型	成藏期断砂配置	现今断砂配置	典型河道
早期成藏后期保持型	砂体下倾方向与烃源断层相接	砂体下倾方向与烃源断层相接	高庙子 JS₃³⁻² 砂组高庙 32 井河道、中江 JS₁¹ 砂组中江 16H 井河道

续表

断砂配置类型		成藏期断砂配置	现今断砂配置	典型河道
早期成藏后期调整型	调整保留型	高沙309HF 砂体下倾方向与烃源断层相接	高沙309HF 砂体上倾方向与烃源断层相接，侧向发育岩性、物性隔挡	高庙子 JS_3^{3-1} 砂组高沙 309HF 井河道、中江 JS_3^{3-2} 砂组江沙 301 井河道
	调整破坏型	高庙101 高沙306 砂体下倾方向与烃源断层相接	高庙101 高沙306 砂体上倾方向与烃源断层相接，侧向不发育岩性、物性隔挡	高庙子 JS_2^3 砂组高庙 101 井河道、中江 JS_1^1 砂组江沙 106H 井河道
早期未有效成藏型		高庙110 砂体下倾方向与烃源断层相接，砂体内部输导体系未高效连通	高庙110 砂体下倾方向与烃源断层相接	高庙子 JS_3^{3-2} 砂组高庙 110 井河道

二、近源成藏体系

根据前述川西拗陷新场须二段气藏、须四段气藏及川中广安须四段气藏成藏要素的剖析和对比分析，并结合气水产出特征，近源气藏的成藏主控因素可以概括如下。①源控——烃源灶控制了气藏的纵横向展布；②相控——有利沉积相、成岩相带的展布决定了气藏的分布和规模；③位控——大型古隆起和古局部构造及有效断层、裂缝系统是天然气富集、高产的关键。

1. 烃源灶分布控制了气藏的纵横向展布

四川盆地陆相碎屑岩气藏具有多套烃源岩，包括马鞍塘组—小塘子组、须三段和须五段。同时，在断裂发育的川东北通南巴地区及川南地区可能存在海相烃源的补充。多套烃源造就了四川盆地远源、近源及源内多成藏体系共存的局面。川西地区须四上中亚段与下亚段含气性的差异也体现了烃源岩供烃能力对油气成藏的控制作用。须四下亚段主力烃源岩须三段的生排烃强度明显高于须四上中亚段主力烃源岩须四中亚段，导致须四下亚段天然气充注程度高，气水分异明显。

根据四川盆地近源气藏大中型气田分布与烃源岩生烃强度的关系（图 6-22）可以看出，气藏均分布在有效烃源灶控制范围之内，油气成藏与分布具有明显的源控特征，气藏主体普遍分布在生烃强度大于 $20\times10^8\,m^3/km^2$ 范围。川中地区须家河组烃源岩生烃强度较低，为 $10\times10^8\,m^3/km^2$。但是，烃源岩短期快速生气，生烃转化率高，且生烃期地层平缓造成烃源岩蒸发式面状排烃并就近聚集成藏，有效降低了天然气运移聚集过程中的散失量，天然气运聚效率高（李吉君等，2010；王磊等，2012），该地区仍具备形成大中型气田的烃源条件。

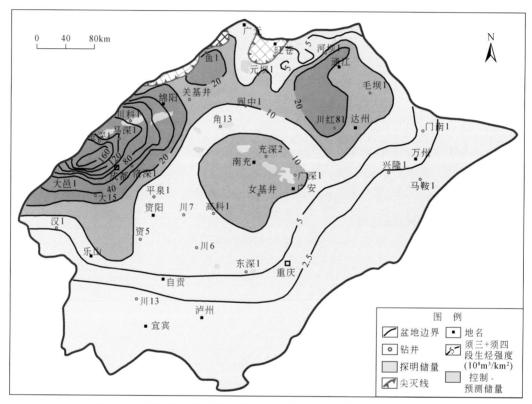

图 6-22　四川盆地须四段气藏分布与须三段烃源岩生烃强度关系图

2. 有利沉积相、成岩相带的展布决定了气藏的分布和规模

有利沉积相带的展布决定了砂体的分布和规模。四川盆地须家河组沉积具有多物源、多沉积体系的特点，在盆地内发育了多种类型的储集砂体。其中，三角洲前缘区域易形成规模储集层与烃源灶的大面积紧密接触，是气藏分布的主要区域，目前发现的大中型气田也主要位于三角洲前缘亚相带内（图 6-23）。水下分流河道是最有利的沉积微相。图 3-29 显示水下分流河道砂岩物性最好，能够形成规模有效储集层，其次是河口坝，泥坪、决口扇、河漫滩、分流间湾的物性较差。

有利成岩相带的展布决定了相对优质储层的分布。本书研究表明，成岩相是优质储层形成的关键，在宏观背景下控制了有利储层的分布，其中中强压实、中弱胶结、中强溶蚀成岩相及破裂成岩相是有利的成岩相类型。

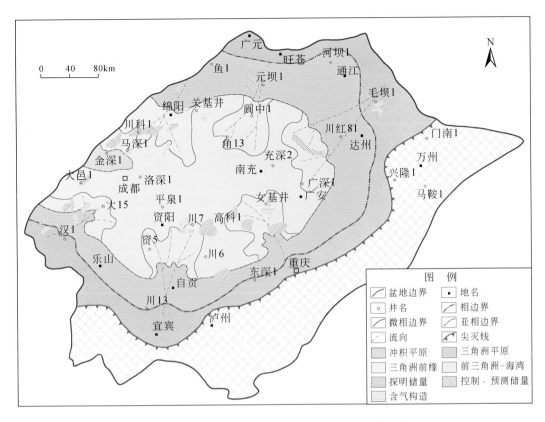

图 6-23　四川盆地须二段气藏分布与沉积相关系图

3. 大型古隆起和古局部构造及有效断层、裂缝系统是天然气富集、高产的关键

继承性古隆起、古斜坡是大中型气田的主要分布区域（图 6-24）。四川盆地隆起带主要发育在川中、川南和川东南地区。其中，川东、川南地区在燕山期—喜马拉雅期受到川东高陡构造带、川南娄山褶皱带应力的共同影响，发生了强烈的褶断运动，陆相地层遭受强烈剥蚀，导致古油气藏遭到破坏。川中地区一直处于斜坡和隆起带，地层沉积相对稳定。川西、川北均属于拗陷带。但是，由于这两个区带在盆地发展过程受到了 NW-SE 向、SN 向和 EW 向三大应力系统交替叠加的影响，拗陷内部存在新场构造带、龙泉山构造带、中江斜坡、九龙山背斜带和通南巴背斜带等古隆起和古斜坡。目前发现的须家河组气藏也主要分布在这些古隆起和古斜坡区，指示了成藏期古构造对成藏的控制作用。古构造对油气成藏的控制主要表现在 4 个方面：①古构造一般经历过较强的淋滤和溶蚀作用，储层物性相对较好；②古构造是盆地内流体的低势区及油气运移的指向区；③古构造是古圈闭的形成区，有利于油气的聚集；④古构造通常是地应力集中地区，容易产生有效的断层、裂缝系统。

有效的断层、裂缝系统提供了油气优势运移通道，控制了油气的高产富集。须家河组储层总体属于低孔低渗致密砂岩储层。断层、裂缝的存在一方面可以极大改善储层的渗滤能力，另一方面可以提供油气垂向运移的通道，有利于油气自烃源岩向储层的高速运移。

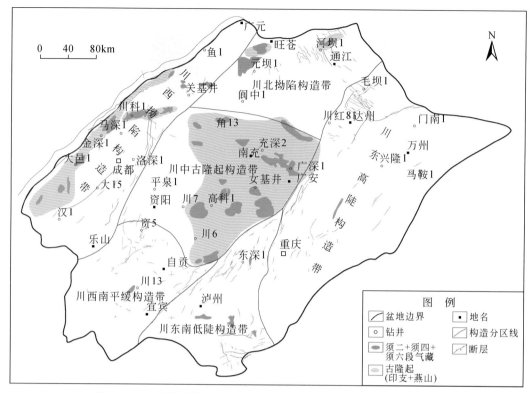

图 6-24　四川盆地须家河组气藏分布与印支期—燕山期古隆起关系

　　川西新场须二段高产气井普遍位于晚期 SN 向逆冲断层附近，如邻近新场 F1 断层的新 2 和新 856 井（图 6-7）。截至 2015 年年底，这两口井的单井累计产气量分别达到 $7×10^8m^3$ 和 $3.7×10^8m^3$。由于新场 F1 断层向下断至雷口坡组，沟通了马鞍塘组—小塘子组烃源岩和须二段内部烃源岩，天然气沿断层运移至须二中上亚段成藏（图 4-12），天然气表现出海相气和陆相气混合气的特征（图 4-7）。川东北元坝地区须家河组气藏同样表现出近断层富集的特点，目前的工业气流井基本均位于 NW–SE 向断层附近，这可能与 NW–SE 向断层走向与现今最大主应力方向一致，导致与断层相关的高角度剪切缝和张性缝具有较好的开启性有关。例如，YL17 井位于与主应力方向平行的 NW–SE 向有效断层附近（图 6-25），须四段测试日产气量 $8.6×10^4m^3/d$；YL3 井距 NW–SE 向有效断层 243m，须四段测试日产气量 $46.5×10^4m^3/d$。

　　天然气的勘探实践证实气井产能与裂缝发育程度密切相关。根据川西新场须家河组单井测试产能与裂缝发育程度的关系统计，裂缝密度与单井测试产能具有明显的正相关关系。产能较高的钻井裂缝发育且多为中高角度缝，如新 851、新 2、新 856 井，无阻流量最高达到 $137×10^4m^3/d$；产能较低的钻井裂缝发育程度低且多为水平缝和低角度缝，如新 101 井，无阻流量仅为 $1.57×10^4m^3/d$。川东北元坝地区须家河组天然气的高产也与局部裂缝的发育程度密切相关，如 YB22 井须二下亚段测试日产气量 $20.56×10^4m^3$，YB3 井须四段测试日产气量 $22.83×10^4m^3$，M101 井须二上亚段测试日产气量 $60.11×10^4m^3$。对这些高产井的深入解剖发现，高产层段均发育裂缝，进一步佐证了裂缝对于天然气富集高产的控制作用。

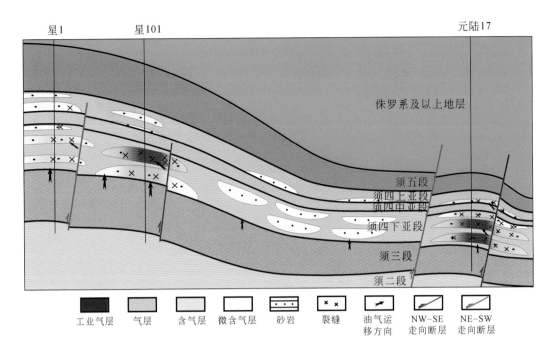

图 6-25 川东北元坝地区须四段成藏模式图

三、源内成藏体系

根据川西拗陷新场须五段气藏及川东北元坝地区须三段气藏成藏要素的剖析和对比分析，并结合气水产出特征，源内气藏的成藏主控因素可以概括如下。①源控——优质烃源岩控制了气藏的展布；②相控——相对优质储层和裂缝控制了天然气的富集与高产；③位控——良好的保存条件是天然气聚集成藏的重要保障。

1. 优质烃源岩控制了气藏的展布

四川盆地须三段和须五段烃源岩生烃中心主要位于川西拗陷和川东北地区，目前已发现的川西新场须五段气藏、川西大邑须三段气藏及川东北元坝须三段气藏等源内气藏也均位于生烃中心。同时，源内气藏属于自生自储、源储一体气藏，储层发育于烃源岩层内，储集砂岩与烃源岩大面积直接接触，储集岩周缘烃源岩生成的油气通过渗透、扩散等方式直接向储层充注。因此，气藏展布在受须三段、须五段有效烃源岩累计生烃强度控制的同时，还受与储集层直接接触的优质烃源岩的控制。图 6-26 显示，川西须五段测试层段泥页岩 TOC 含量与单井日产气量具有较好的正相关关系，单井日产气量超过 $1 \times 10^4 \, \text{m}^3/\text{d}$ 的钻井测试层段泥页岩 TOC 含量普遍大于 2%，表明与储集层直接接触的优质烃源岩控制了储层的含气性。直接优质烃源岩对气藏含气性的控制主要表现在两个方面：①优质烃源岩品质好，生烃能力强，充足的烃源可以保证天然气能够有效地驱替储层内的地层水；②烃源岩生烃膨胀力是源内气藏主要的成藏动力，而生烃增压的强度与烃源岩 TOC 含量及成熟度具有明显的正相关关系（马卫等，2013），即烃源岩品质越好、成熟度越高，成藏动力越大，油气成藏物性及可充注孔喉下限越小，油气在源内致密−超致密储层中的成藏概率也越大。

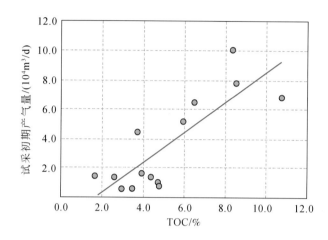

图 6-26　川西须五段气藏试采井测试段泥页岩 TOC 与试采初期产气量关系图

2. 有利沉积相的展布和裂缝共同控制了天然气的富集与高产

四川盆地在须三期和须五期处于逆冲挤压阶段，湖盆水体逐渐上升，盆地内部大面积区域以前三角洲−湖相沉积为主，仅在川西、川东北邻近盆缘地区发育三角洲沉积（图 2-27，图 2-29）。其中，砂岩主要分布在三角洲前缘水下分流河道、河口坝、席状砂及湖相砂坝沉积中。根据川西新场须五段裂缝产状、密度与岩相构型关系（表 6-7）可以看出，薄泥薄砂互层型有利于高角度缝发育，富泥型及相对富泥厚泥薄砂互层型有利于低角度缝发育，富砂型及相对富砂厚泥厚砂互层型不利于裂缝的发育。

表 6-7　川西须五段不同裂缝产状及发育程度储层的岩相构型模式

裂缝产状	薄泥薄砂互层型	富泥型及相对富泥厚泥薄砂互层型	富砂型及相对富砂厚泥厚砂互层型
裂缝特征	高角度缝发育	低角度缝发育	裂缝不发育
裂缝密度/（条/m）	≥0.6	≥0.6	<0.6
泥岩百分比/%	59.39	65.58	54.35
泥岩层密度/（层数/100m）	22.31	18.01	16.52
泥岩平均厚度/m	2.71	3.72	3.64
粉砂岩百分比/%	27.64	25.59	30.96
粉砂岩层密度/（层数/100m）	25.69	19.19	21.21
粉砂岩平均厚度/m	1.10	1.39	1.56
中细砂岩百分比/%	13.10	9.04	14.92
中细砂岩层密度/（层数/100m）	8.53	6.19	7.47
中细砂岩平均厚度/m	1.56	1.30	2.15

表3-2显示,四川盆地须三段、须五段储层孔隙度普遍低于3%,渗透率普遍低于0.1mD,属于超致密储层,天然气的高产稳产,需要裂缝和孔隙的共同作用。勘探实践表明,川西大邑地区须三段及川东北元坝地区须三段高产工业气井均位于断层附近,岩心和薄片观察显示裂缝呈网状发育于砂砾岩储层中,孔隙与裂缝构成了致密储层有效的储渗空间。川西须五段同样表现出高产层段裂缝发育的特征(图6-27)。在裂缝不发育区,油气缓慢充注,大面积含气,但含气丰度低;在裂缝发育区,油气首先充满裂缝,再向相对高孔渗带及微裂缝发育区运移成藏形成甜点,导致裂缝对天然气富集高产具有明显的控制作用。

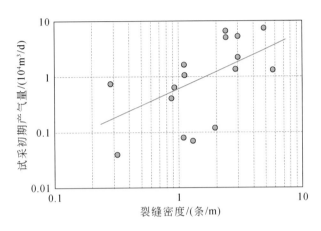

图6-27 川西新场须五段测试段裂缝密度与试采初期产气量关系图

研究表明,裂缝发育主控因素包括断层、构造等构造因素,以及岩相构型、矿物组分、层内泥页岩TOC含量等非构造因素。例如,元坝地区须三段,裂缝主要发育在形变强度较大且钙屑含量>70%的砂砾岩中;川西须五段裂缝主要发育在砂泥岩薄互层、石英含量高、层内泥页岩TOC含量高的粉-细砂岩中。

3. 良好的保存条件是天然气富集的重要保障

喜马拉雅期构造运动导致四川盆地整体快速隆升、剥蚀,形成一系列的构造和断层,对早期形成的源内气藏具有调整或破坏作用。其中,规模较大、断至浅层或地表、多期活动或至少在喜马拉雅期活动的断层对早期气藏多具有破坏作用。例如,川西新场地区发育沟通深层须家河组及浅层侏罗系的近SN向逆断层,断层附近须五段气藏遭受破坏,导致新场须五段气藏总体表现出距断层越近,产水量和水气比越高的特征。总体上,区域盖层发育、规模大断层不发育、地层倾角平缓、大面积致密储层发育等因素对气藏的保存有利。

第七章 叠覆型致密砂岩气区评价技术

叠覆型致密砂岩气区不同成藏体系虽然具有不同的成藏主控因素和富集规律，但总体上均表现出"源、相、位"三元控藏的特征。四川盆地陆相油气勘探实践指出，区带、圈闭及勘探目标不同层级的评价，均与"源、相、位"三元控藏因素密切相关，但是不同体系具有不同的关键控藏要素及评价标准。本书从四川盆地叠覆型致密砂岩气区地质特征及形成条件出发，在油气成藏机理、动态成藏过程、成藏主控因素及油气富集规律研究的基础上，建立了叠覆型致密砂岩气区三级（区带级、圈闭级和目标级）三元（源、相、位）动态评价流程，完成了区带、圈闭和目标 3 个层级的"源-相-位"三元综合评价。该流程的总体评价思路是：在油气成藏动态演化过程、成藏主控因素及油气富集规律研究的基础上，以油气运聚、成藏、富集、改造过程为评价主线，以不同关键成藏期"源-相-位"三元控藏因素为评价指标，在完成每一关键要素成藏标准确定的基础上，开展天然气高产富集区的动态评价。该动态评价体系建立在过程分析的基础上，反映了油气运聚成藏过程中的"累计效应"，体现了动态的油气运移、聚集、成藏、富集思想，因此评价结果较静态评价更能反映真实的油气时空运聚分配规律。

第一节 区 带 评 价

四川盆地属于典型的叠合盆地，中生代以来经历了被动大陆边缘盆地、局限前陆盆地、成熟前陆盆地、构造残余盆地等多个演化阶段。盆地形成演化的多旋回性、沉积物源的多源性、沉积体系的多样性和叠合性，以及储层形成演化的多阶段性造就了多套烃源岩、多套储集层、多套生储盖组合及大面积岩性圈闭的形成。

对于区带评价而言，烃源条件（源）和相带条件（相）是油气成藏的基础，也是控制油气空间富集分布的主要条件。因此，生烃强度高值区与相对高能沉积砂体（群）的叠合区域是油气藏分布的主要区域。"位控"则体现在古今构造及烃源断层对油气运聚的控制作用，继承性的古构造、古隆起及位于构造低部位的烃源断层附近，是油气富集的主要区域。

一、远源成藏体系

（1）"源控"：通过分析主力烃源岩在主成藏期的生烃强度与已知油气田（藏）或含油气构造的分布关系可以看出，油气藏的分布与生烃强度关系密切，目前已发现的远源气藏基本均分布在生烃强度高的区域，生烃强度越高，其储量级别也越高。

（2）"相控"：沉积相带与已知油气田（藏）或含油气构造的分布关系研究表明，油气田（藏）或含油气构造主要分布在相对高能的沉积环境，其中三角洲前缘区域是探明储量分布的主要区域。

（3）"位控"：烃源断层位于构造低部位且在主成藏期持续活动、供烃。同时，根据川西侏罗系测试井产能的统计，含油气性较好的钻井普遍分布在距烃源断层20km范围内。此外，区域性盖层的发育对油气的保存也具有一定的控制作用，总体表现出区域盖层发育区域，油气相对富集。

由此建立了四川盆地侏罗系远源成藏体系综合评价标准（表6-1），并采用此标准对四川盆地侏罗系上、下沙溪庙组和蓬莱镇组进行了综合评价。其中，Ⅰ类区含气性最好，是目前三级储量的主要分布区；Ⅱ类区含气性较好，目前已发现有含气构造；Ⅲ类区含气性一般，局部有一定的油气显示；Ⅳ类区由于缺少烃源基础，不能有效成藏，基本无油气显示。综合评价结果显示，侏罗系上、下沙溪庙组和蓬莱镇组在全盆范围内以Ⅲ类区域为主，Ⅰ类、Ⅱ类区主要分布在川西拗陷的中段和南段（图7-1，图7-2）。

表7-1　四川盆地侏罗系远源成藏体系综合评价标准

	评价参数	Ⅰ类区	Ⅱ类区	Ⅲ类区	Ⅳ类区
源	主要成藏期须五+须六段生烃强度/（$10^8 \text{m}^3/\text{km}^2$）	>10	>5	0~5	0
相	沉积相	三角洲前缘	三角洲平原	滨浅湖、冲积平原	河流、冲积平原三角洲、滨浅湖
位	距主要烃源断层距离/km	<20	>20	>20	—
	区域盖层泥岩厚度/m	>240	<240	<240	—
	勘探成效	好，三级储量主要分布区	较好，有含气构造	一般或差，有一定油气显示	无油气显示

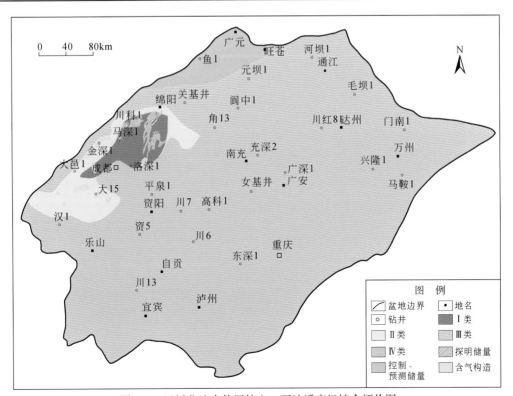

图7-1　四川盆地中侏罗统上、下沙溪庙组综合评价图

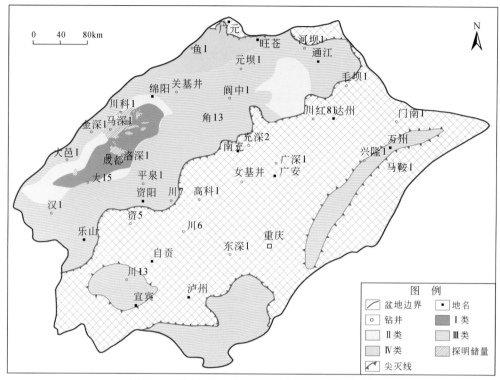

图7-2　四川盆地上侏罗统蓬莱镇组综合评价图

二、近源、源内成藏体系

近源、源内成藏体系主要包括上三叠统须二段、须四段和须三段、须五段。其主力烃源岩与主要储层均为广覆式接触、就近供烃，因此针对这两大成藏体系具有类似的盆地选区方法和标准。

（1）"源控"：通过分析各成藏体系主力烃源岩在主成藏期的生烃强度与已知油气田（藏）或含油气构造分布的关系可以看出，近源和源内气藏均分布在有效烃源灶控制范围之内，油气成藏与分布具有明显的源控特征，表现出生烃强度越高的区域，油气田（藏）或含油气构造分布越多，储量级别越高（图6-13）。

（2）"相控"：沉积相带与已知油气田（藏）或含油气构造分布关系的研究表明，油气田（藏）或含油气构造主要分布在相对高能的沉积环境，其中三角洲前缘区域是探明储量集中分布的区域。

（3）"位控"：充分考虑成藏期古构造、古隆起对油气运移、聚集的影响。继承性的古隆起、古构造，是油气运移的长期指向带。由于源内体系以先成型为主，油气充注在储层致密之后，古构造对该体系的影响相对较弱。

由此建立了四川盆地须家河组近源和源内成藏体系综合评价标准（表7-2），并采用此标准对四川盆地须家河组二段—须五段进行了综合评价，评价结果如图7-3～图7-6所示。其中，须二段富集区（Ⅰ类）主要分布在川西拗陷中段且一直延伸至盐亭-阆中-仪陇一线，以及川中乐至–安岳–合川地区。有利区（Ⅱ类）分布的范围较广，北至剑阁–元坝–通南巴地区，南达雅安–井研–荣昌–铜梁地区，东至达县–江北地区（图7-3）。须四段富集区（Ⅰ类）主要分布在川西拗陷中段东南部、川西拗陷南段及川中射洪–蓬安–广安–合川–遂宁地区。有利区（Ⅱ类）则分布在盆地的中北部。须三段富集区（Ⅰ类）主要分布在川西拗陷的北段和南段，有利区（Ⅱ类）分布在元坝–巴中–开江一线及雅安–乐山–资阳一线。须五段富集区（Ⅰ类）主要分布在川西拗陷中段及川东北地区巴中以南至渠县附近，有利区（Ⅱ类）展布较为局限。

表7-2　四川盆地近源、源内成藏体系综合评价标准

	评价参数	Ⅰ类区	Ⅱ类区	Ⅲ类区	Ⅳ类区
源	主要成藏期生烃强度 /($10^8 m^3/km^2$)	≥10	≥10	≥5	0～5
相	沉积相	三角洲前缘	三角洲前缘–三角洲平原	三角洲平原–冲积平原	前三角洲–海湾
位	成藏期古构造位置（主要针对近源成藏体系）	隆起	斜坡–隆起	凹陷–斜坡–隆起	凹陷
	勘探成效	近源成藏体系探明储量主要分布区，源内成藏体系控制、预测储量主要分布区	控制、预测储量主要分布区	有含气构造分布	潜在含气构造分布

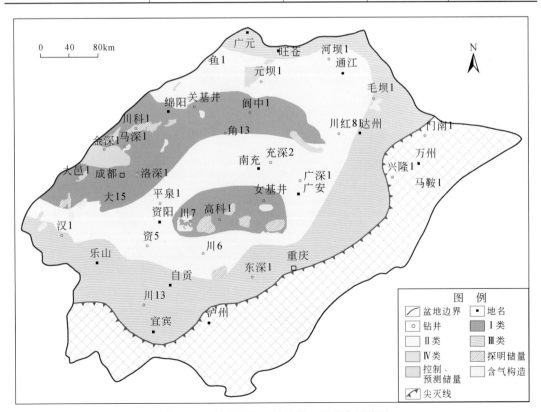

图7-3　四川盆地上三叠统须二段综合评价图

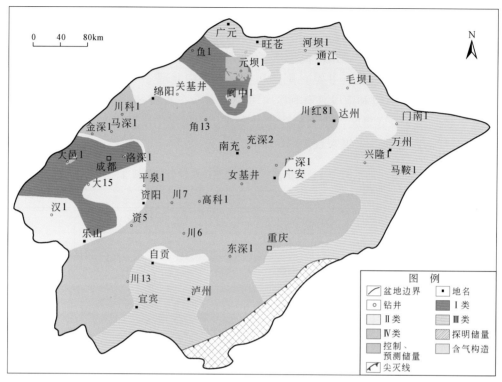

图 7-4　四川盆地上三叠统须三段综合评价图

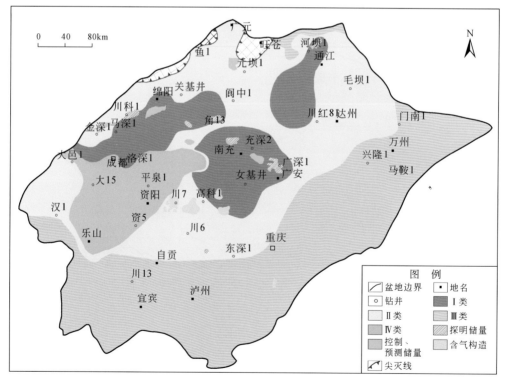

图 7-5　四川盆地上三叠统须四段综合评价图

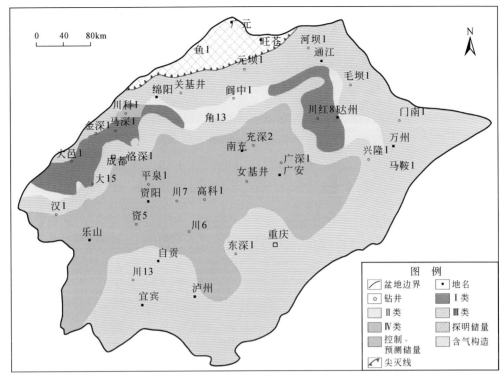

图 7-6　四川盆地上三叠统须五段综合评价图

第二节　圈闭评价

在区带评价的基础上进一步开展圈闭评价。以川西拗陷陆相气藏为例。川西拗陷陆相气藏在成藏演化过程中，储层纵横向的致密化差异性导致流体动力场发生变化，由此造成同一时间不同气藏或同一气藏不同时间（储层致密化前后）具有不同的运聚机理。储层致密化前，处于自由流体动力场，成藏动力主要为源储压差、浮力，源控、相控是基础，位控（构造高部位）在成藏中具有重要作用，油气在构造高部位富集；储层致密化后，处于局限流体动力场，成藏动力主要为生烃增压和毛细管压力差，构造低部位也能成藏。

因此，在完成不同成藏体系主力烃源岩生排烃史、储层致密化史、主要成藏期及构造演化史研究的基础上，明确天然气充注、储层致密化过程、输导体系演化与油气运聚、成藏、富集、改造的时空配置关系，确定各成藏体系的关键成藏期，以不同关键成藏期"源–相–位"三元控藏因素为评价指标，开展不同成藏体系天然气高产富集区的动态评价。

一、远源成藏体系

（一）评价思路与流程

以川西拗陷中侏罗统上、下沙溪庙组气藏为例进行说明。根据川西地区上、下沙溪庙组气藏主要成藏要素匹配关系的研究（图7-7），储层致密化时间在晚白垩世末，即晚白垩世末川西地区上、下沙溪庙组流体动力场由主要为自由流体动力场演变为以局限流体动力场为主。结合根据含烃盐水包裹体确定的主成藏期及燕山晚期至喜马拉雅期构造运动对川西地区构造、断层的影响，最终确定出白垩纪、古近纪和现今为川西地区上、下沙溪庙组气藏成藏过程中的3个关键时期。本评价分别针对白垩纪、古近纪和现今3个阶段开展动态评价。由于不同阶段成藏机理存在差异，各阶段"源–相–位"关键控藏要素也有所不同。总体评价流程及每个阶段的具体评价指标如图7-8所示。

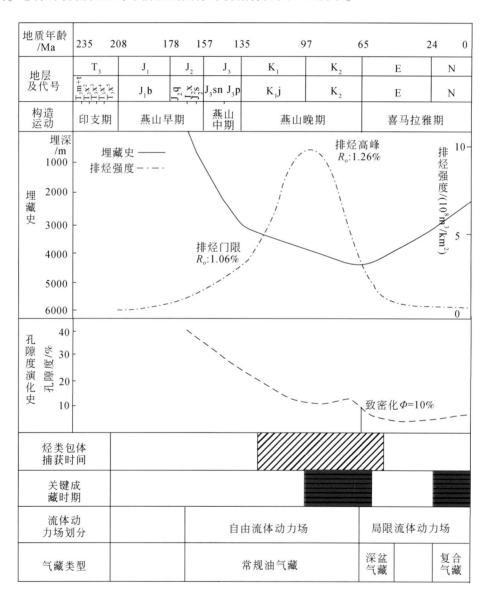

图 7-7　川西拗陷远源成藏体系上、下沙溪庙组气藏主要成藏要素匹配关系

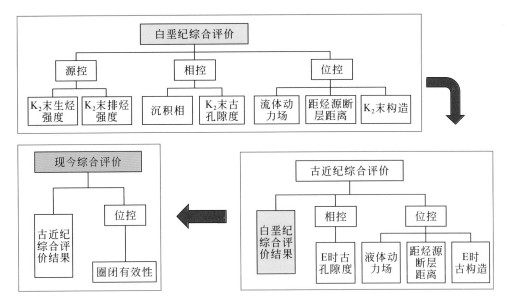

图 7-8　川西坳陷远源成藏体系评价流程图

(二) 动态综合评价

1. 综合评价标准

在确定评价流程和评价指标的基础上，通过分析各项评价参数与油气藏分布的关系，分别确定了各层段在各评价时期的评价标准，开展了相应的动态综合评价。本评价划分为 4 个级别，其中 I 类区含气性最好，是目前三级储量的主要分布区；II 类区含气性较好，目前已发现有含气构造；III 类区含气性一般，局部有一定的油气显示；IV 类区由于缺乏烃源，不能成藏，基本没有油气显示。

1) 白垩纪

总体表现出源控区、相控带、位控藏的特征。① "源控"，有效烃源岩和烃源断层决定了气藏的展布。从图 7-7 可以看出，侏罗系主力烃源岩须五段泥页岩在白垩纪达到排烃高峰，有利于油气成藏。因此该时期须五段生排烃强度是源控评价的主要指标之一。同时，发育烃源断层也是远源气藏形成的关键。与烃源断层的距离是源控评价的另一个重要指标。② "相控"，有利沉积相和成岩相带决定了气藏的分布和形成。川西侏罗系目前的气藏分布明显受到沉积相的控制，主力气藏基本均分布在相对高能的沉积环境中。此外，成岩作用造成了川西侏罗系储层非均质性较强，总体表现为强溶蚀或中压实（胶结）中溶蚀成岩相区域的储层物性较好，因此该时期古孔隙度的分布特征对于相控评价具有重要意义。③ "位控"，流体动力场是决定油气富集的关键因素。对于处于自由流体动力场的地区，构造高低决定油气富集，因此评价时应考虑该时期的古构造特征。对于已演变为局限流体动力场的地区，由于成藏动力发生变化，构造高低不是油气成藏富集的关键因素。

该阶段的评价参数包含源–相–位三方面的 7 个参数。其中，"源控"评价参数包括须五段在白垩纪末的生、排烃强度及与烃源断层的距离。根据目前储量和含气构造的分布情况，油气高产富集区主要位于生烃强度>$10×10^8\,\mathrm{m}^3/\mathrm{km}^2$、排烃强度>$25×10^4\,\mathrm{t}/\mathrm{km}^2$、距断层距离<20km的地区。"相控"评价参数包括各组段沉积相和白垩纪时古孔隙度的展布。勘探实践证明，远物源的长轴三角洲沉积区域含气性最优，近物源短轴三角洲沉积含气性较差。古孔隙度标准则参照较好储层（孔隙度>10%）及中等储层（孔隙度>8%）的孔隙度标准。"位控"参数包括流体动力场类型及各组段获得工业气流钻井该时期所处的最低构造位置。由此，建立了川西拗陷侏罗系白垩纪时期的综合评价标准（表7-3）。

表7-3　白垩纪川西拗陷远源成藏体系上、下沙溪庙组及蓬莱镇组气藏综合评价标准

评价参数			Ⅰ类区	Ⅱ类区	Ⅲ类区	Ⅳ类区	备注
源	K_2末须五段生烃强度/$(10^8\mathrm{m}^3/\mathrm{km}^2)$		>10	3~10	3~10	<3	
	K_2末须五段排烃强度/$(10^4\mathrm{t}/\mathrm{km}^2)$		>25	5~25	5~25	<5	
	距断层距离/km		<20		>20		
相	各组段沉积相	J_2s、J_2x、J_3p^2-J_3p^4	长轴三角洲平原-前缘	长轴三角洲平原-前缘	短轴三角洲平原-前缘	滨浅湖、冲积平原	
		J_3p^1	三角洲前缘	三角洲平原		滨浅湖、冲积平原	
	K_2末各组段孔隙度分布/%		>10	>8	<8		
位	K_2末各组段流体动力场		自由流体动力场	自由流体动力场	局限流体动力场	局限流体动力场	
	K_2末各组段顶面构造		>-4100m	<-4100m			J_2x
			>-3400m	<-3400m			J_2s
			>-2750m	<-2750m			J_3p^1
			>-2800m	<-2800m			J_3p^2
			>-2600m	<-2600m			J_3p^3
			>-2100m	<-2100m			J_3p^4
勘探成效			好，三级储量主要分布区	较好，有含气构造	一般或差，有一定油气显示	无油气显示	

2）古近纪

以白垩纪阶段的综合评价结果为基础，再次从源-相-位三方面对该时期关键控藏因素进行梳理。早期形成的气藏在本阶段发生调整、改造，主要表现在两个方面：①研究区整体快速隆升，新场构造带、龙泉山构造带及中江斜坡基本定型，晚期断层形成；②受成岩作用改造，储层持续致密。该阶段气藏主要受古孔隙度、古构造及持续供烃断层和晚期断层的控制（表7-4）。

表7-4 古近纪川西拗陷远源成藏体系上、下沙溪庙组及蓬莱镇组气藏综合评价标准

评价参数		I类区	II类区		III类区	IV类区	备注
白垩纪评价结果		I类	I类、II类		II类、III类	IV类	
源	距烃源断层距离/km	<20			>20		
相	E末各组段孔隙度分布/%	J_2s,J_2x,J_3p^2-J_3p^4	>10	>8		<8		
		J_3p^1	>6	>4		<4		
位	E末各组段流体动力场	自由流体动力场	自由流体动力场	局限流体动力场	局限流体动力场		
	E末各组段顶面构造	>-2600m	<-2600m				J_2x
		>-2200m	<-2200m				J_2s
		>-1100m	<-1100m				J_3p^1
		>-1000m	<-1000m				J_3p^2
		>-1100m	<-1100m				J_3p^3
		>-750m	<-750m				J_3p^4
勘探成效		好,三级储量主要分布区	较好,有含气构造		一般或差,有一定油气显示	缺烃源岩,无油气显示	

3)现今

基于古近纪的综合评价结果。本阶段成岩作用对储层的改造作用有限,位控是本阶段成藏的关键因素。研究重点是喜马拉雅晚幕运动对川西局部构造的影响及圈闭有效性的评价(表7-5)。

表7-5 现今川西拗陷远源成藏体系上、下沙溪庙组及蓬莱镇组气藏综合评价标准

评价参数		I类区	II类区	III类区	IV类区
古近纪评价结果		I类	I、II类	II、III类	IV类
位	构造隆升幅度	较高	中等	较低	
	砂体与断层关系	砂体下倾方向与断层相接且上倾方向能够形成构造或岩性封闭	砂体下倾方向与断层相接且上倾方向能够形成构造或岩性封闭	砂体上倾方向与断层相接且侧向未能形成有效封堵	
勘探成效		好,三级储量主要分布区	较好,有含气构造	一般或差,有一定油气显示	缺烃源岩,无油气显示

2. 综合评价结果

川西拗陷侏罗系各组段白垩纪时期的综合评价结果如图7-9~图7-14所示,古近纪时期的综合评价结果如图7-15~图7-20所示,现今的综合评价结果如图7-21~图7-26所示。

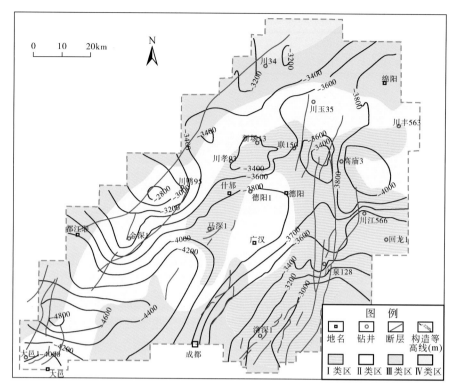

图 7-9　川西拗陷中段中侏罗统下沙溪庙组白垩纪综合评价图

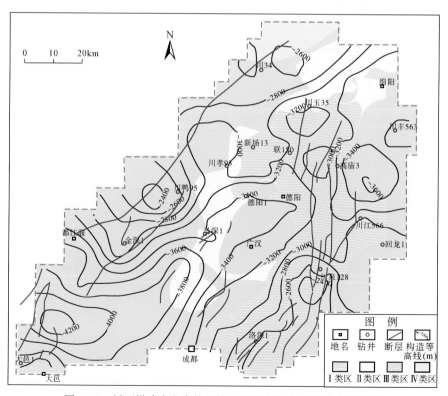

图 7-10　川西拗陷中段中侏罗统上沙溪庙组白垩纪综合评价图

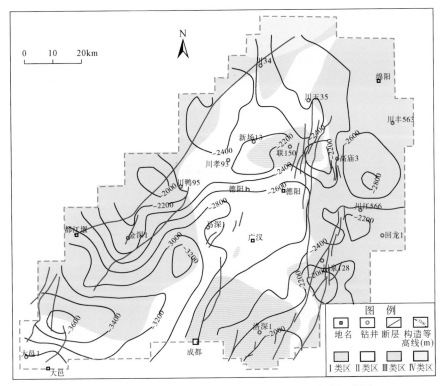

图 7-11 川西拗陷中段上侏罗统蓬一段白垩纪综合评价图

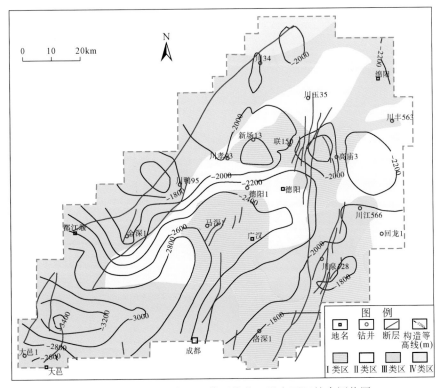

图 7-12 川西拗陷中段上侏罗统蓬二段白垩纪综合评价图

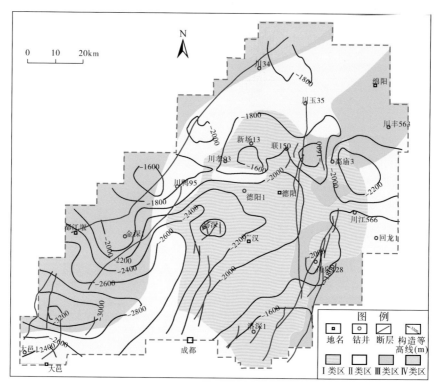

图 7-13　川西坳陷中段上侏罗统蓬三段白垩纪综合评价图

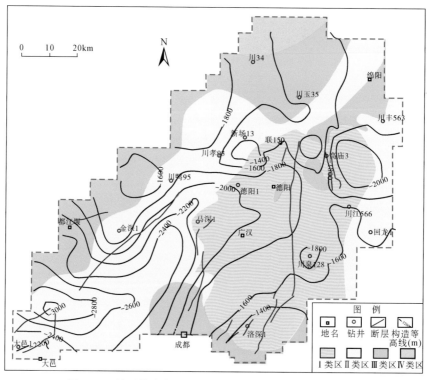

图 7-14　川西坳陷中段上侏罗统蓬四段白垩纪综合评价图

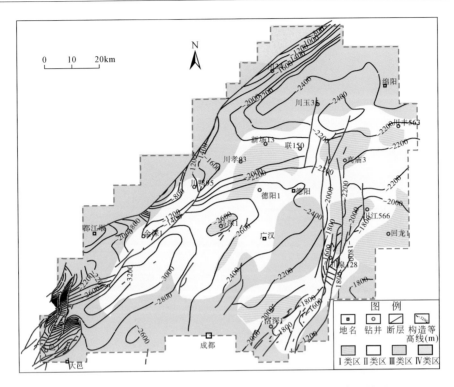

图 7-15　川西拗陷中段中侏罗统下沙溪庙组古近纪综合评价图

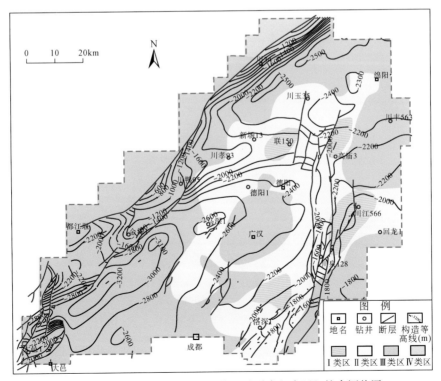

图 7-16　川西拗陷中段中侏罗统上沙溪庙组古近纪综合评价图

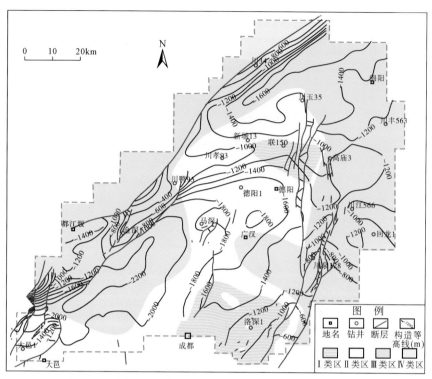

图 7-17　川西拗陷中段上侏罗统蓬一段古近纪综合评价图

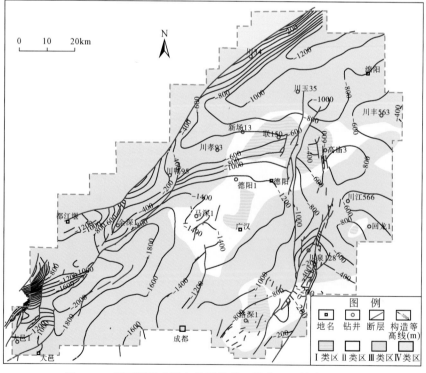

图 7-18　川西拗陷中段上侏罗统蓬二段古近纪综合评价图

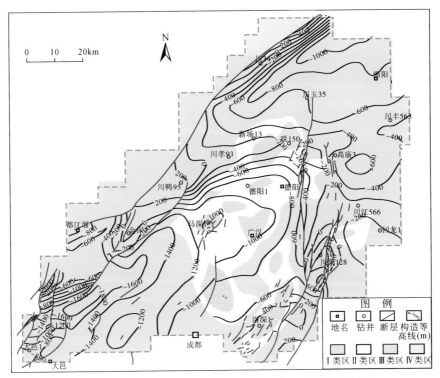

图 7-19 川西拗陷中段上侏罗统蓬三段古近纪综合评价图

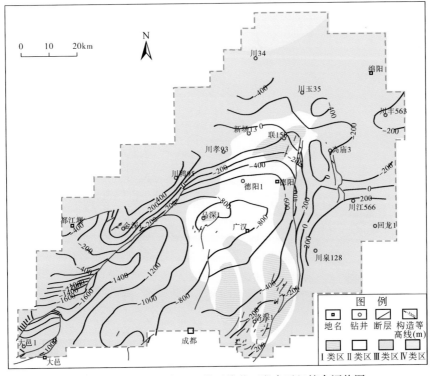

图 7-20 川西拗陷中段上侏罗统蓬四段古近纪综合评价图

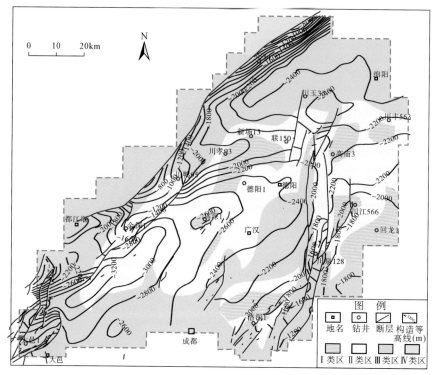

图 7-21　川西拗陷中段中侏罗统下沙溪庙组现今综合评价图

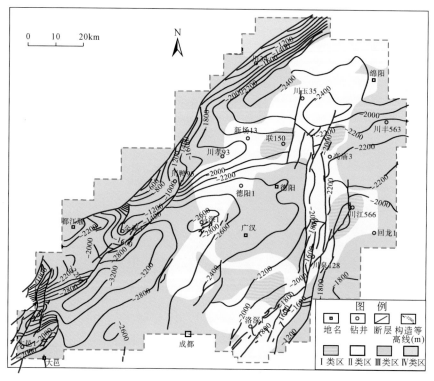

图 7-22　川西拗陷中段中侏罗统上沙溪庙组现今综合评价图

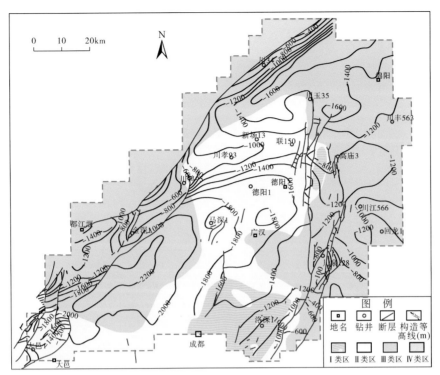

图 7-23　川西拗陷中段上侏罗统蓬一段现今综合评价图

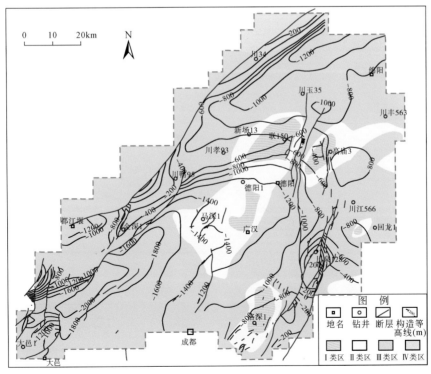

图 7-24　川西拗陷中段上侏罗统蓬二段现今综合评价图

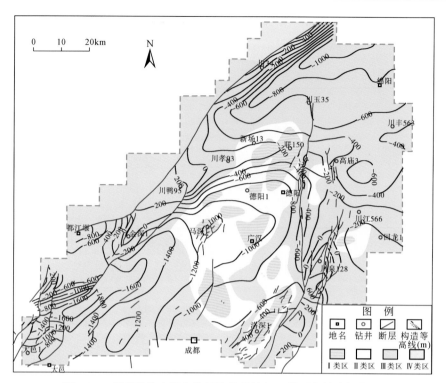

图 7-25 川西拗陷中段上侏罗统蓬莱镇组三段现今综合评价图

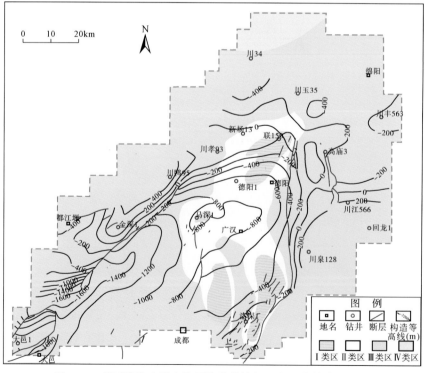

图 7-26 川西拗陷中段上侏罗统蓬莱镇组四段现今综合评价图

通过评价，确定出川西地区远源成藏体系圈闭资源量共计 $17793.58 \times 10^8 m^3$，其中成都凹陷圈闭资源量最大，为 $8615.42 \times 10^8 m^3$，其次为新场构造带和川西拗陷中江斜坡地区，分别为 $4683.87 \times 10^8 m^3$ 和 $3498.31 \times 10^8 m^3$，龙门山前构造带圈闭资源量最小，仅有 $289.35 \times 10^8 m^3$。其中，Ⅰ类区圈闭资源量共计 $4749.09 \times 10^8 m^3$，Ⅱ类区圈闭资源量为 $13044.49 \times 10^8 m^3$。

二、近源成藏体系

（一）评价思路与流程

以川西拗陷上三叠统须二段气藏为例进行说明。根据川西须二段气藏主要成藏要素匹配关系的研究（图4-35），储层主体致密化时间在晚侏罗世末，即晚侏罗世末川西地区须二段流体动力场由主要为自由流体动力场演变为以局限流体动力场为主。结合根据含烃盐水包裹体确定的主成藏期及燕山晚期至喜马拉雅期构造运动对川西地区构造、断层的影响，最终确定出晚侏罗世末期、晚白垩世末期和现今为川西须二段气藏成藏过程中的3个关键时期。本评价分别针对晚侏罗世末期、晚白垩世末期和现今3个阶段开展动态评价。总体评价流程及各阶段的具体评价指标如图7-27所示。

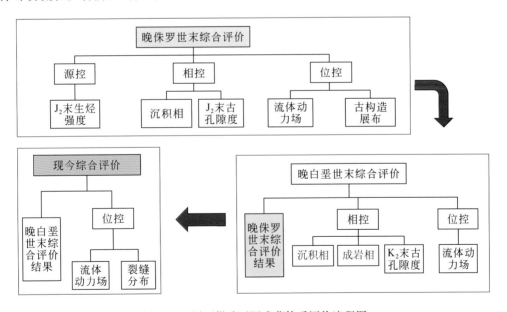

图 7-27　川西拗陷近源成藏体系评价流程图

（二）动态综合评价

1. 综合评价标准

1）晚侏罗世末期

总体表现出源控区、相控带、位控藏的特征。①"源控"，有效烃源岩决定了气藏的展布。从图 4-35 可以看出，须二段气藏的主力烃源岩马鞍塘组—小塘子组泥页岩在晚侏罗世末时已进入生排烃高峰，有利于油气成藏。因此该时期马鞍塘组—小塘子组生排烃强度是源控评价的主要指标。②"相控"，有利沉积相决定了气藏的分布，含砂率较高的三角洲前缘水下分支河道、河口坝等沉积微相最有利于储层及气藏的形成。此外，由于古孔隙度控制流体动力场及气藏类型，晚侏罗世末期的古孔隙度也是相控评价的重要参数之一。③"位控"，大型古隆起和古局部构造，以及有效断层、裂缝系统是天然气富集、高产的关键。古流体动力场、古构造及燕山中晚期发育的沟通下伏马鞍塘组—小塘子组烃源岩的断层对该阶段油气成藏具有明显控制作用。

该阶段的评价参数包含源–相–位三方面的 6 个参数。其中，"源控"评价参数为马鞍塘组—小塘子组烃源岩在晚侏罗世末期的生烃强度。根据目前储量、含气构造及高产气井的分布情况，油气高产富集区主要位于生烃强度>20×10⁸m³/km²的地区，（累计）生烃强度≥10×10⁸m³/km²的区域普遍见有油气显示。"相控"评价参数包括沉积相和晚侏罗世末期古孔隙度的分布。勘探实践表明，砂岩百分含量>30%的三角洲前缘沉积区域含气性较优。同时，根据古孔隙度与气藏含气性的关系，将 10%、4% 和 2.5% 这 3 个节点作为Ⅰ类区、Ⅱ类区、Ⅲ类区和Ⅳ类区的古孔隙度标准（表 7-6）。"位控"参数包括流体动力场类型、古构造位置及与有效断层的距离。由此，建立了川西拗陷须二段晚侏罗世末期的综合评价标准（表 7-6）。

表 7-6　晚侏罗世末川西拗陷近源成藏体系须二段气藏综合评价标准

评价参数		Ⅰ类区	Ⅱ类区	Ⅲ类区	Ⅳ类区
源	J_3末须一段生烃强度 /(10^8m³/km²)	≥20	≥20	≥10	0~10
相	沉积相	三角洲前缘	三角洲前缘	三角洲平原、三角洲前缘	前三角洲
	J_3末孔隙度分布/%	≥10	≥4	≥2.5	<2.5
位	J_3末流体动力场	自由流体动力场	局限流体动力场	局限流体动力场	局限流体动力场
	J_3末构造位置	隆起	斜坡	斜坡	凹陷
	距有效断层距离/km	<10		>10	
勘探成效		好，三级储量主要分布区	较好，有含气构造	一般，有一定油气显示	较差

2）晚白垩世末期

以晚侏罗世末期的综合评价结果为基础，对源–相–位三方面成藏要素进行再次梳理。该阶段储层逐渐致密，不同类型成岩相对储层具有不同的改造作用。其中，溶蚀成岩相和破裂成岩相有效地提高了储层的储渗能力，有利于油气的聚集。同时，由于储层总体致密，以局限流体动力场为主，构造对气藏的控制作用有所减弱，但在局部物性较好、裂缝发育的自由流体动力场区域，构造、断层仍然对成藏具有控制作用。该阶段"相控"因素主要为成岩相类型及晚白垩世末期古孔隙度，"位控"因素主要为古流体动力场分布和古构造（表 7-7）。

表7-7　晚白垩世末期川西拗陷近源成藏体系须二段气藏综合评价标准

评价参数		I 类区	II 类区	III 类区	IV 类区
晚侏罗世末评价结果		I 类、II 类	I 类、II 类、III 类	II 类、III 类	IV 类
相	成岩相	强压实中溶蚀、破裂成岩相	强压实弱溶蚀、破裂成岩相	强胶结弱溶蚀、强压实弱溶蚀成岩相	强胶结、强胶结弱溶蚀、强压实弱溶蚀成岩相
	K_2 末孔隙度分布/%	≥6	≥4	≥2.5	<2.5
位	K_2 末流体动力场	自由流体动力场、局限流体动力场	局限流体动力场	局限流体动力场	束缚流体动力场
	K_2 末构造位置	隆起	斜坡-隆起	凹陷-斜坡	凹陷-斜坡
勘探成效		好，三级储量主要分布区	较好，有含气构造	一般，有一定油气显示	较差

3）现今

基于晚白垩世末期的综合评价结果。本阶段成岩作用对储层的改造作用有限，位控是本阶段成藏的关键因素。研究重点是喜马拉雅晚幕运动对川西局部构造的影响。该阶段产生大量的断裂和裂缝系统，早期形成的油气藏发生调整和改造，油气主要在构造高部位及断裂带附近等低势区富集。同时，在断裂不发育地区，储层致密造成油气非浮力运聚成藏，可能形成大面积连续分布、低丰度的岩性气藏（表7-8）。

表7-8　现今川西拗陷近源成藏体系须二段气藏综合评价标准

评价参数		I 类区	II 类区	III 类区	IV 类区
晚白垩世末评价结果		I 类、II 类	I 类、II 类、III 类	II 类、III 类	IV 类
位	断裂发育情况	发育	发育	一般发育	不发育-发育
	现今流体动力场	自由流体动力场、局限流体动力场	局限流体动力场	局限流体动力场	束缚流体动力场
	现今构造位置	隆起	斜坡-隆起	凹陷-斜坡-隆起	凹陷
勘探成效		好，三级储量主要分布区	较好，有含气构造	一般，有一定油气显示	较差

2. 综合评价结果

川西拗陷须二段在晚侏罗世末期、晚白垩世末期及现今的综合评价结果如图7-28～图7-30所示。其中，晚侏罗世末期须二段 I 类区主要分布在新场-丰谷地区，II 类区主要分布在川西拗陷东部和南部，川西其余地区为 III 类区（图7-28）；晚白垩世末期须二段 I 类区主要分布在新场、中江和洛带的局部地区，II 类区主要分布在川西拗陷梓潼凹陷-新场-成都凹陷中北部区域，川西其余大部分地区为 III 类区（图7-29）；现今须二段 I 类区主要分布在新场、中江、洛带、鸭子河和大邑的局部地区，II 类区主要分布在 I 类区的周缘地区，川西其余大部分地区为 III 类区（图7-30）。

采用相似的方法建立了川西拗陷须四段在早白垩世末期、晚白垩世末期和现今3个关键成藏时期的综合评价标准（表7-9～表7-11），完成了川西拗陷须四段动态评价（图7-31～图7-33）。

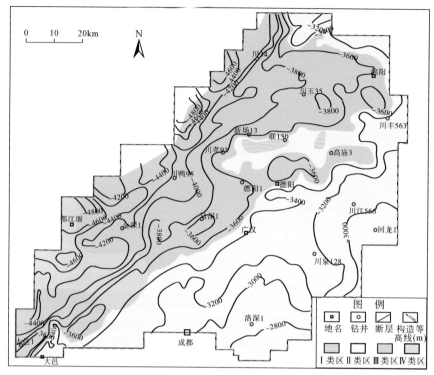

图 7-28　川西拗陷中段须二段晚侏罗世末期综合评价图

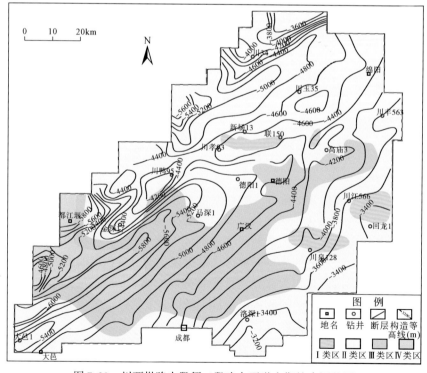

图 7-29　川西拗陷中段须二段晚白垩世末期综合评价图

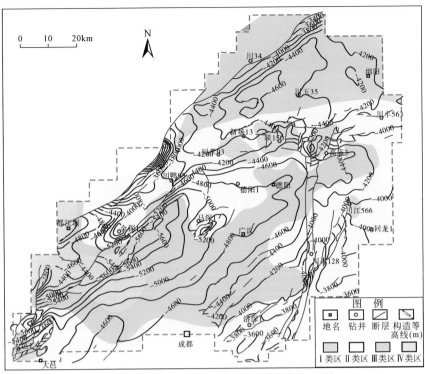

图 7-30　川西拗陷中段须二段现今综合评价图

表 7-9　早白垩世末川西拗陷近源成藏体系须四段气藏综合评价标准

	评价参数	Ⅰ类区	Ⅱ类区	Ⅲ类区	Ⅳ类区
源	K_1末须一段生烃强度 /$(10^8\mathrm{m}^3/\mathrm{km}^2)$	≥30	≥20	≥10	>0
相	沉积相	三角洲前缘	三角洲前缘	三角洲平原、三角洲前缘	前三角洲
	K_1末孔隙度分布/%	≥10	≥8	≥6	<6
位	K_1末流体动力场	自由流体动力场	局限流体动力场	局限流体动力场	局限流体动力场
	K_1末构造位置	隆起	斜坡	斜坡	凹陷
	勘探成效	好，三级储量 主要分布区	较好，有含气构造	一般，有一定 油气显示	较差

表 7-10　晚白垩世末川西拗陷近源成藏体系须四段气藏综合评价标准

	评价参数	Ⅰ类区	Ⅱ类区	Ⅲ类区	Ⅳ类区
	晚白垩世末评价结果	Ⅰ类、Ⅱ类	Ⅰ类、Ⅱ类、Ⅲ类	Ⅱ类、Ⅲ类	Ⅳ类
相	沉积相	三角洲前缘	三角洲前缘	三角洲平原、三角洲前缘	前三角洲
	成岩相	强压实中溶蚀、中强 压实弱溶蚀成岩相	强压实中溶蚀、中强 压实弱溶蚀成岩相	强压实中溶蚀、中强压 实弱溶蚀成岩相	强胶结、强压实 弱溶蚀成岩相
	K_2末孔隙度分布/%	≥8	≥6	≥4	<4

续表

评价参数		I 类区	II 类区	III 类区	IV 类区
位	K₂末流体动力场	局限流体动力场	局限流体动力场	局限流体动力场	局限流体动力场
	K₂末构造位置	隆起	斜坡–隆起	凹陷–斜坡	凹陷–斜坡
勘探成效		好，三级储量主要分布区	较好，有含气构造	一般，有一定油气显示	较差

表 7-11　现今川西拗陷近源成藏体系须四段气藏综合评价标准

评价参数		I 类区	II 类区	III 类区	IV 类区
晚白垩世末评价结果		I 类、II 类	I 类、II 类、III 类	II 类、III 类	IV 类
位	断裂发育情况	发育	发育	一般发育	不发育–发育
	现今流体动力场	自由流体动力场局限流体动力场	局限流体动力场	局限流体动力场	局限流体动力场
	现今构造位置	隆起	斜坡–隆起	凹陷–斜坡–隆起	凹陷
勘探成效		好，三级储量主要分布区	较好，有含气构造	一般，有一定油气显示	较差

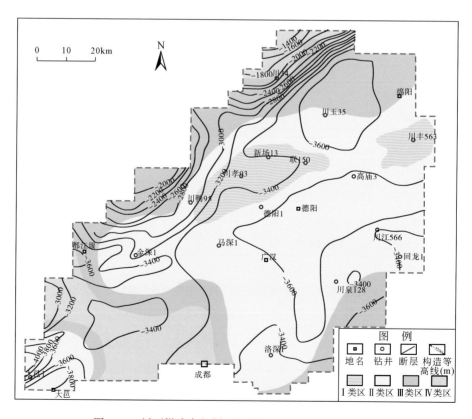

图 7-31　川西拗陷中段须四段早白垩世末期综合评价图

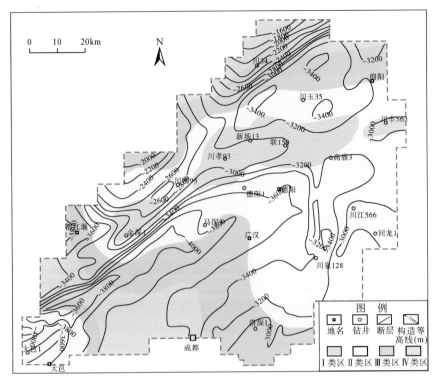

图 7-32　川西拗陷中段须四段晚白垩世末期综合评价图

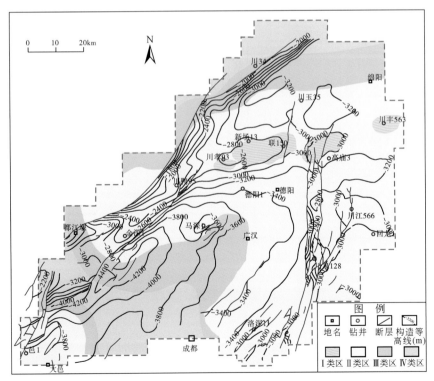

图 7-33　川西拗陷中段须四段现今综合评价图

通过评价，确定出川西坳陷中段近源成藏体系圈闭资源量共计 13308.31×10⁸m³。其中，须二段圈闭资源量为 6413.77×10⁸m³，须四段圈闭资源量为 6894.54×10⁸m³。区域上，新场构造带圈闭资源量最大，为 5633.90×10⁸m³，其次为成都凹陷和川西坳陷东斜坡地区，分别为 1870.25×10⁸m³ 和 2289.70×10⁸m³，梓潼凹陷圈闭资源量最小，仅有 915.35×10⁸m³。Ⅰ类区圈闭资源量共计 2404.88×10⁸m³，Ⅱ类区为 10903.42×10⁸m³。目前仅在新场构造带提交了三级地质储量，剩余圈闭资源量巨大。

三、源内成藏体系

(一) 评价思路与流程

源内气藏属于先成型，即油气成藏在储层致密化之后。因此，与近源或远源成藏体系致密复合型油气藏不同，源内气藏基本不存在早期常规气藏向晚期致密气藏或深盆气的转变，气藏类型较为单一，以岩性气藏为主，构造对气水分布影响较小，油气成藏主要受优质烃源岩、相对优质储层和裂缝及保存条件的控制。根据源内成藏体系成藏主控因素分析，建立了源内成藏体系的评价流程（图 7-34）。

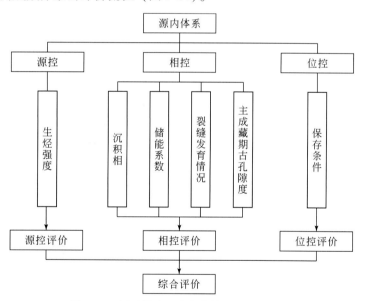

图 7-34　川西坳陷源内成藏体系评价流程图

(二) 综合评价

1. 综合评价标准

根据源、相、位各评价指标与实际钻井含气性关系的研究，建立了川西源内成藏体系综合评价标准（表 7-12）。其中，"源控"参数包括累计生烃强度及与储层直接接触的优质烃源岩（TOC≥2.0%）的厚度，"相控"参数包括沉积相、基质孔隙度及裂缝发育程度，"位控"参数包括区域盖层厚度、压力系数及沟通浅层断层的发育情况。

表 7-12　川西拗陷源内成藏体系气藏综合评价标准

评价指标		评价级别	源内体系
			须三段、须五段
源	生烃强度/(10⁸m³/km²)	Ⅳ类区	<10
		Ⅲ类区	≥10
		Ⅱ类区	≥15
		Ⅰ类区	≥20
	亚段内优质烃源岩厚度/m	Ⅳ类区	<30
		Ⅲ类区	≥30
		Ⅱ类区	≥40
		Ⅰ类区	≥60
相	沉积相	Ⅳ类区	前三角洲–湖泊
		Ⅲ类区	前三角洲–湖泊、三角洲前缘
		Ⅱ类区	前三角洲–湖泊、三角洲前缘
		Ⅰ类区	三角洲前缘
	裂缝发育情况	Ⅳ类区	不发育
		Ⅲ类区	不发育–发育
		Ⅱ类区	发育
		Ⅰ类区	发育
	基质孔隙度/%	Ⅳ类区	<2
		Ⅲ类区	<3
		Ⅱ类区	≥3
		Ⅰ类区	≥3
位	保存条件	区域盖层厚度/m	Ⅳ类区	>50
			Ⅲ类区	≥100
			Ⅱ类区	≥150
			Ⅰ类区	≥200
		压力系数	Ⅳ类区	≥1.0
			Ⅲ类区	≥1.0
			Ⅱ类区	≥1.2
			Ⅰ类区	≥1.6
		沟通浅层断层发育情况	Ⅳ类区	发育
			Ⅲ类区	不发育–发育
			Ⅱ类区	不发育–发育
			Ⅰ类区	不发育

源内气藏属于自生自储、源储一体气藏，具有近源成藏的特点。在断层、裂缝发育的气藏，如大邑须三段和元坝须三段气藏，由于可能存在须家河组内部多套烃源供烃，生烃强度 $\geq 10 \times 10^8 \mathrm{m^3/km^2}$ 的区域即可见较好油气显示。但在构造成因裂缝不发育的地区，由于源内气藏储层物性普遍极差，高产层段通常发育生烃增压缝等非构造成因缝，高产气井通

常分布在生烃强度 $\geq 20 \times 10^8 \mathrm{m}^3/\mathrm{km}^2$ 的区域，且层内直接优质烃源岩的厚度普遍 $\geq 60\mathrm{m}$。

根据川西新场须五段单井测试产能与测试层段岩性组合关系分析可以看出，具有一定含砂率的砂泥互层型储层普遍具有较高的测试产能，而富泥型储层产气能力有限，表明三角洲前缘沉积、一定含砂率及砂泥互层型岩性组合有利于源内气藏的形成，而分布于前三角洲–湖泊沉积的富泥型组合则对成藏不利。同时，由于储层基质物性极差，天然气的高产稳产，需要裂缝和孔隙的共同作用。研究显示，砂岩孔隙度与单井产量呈现一定的正相关关系，产量大于 $2 \times 10^4 \mathrm{m}^3/\mathrm{d}$ 的钻井储层基质孔隙度普遍 $\geq 3\%$。此外，裂缝（构造和非构造成因）对天然气富集高产也具有明显的控制作用。

源内成藏体系"位控"主要是通过保存条件来体现的。其中，中高产气井通常具有区域盖层厚度大（$\geq 200\mathrm{m}$）、超压（压力系数 ≥ 1.6）及沟通浅层断层不发育的特征。

2. 综合评价结果

川西拗陷中段须三段、须五上亚段、须五下亚段综合评价结果如图7-35～图7-37所示。其中，须三段 I 类区主要分布在大邑–温江和洛带地区，II 类区主要位于成都凹陷南部大邑–温江–洛带一带和罗江–绵阳西一带；须五下亚段 I 类区分布在新场–马井和温江地区，II 类区主要分布在罗江–丰谷、大邑地区；须五上亚段 I 类区主要分布在新场–马井一带，II 类区主要分布在彭州地区。

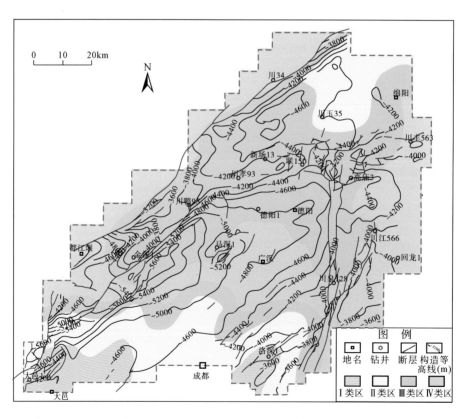

图 7-35 川西拗陷中段须三段综合评价图

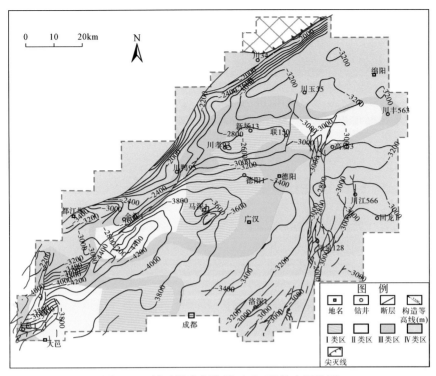

图 7-36　川西拗陷中段须五下亚段综合评价图

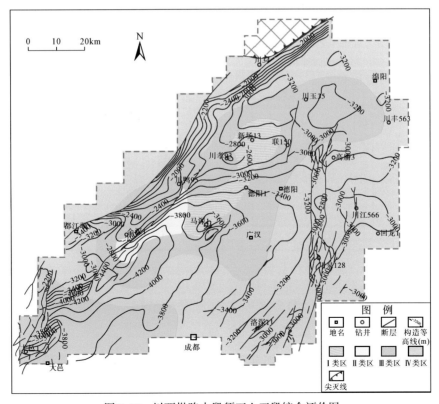

图 7-37　川西拗陷中段须五上亚段综合评价图

与近源和远源成藏体系比较，源内成藏体系圈闭分布较为局限，须五段主要分布在新场构造带、成都凹陷和龙门山前构造带，须三段则仅分布在梓潼凹陷和龙门山前构造带，圈闭资源量共计 $5231.42\times10^8\mathrm{m}^3$。其中，须五段圈闭资源量为 $3585.73\times10^8\mathrm{m}^3$，须三段圈闭资源量为 $1645.69\times10^8\mathrm{m}^3$。区域上，成都凹陷圈闭资源量最大，为 $1947.1\times10^8\mathrm{m}^3$，其次为新场构造带和龙门山前构造带，均为 $1000\times10^8\mathrm{m}^3$ 左右，梓潼凹陷最小，仅有 $683.23\times10^8\mathrm{m}^3$。川西源内成藏体系总体勘探程度较低，目前仅在新场构造带须五段提交控制和预测储量，剩余圈闭资源量较大。

第三节　目标评价

在完成各成藏体系圈闭评价的基础上，充分考虑各区带的勘探潜力，进一步梳理了可上钻的目标，细化纵向评价单元，开展上钻目标的精细评价。本书以川西拗陷中江斜坡上、下沙溪庙组气藏（远源成藏体系）和新场构造带须二段气藏（近源成藏体系）为例，对上钻目标的精细评价流程进行说明。

一、远源成藏体系

（一）评价思路与流程

以"源-相-位"关键控藏因素为评价指标，结合单井测试产量，开展相关的综合评价。具体评价流程及指标如图 7-38 所示。

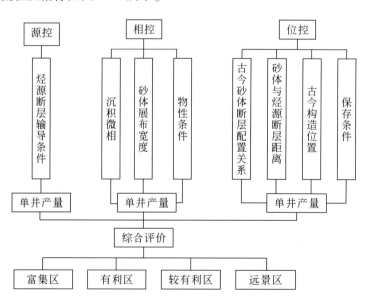

图 7-38　川西拗陷东斜坡上、下沙溪庙组目标评价流程图

"源控"评价方面，主要考虑烃源断层对油气的输导作用。川西拗陷中江斜坡上、下

沙溪庙组气藏的天然气主要来自下伏须家河组烃源岩层系，油气主要沿烃源断层进行快速垂向运移，气藏平面分布受烃源断层的控制，气藏丰度、规模与烃源断层的输导能力具有较大关系。本书采用断层断距大小、断层倾角、断层垂向延伸距离等参数对烃源断层的输导能力进行评价。

"相控"评价方面，主要考虑储集砂体沉积相及储层物性的影响，川西拗陷中江斜坡侏罗系主要受龙门山北段及米仓山-大巴山长轴物源影响，沉积相带大致呈 NE-SW 向展布，上、下沙溪庙组主要发育三角洲平原、前缘沉积，优质储层主要分布在（水下）分流河道高能沉积环境中。其中，限制性河道下切作用强，河道砂体展布范围窄，厚度大，物性相对较好；侧向摆动幅度较大的河道砂体展布范围宽，厚度相对较小，局部存在物性甜点。因此，选取沉积微相、砂体展布宽度、物性条件作为"相控"评价参数。

"位控"评价方面，主要考虑砂体与烃源断层距离、古今构造、古今砂体与断层配置关系及保存条件。对于远源气藏，烃源断层是天然气垂向运移的主要通道，来自须家河组的天然气沿断层向上运移，如遇到断砂配置较好的砂体时即进入并进行侧向运移，由于储层整体致密，天然气总体表现出近断层富集的特征。但是，如果距离断层太近（<2km），断层附近保存条件较差，同时可能存在大气水下渗及深部须家河组地层水的跨层越流混合，导致气藏含气性变差，且具有较高的产水量。同时，主成藏期大型古隆起和古局部构造是天然气的主要富集区带，现今构造对古气藏进行了进一步的调整、改造，因此古今构造是控制油气聚集的重要位控参数之一。此外，古今砂体与断层的配置关系控制了油气的聚集与逸散。本书研究表明早期成藏后期保持型（Ⅰ型）和早期成藏后期调整保留型（Ⅱ₁型）为该区上、下沙溪庙组有利的气藏类型（表6-6）。另外，通天断层的发育可能导致保存条件变差，油气逸散至地表，气藏遭受破坏。

（二）动态综合评价

在建立评价流程、明确评价指标的基础上，根据各项评价参数与单井产量的关系，确定了川西拗陷东斜坡上、下沙溪庙组气藏综合评价标准（表7-13）。评价划分为4个级别，包括Ⅰ类区（富集区）、Ⅱ类区（有利区）、Ⅲ类区（较有利区）和Ⅳ类区（远景区）。

表7-13　川西拗陷东斜坡上、下沙溪庙组气藏综合评价标准

	评价参数	Ⅰ类区（富集区）	Ⅱ类区（有利区）	Ⅲ类区（较有利区）	Ⅳ类区（远景区）
	圈闭评价结果	Ⅰ类	Ⅰ类、Ⅱ类	Ⅱ类、Ⅲ类	Ⅲ类、Ⅳ类
源	烃源断层输导条件	油气运移高速通道，断距大（>150m）	油气运移中速通道，断距（50~150m）	油气运移低速通道，断距小（<50m）	油气运移低速通道，断距小（<50m）
相	沉积微相	（水下）分流河道、边滩、心滩	（水下）分流河道、边滩、心滩	（水下）分流河道、边滩、心滩、决口扇	（水下）分流河道、边滩、心滩、决口扇
	砂体展布宽度/m	<1000	1000~5000	>5000	
	物性条件	Ⅰ类、Ⅱ类储层为主	Ⅱ类储层为主	Ⅲ类储层为主	Ⅲ类储层为主

续表

评价参数			Ⅰ类区（富集区）	Ⅱ类区（有利区）	Ⅲ类区（较有利区）	Ⅳ类区（远景区）
位	砂体与烃源断层距离/km		6～16	4～6、16～20	2～4、20～30	0～2、>30
	古今构造位置	成藏期	高	较高	低	低
		现今	高	较高	低	低
	古今砂体断层配置关系	成藏期	砂体下倾方向与烃源断层相接	砂体下倾方向与烃源断层相接	砂体与烃源断层相接	砂体与烃源断层未相接
		现今	砂体下倾方向与烃源断层相接或砂体上倾方向与烃源断层相接（发育岩性隔挡）	砂体下倾方向与烃源断层相接或砂体上倾方向与烃源断层相接（存在岩性隔挡）	砂体与烃源断层相接	砂体与烃源断层未相接
	保存条件		无通天断层（距离深大断层>4km）	无通天断层（距离深大断层>4km）	邻近通天断层（2～4km）	邻近通天断层（0～2km）
单井测试产量/($\times10^4m^3/d$)			>4	1.5～4	<1.5	见油气显示

“源控”评价主要对烃源断层的输导能力进行分级评价。通过对川西拗陷中江斜坡地区高庙子 JS_3^{3-2} 砂组 3 条河道的产能情况分析，3 条河道产能差异较大，高庙 32 井河道平均单井产能 $5.1\times10^4m^3/d$，高庙 33 井河道平均单井产能 $2.1\times10^4m^3/d$，高庙 101 河道平均单井产能 $0.6\times10^4m^3/d$。3 条河道分别由 3 条不同的烃源断层供烃。通过对 3 条烃源断层断距大小、断层倾角和断裂延伸距离等分析，3 条断层断距差异较大，高庙 32 井河道供烃断层断距最大，可达 240m，高庙 101 井河道供烃断层断距最小（40m），高庙 33 井河道供烃断层断距介于两者（60m）。根据该区烃源断层断距大小与油气产能关系的统计结果，产能大于 $4\times10^4m^3/d$ 的油气井其供烃断层断距普遍大于 150m，对应富集区；产能在 $1.5\times10^4\sim4\times10^4m^3/d$ 的油气井其供烃断层断距普遍为 50～150m，对应有利区；产能小于 $1.5\times10^4m^3/d$ 的油气井其供烃断层断距普遍小于 50m，对应较有利区和远景区。

“相控”评价主要针对沉积微相、砂体展布宽度和物性条件进行。勘探实践表明，孔隙型储层主要分布在高能沉积相带中，包括（水下）分流河道、河口坝、边滩、心滩。其中，限制性河道下切作用强，形成砂体展布范围窄（<1000m），厚度大，物性相对较好（Ⅰ类、Ⅱ类储层为主）。同时，窄河道砂体储气空间相对较小，容易形成高丰度油气充注，单井测试产能普遍大于 $4\times10^4m^3/d$，为油气富集区；侧向摆动幅度较大的河道形成砂体展布范围宽（1000～5000m），厚度相对较小，局部存在物性甜点（Ⅱ类储层为主），单井测试产能 $1.5\times10^4\sim4\times10^4m^3/d$，为油气有利区；侧向摆动幅度大的河道形成砂体展布范围宽（>5000m），厚度小，局部存在物性甜点（Ⅲ类储层为主），单井测试产能小于 $1.5\times10^4m^3/d$，为油气较有利区、远景区。

“位控”评价主要针对距烃源断层距离、古今构造、古今砂体与断层配置关系及保存条件 4 个方面开展：①根据距烃源断层距离与单井产能的关系研究，单井产能与距断层距离具有一定的相关性，高产气井主要分布在距断层 6～15km，中产井主要分布在 4～6km 和16～20km，低产井主要分布在 2～4km 和 20～30km，在 0～2km、>30km 范围，砂体含气性较差，以油气显示井为主，且邻近断层区域产水量较大。②结合成藏条件分析及实钻情况，单井产能与古今构造具有较好的正相关关系，油气主要在古今构造较高部位富集。③研究表明，古今砂体与断层的配置关系控制了油气的聚集与逸散。其中，早期成藏后期保持型（成藏期与现今砂体下倾方向均与烃源断层相接）和早期成藏后期调整保留型（成藏期砂体下倾方向与烃源断层相接，现今调整为砂体上倾方向与烃源断层相接且砂体内部发育岩性、物性侧向封隔）为该区上、下沙溪庙组有利的气藏类型。④无通天断层、侧向封堵条件好的区域具备较好的保存条件，能够形成有效圈闭。

采用上述标准开展该区上、下沙溪庙组重点砂组综合评价（图 7-39，图 7-40），评价结果显示剩余有利资源量共计 $758.18 \times 10^8 m^3$，其中 I 类区资源量为 $141.68 \times 10^8 m^3$，Ⅱ类区资源量共计 $616.5 \times 10^8 m^3$。

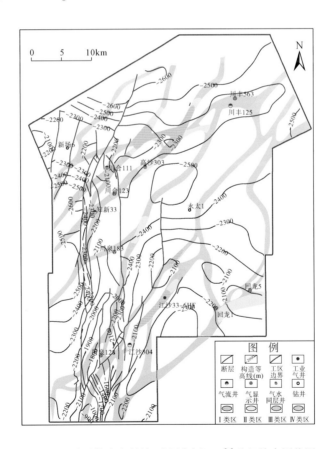

图 7-39　川西拗陷东斜坡下沙溪庙组 JS_3^{3-2} 砂组综合评价图

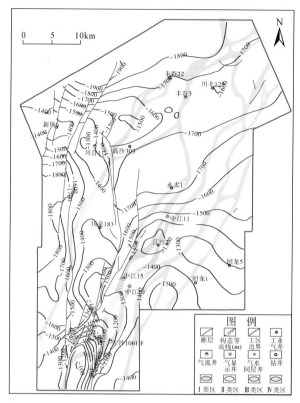

图 7-40 川西坳陷东斜坡下沙溪庙组 JS_1^1 砂组综合评价图

二、近源成藏体系

(一) 评价思路与流程

以"源-相-位"关键控藏因素为评价指标,结合单井测试产量,开展川西新场构造带须二段综合评价。具体评价流程及指标如图 7-41 所示。

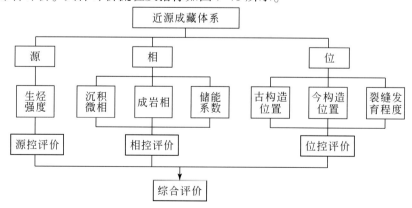

图 7-41 川西坳陷新场构造带近源成藏体系目标评价流程图

"源控"评价方面，采用能够综合反映烃源岩生烃能力的生烃强度作为关键评价指标。针对须二段，以马鞍塘组—小塘子组的生烃强度为主要源控指标。新场构造带须二段的实际勘探结果表明，单井测试产量>2.5×10^{4}m^3/d 的钻井普遍位于生烃强度大于 20×10^{8}m^3/km^2 的区域内。因此，富集区和有利区对应的生烃强度大于 20×10^{8}m^3/km^2。

"相控"评价方面，采用沉积微相、成岩相及储能系数作为相控评价参数。新场构造带须二段储层主要发育在三角洲前缘水下分流河道和河口坝高能沉积环境中。同时，成岩相对储层物性有较大的影响，建设性成岩相可以有效地改善储层物性，局部地区形成"甜点"。此外，储能系数能够综合反映现今储层的储集能力。根据实际钻井储能系数与气产量的关系，确定川西须二段富集区的储能系数下限为 200，有利区和较有利区的储能系数下限为 100。

"位控"评价方面，采用古今构造和裂缝发育程度作为主要评价指标。大型古隆起和古局部构造是近源体系天然气高产富集区域，现今构造对油气分布进行了进一步的调整、改造，同时，有效的断层、裂缝系统提供了油气优势运移通道，控制了油气的高产富集。

（二）动态综合评价

在建立评价流程、明确评价指标的基础上，根据各项评价参数与单井产量的关系，确定了川西新场构造带须二段气藏综合评价标准（表7-14）。评价划分为 4 个级别，包括 I 类区（富集区）、II 类区（有利区）、III 类区（较有利区）和IV类区（远景区）。

表 7-14 川西新场构造带须二段气藏综合评价标准

评价参数		I 类区	II 类区	III 类区	IV 类区
圈闭评价结果		I 类	I 类、II 类	II 类、III 类	III 类、IV 类
源	生烃强度/(10^8m^3/km^2)	≥20	≥20	≥10	<10
相	沉积微相	水下分流河道、河口坝	水下分流河道、河口坝	远砂坝	分流间湾、前三角洲
	成岩相	强压实中溶蚀成岩相	强压实中溶蚀、中胶结弱溶蚀成岩相	强压实中溶蚀、中胶结弱溶蚀成岩相	强压实中溶蚀、中胶结弱溶蚀成岩相
	储能系数	>200	100~200	100~200	<100
位	古构造/m	>-4650	>-4650	>-4650	<-4650
	今构造/m	>-4350	>-4350	<-4350	<-4350
	距有效断层距离/km	<5	<10	>10	>10
	裂缝发育程度	发育	较发育~发育	较发育	较不发育
单井测试产量/(10^4m^3/d)		>5.5	2.5~5.5	1.5~2.5	<1.5

采用上述标准对新场构造带须二段重点砂组进行综合评价，评价结果如图 7-42，图 7-43 所示。

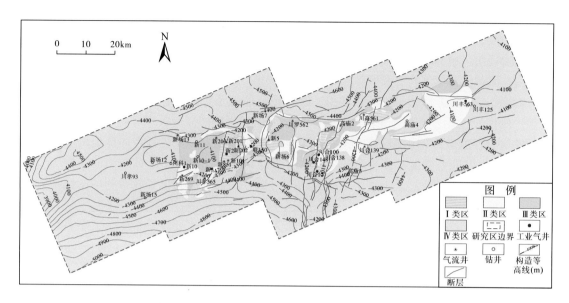

图 7-42　川西新场构造带须二段 TX_2^2 砂组综合评价图

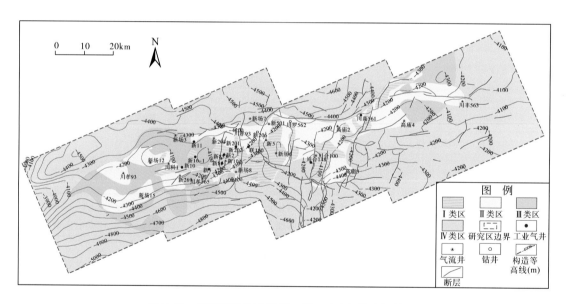

图 7-43　川西新场构造带须二段 TX_2^4 砂组综合评价图

第四节　评价效果分析

本书从四川盆地叠覆型致密砂岩气区地质特征及形成条件出发，在油气成藏机理、动态成藏过程、成藏主控因素及油气富集规律研究的基础上，建立了叠覆型致密砂岩气区三级（区带级、圈闭级和目标级）三元（源、相、位）动态评价流程，完成了区带、圈闭和目标 3 个层级的"源–相–位"三元综合评价。通过评价，确定了有利勘探目标，为圈闭发现和落实、钻井部署及储量提交提供了依据。

（1）有力指导和支撑了川西、川东北地区陆相油气勘探。指导勘探思路"由隆起带向凹陷-斜坡区、由构造圈闭向大面积岩性圈闭、由单一气藏向多气藏"转变，拓展了四川盆地陆相新区新领域的油气勘探。"十二五"期间取得了马井-什邡地区蓬莱镇组，广汉-金堂地区蓬莱镇组，川西拗陷中江斜坡上、下沙溪庙组天然气勘探新突破。同时，针对须家河组在川西地区部署钻井16口，其中14口获得工业气流，实现了川西拗陷中江斜坡、新场构造带及梓潼凹陷须家河组油气勘探的重大突破。在川东北地区共部署陆相专探井33口，其中40层/26口井测试获得工业气流，3层/3口井（元陆7、5、28井）测试日产超百万立方米。

（2）新发现三级圈闭35个，重新落实圈闭39个，落实了"十三五"期间的增储阵地，提供了新的勘探目标。新发现马井-什邡、广汉-金堂、崇州-郫县侏罗系及绵阳、兴仁、永兴须家河组等35个三级圈闭，新增天然气圈闭资源量14724.45×10^{8}m^3。重新落实中江上、下沙溪庙组，丰谷上、下沙溪庙组，中江须家河组，德阳须家河组等圈闭39个，重新落实天然气圈闭资源量10702.66×10^{8}m^3，为加快川西地区侏罗系及须家河组油气勘探奠定了资源基础。通过评价，优选出川西梓潼凹陷须四段，川东北通江凹陷须二段、须四段，阆中须家河组等8个有利勘探目标。

（3）大幅缩短气藏从发现到探明储量提交的时间，形成了成都凹陷中浅层岩性气藏和川西拗陷中江斜坡带中浅层岩性气藏两个千亿立方米级规模商业储量区。优选出来的成都凹陷侏罗系及川西拗陷中江斜坡侏罗系成为"十二五"期间天然气发展的重要阵地，发现并建成了成都、中江两个大中型气田，累计提交探明储量2253.1×10^{8}m^3。

参 考 文 献

安红艳，时志强，张慧娟，等．2011.川西坳陷中段中侏罗统沙溪庙组储层砂岩物源分析．四川地质学报，(1)：29-33.

毕海龙，周文，谢润成，等．2012.川西新场地区须二气藏天然裂缝分布综合预测及评价（上）．物探化探计算技术，34(6)：713-716.

车国琼，龚昌明，汪楠，等．2007.广安地区须家河组气藏成藏条件．天然气工业，27(6)：1-5.

陈斌，李勇，王伟明，等．2016.晚三叠世龙门山前陆盆地须家河组物源及构造背景分析．地质学报，90(5)：857-872.

陈杨，刘树根，李智武，等．2011.川西前陆盆地晚三叠世早期物源与龙门山的有限隆升-碎屑锆石 U-Pb 年代学研究．大地构造与成矿学，35(2)：315-323.

陈昭国．2012.川西坳陷与北美致密砂岩气藏类比分析．西南石油大学学报（自然科学版），34(1)：71-76.

戴朝成，郑荣才，任军平，等．2014.四川前陆盆地上三叠统须家河组物源区分析及其地质意义．吉林大学学报（地球科学版），44(4)：1085-1096.

戴金星．1993.天然气碳氢同位素特征和各类天然气鉴别．天然气地球科学，1993，(Z1)：1-40.

戴金星，宋岩，关得师，等．1987.鉴别煤成气的指标．煤成气地质研究编委会．煤成气地质研究．北京：石油工业出版社.

戴金星，倪云燕，邹才能，等．2009.四川盆地须家河组煤系烷烃气碳同位素特征及气源对比意义．石油与天然气地质，30(5)：519-529.

戴金星，倪云燕，吴小奇．2012.中国致密砂岩气及在勘探开发上的重要意义．石油勘探与开发，39(3)：257-264.

邓康龄．2007.龙门山构造带印支期构造递进变形与变形序列．石油与天然气地质，28(4)：486-490.

杜业波，季汉成，吴因业，等．2006.前陆层序致密储层的单因素成岩相分析．石油学报，27(2)：48-52.

段新国，宋荣彩，李国辉，等．2011.四川盆地须二段综合成岩相特征研究．西南石油大学学报（自然科学版），33(1)：7-14.

郭海洋，刘树根，何建军，等．2008.广安地区侏罗系凉高山组油气成藏条件．天然气工业，28(4)：37-39.

国家能源局．2011.中华人民共和国石油和天然气行业标准（SY/T 6832—2011）．北京：石油工业出版社.

何周，史基安，唐勇，等．2011.准噶尔盆地西北缘二叠系碎屑岩储层成岩相与成岩演化研究．沉积学报，29(6)：1069-1078.

胡诚．2011.四川盆地川中地区须家河组物源区分析及岩相古地理特征．成都理工大学硕士学位论文.

贾承造，郑民，张永峰．2012.中国非常规油气资源与勘探开发前景．石油勘探与开发，39(2)：12-136.

姜林，薄冬梅，柳少波，等．2010.天然气二次运移组分变化机理研究．石油实验地质，32(6)：578-582.

姜振强，余波，潘伟义.2008.气藏与油藏储层孔隙度下限计算及对比研究——以辽河油田东部凹陷为例.石油天然气学报，30（5）：41-43.

姜振学，林世国，庞雄奇，等.2006.两种类型致密砂岩气藏对比.石油实验地质，28（3）：210-214.

金之钧，张金川.1999.深盆气藏及其勘探对策.石油勘探与开发，26（1）：4-5.

赖锦，王贵文，王书南，等.2013.碎屑岩储层成岩相研究现状及进展.地球科学进展，28（1）：39-50.

兰朝利，王金秀，何顺利，等.2010.广安气田产能特征及其控制因素研究.地质科学，45（1）：307-316.

李广之，吴向华.2002.异构比φiC₄/φnC₄和φiC₅/φnC₅的石油地质意义.物探与化探，26（2）：135-139.

李吉君，崔会英，卢双舫，等.2010.川中广安地区须家河组煤系烃源岩生气特征.吉林大学学报（地球科学版），40（2）：273-278.

李建忠，郭彬程，郑民，等.2012.中国致密砂岩气主要类型、地质特征与资源潜力.天然气地球科学，23（4）：607-615.

李剑，魏国齐，谢增业，等.2013.中国致密砂岩大气田成藏机理与主控因素——以鄂尔多斯盆地和四川盆地为例.石油学报，34（S1）：14-28.

李军，胡东风，邹华耀，等.2016.四川盆地元坝–通南巴地区须家河组致密砂岩储层成岩–成藏耦合关系.天然气地球科学，（7）：1164-1178.

李嵘，张娣，朱丽霞.2011a.四川盆地川西拗陷须家河组砂岩致密化研究.石油实验地质，33（3）：274-281.

李嵘，吕正祥，叶素娟.2011b.川西拗陷须家河组致密砂岩成岩作用特征及其对储层的影响.成都理工大学学报：自然科学版，38（2）：147-155.

李士祥，胡明毅，李浮萍.2007.川西前陆盆地上三叠统须家河组砂岩成岩作用及孔隙演化.天然气地球科学，18（4）：535-539.

李伟，秦胜飞，胡国艺，等.2011.水溶气脱溶成藏-四川盆地须家河组天然气大面积成藏的重要机理之一.石油勘探与开发，38（6）：662-670.

李伟，秦胜飞，胡国艺.2012.四川盆地须家河组水溶气的长距离侧向运移与聚集特征.天然气工业，32（2）：32-37.

李勇，王成善，曾允孚.2000.造山作用与沉积响应.矿物岩石，20（2）：49-56.

李勇，贺佩，颜照坤，等.2010.晚三叠世龙门山前陆盆地动力学分析.成都理工大学学报（自然科学版），37（4）：401-412.

林煜，吴胜和，徐樟友，等.2012.川西丰谷构造须家河组四段钙屑砂岩优质储层控制因素.天然气地球科学，23（4）：691-699.

刘朝露，李剑，方家虎，等.2004.水溶气运移成藏物理模拟实验技术.天然气地球科学，15（1）：32-36.

刘景东，刘光祥，王良书，等.2014.川东北元坝-通南巴地区二叠系-三叠系天然气地球化学特征及成因.石油学报，35（3）：417-428.

刘君龙，纪友亮，张克银，等.2016.川西前陆盆地侏罗系沉积体系变迁及演化模式.石油学报，37（6）：743-756.

刘树根，李国蓉，李巨初，等.2005.川西前陆盆地流体的跨层流动和天然气爆发式成藏.地质学报，79（5）：690-699.

刘树根，邓宾，李智武，等.2011.盆山结构与油气分布——以四川盆地为例.岩石学报，27（3）：621-655.

刘伟，窦齐丰，黄述旺，等.2002.成岩作用的定量表征与成岩储集相研究——以科尔沁油田交2断块区九佛堂组（J$_3$jf）下段为例．中国矿业大学学报，31（5）：399-403.

刘文汇，王晓锋，腾格尔，等．2013．中国近十年天然气示踪地球化学研究进展．矿物岩石地球化学通报，32（3）：279-289.

刘占国，斯春松，寿建峰，等．2011．四川盆地川中地区中下侏罗统砂岩储层异常致密成因机理．沉积学报，29（4）：744-751.

柳广弟，孙明亮．2007．剩余压力差在超压盆地天然气高效成藏中的意义．石油与天然气地质，28（2）：203-208.

卢双舫，王朋岩，付广，等．2003．从天然气富集的主控因素剖析我国主要含气盆地天然气的勘探前景．石油学报，24（3）：34-37.

卢文忠，朱国华，李大成，等．2004．川中地区侏罗系下沙溪庙组浊沸石砂岩储层的发现及意义．中国石油勘探，9（5）：53-58.

罗文军，彭军，曾小英，等．2012．川西丰谷地区须四段钙屑砂岩优质储层形成机理．石油实验地质，34（4）：412-416.

罗志立．1998．四川盆地基底结构的新认识．成都理工大学学报（自然科学版），（2）：191-200.

马卫，王东良，李志生，等．2013．湖相烃源岩生烃增压模拟实验．石油学报，34（S1）：65-69.

马永生，蔡勋育，赵培荣，等．2010．四川盆地大中型天然气田分布特征与勘探方向．石油学报，31（3）：347-354.

穆曙光，赵云翔，李宁．2010．南充构造凉高山组油藏储层研究．西南石油大学学报（自然科学版），32（3）：19-24.

潘继平，娄钰，王陆新．2016．中国"十二五"油气勘探开发规划目标后评估及"十三五"目标预测．天然气工业，36（1）：11-18.

庞雄奇，姜振学，黄捍东，等．2014．叠复连续油气藏成因机制、发育模式及分布预测．石油学报，35（5）：795-828.

钱利军，陈洪德，时志强，等．2013．川西拗陷中段蓬莱镇组物源及沉积相展布特征．成都理工大学学报：自然科学版，40（1）：15-24.

秦胜飞．2012．四川盆地水溶气碳同位素组成特征及地质意义．石油勘探与开发，39（3）：313-319.

秦胜飞，赵靖舟，李梅，等．2006．水溶天然气运移地球化学示踪-以塔里木盆地和田河气田为例．地学前缘，13（5）：524-532.

秦胜飞，陶士振，涂涛，等．2007．川西坳陷天然气地球化学及成藏特征［J］．石油勘探与开发，34（1）：34-38.

沈忠民，王鹏，刘四兵，等．2011．川西拗陷中段天然气轻烃地球化学特征．成都理工大学学报（自然科学版），38（5）：500-506.

施振生，王秀芹，吴长江．2011．四川盆地上三叠统须家河组重矿物特征及物源区意义．天然气地球科学，22（4）：618-627.

施振生，谢武仁，马石玉，等．2012．四川盆地上三叠统须家河组四段-六段海侵沉积记录．古地理学报，14（5）：583-595.

石玉江，肖亮，毛志强，等．2011．低渗透砂岩储层成岩相测井识别方法及其地质意义——以鄂尔多斯盆地姬塬地区长8段储层为例．石油学报，32（5）：820-827.

史基安，卢龙飞，王金鹏，等．2004．天然气运移物理模拟实验及其结果．天然气工业，24（12）：1-3.

宋丽红，朱如凯，朱德升，等．2011．黏土矿物对广安须家河组致密砂岩物性影响．西南石油大学学报（自然科学版），33（2）：73-78.

谭万仓，侯明才，董桂玉，等．2008．川西前陆盆地中侏罗统沙溪庙组沉积体系研究．华东理工大学学报：自然科学版，31（4）：336-343.

唐跃，王靓靓，崔泽宏. 2011. 川中地区上三叠统须家河组气源分析. 地质通报，30（10）：1608-1613.

陶士振，邹才能，陶小晚，等. 2009. 川中须家河组流体包裹体与天然气成藏机理. 矿物岩石地球化学通报，28（1）：2-11.

童晓光，郭彬程，李建忠，等. 2012. 中美致密砂岩气成藏分布异同点比较研究与意义. 中国工程科学，14（6）：9-15.

万天丰. 1993. 中国东部中·新生代板内变形构造应力场及其应用. 北京：地质出版社.

汪少勇，李建忠，李登华，等. 2013. 川中地区公山庙油田侏罗系大安寨段致密油资源潜力分析. 中国地质，40（2）：477-486.

王大洋，王峻. 2010. 川西前陆盆地中侏罗统沙溪庙组沉积相及平面展布特征研究. 四川地质学报，30（3）：255-259.

王二七，孟庆任. 2008. 对龙门山中生代和新生代构造演化的讨论. 中国科学D辑：地球科学，38（10）：1221-1233.

王国亭，何东博，王少飞，等. 2013. 苏里格致密砂岩气田储层岩石孔隙结构及储集性能特征. 石油学报，34（4）：660-666.

王金琪. 1990. 安县构造运动. 石油与天然气地质，11（3）：223-234.

王磊，邹艳荣，魏志福，等. 2012. 四川盆地广安地区须家河组煤生烃过程研究. 天然气地球科学，23（1）：153-160.

王鹏，李瑞，刘叶. 2012. 川西拗陷陆相天然气勘探新思考. 石油实验地质，34（4）：406-411.

王鹏，沈忠民，刘四兵，等. 2013. 四川盆地陆相天然气地球化学特征及对比. 天然气地球科学，24（6）：1186-1195.

王鹏，刘四兵，沈忠民，等. 2016. 四川盆地上三叠统气藏成藏年度及差异. 天然气地球科学，27（1）：50-59.

王欣欣，郑荣才，杨宝泉，等. 2012. 白云凹陷珠江组深水扇成岩作用与成岩相分析. 沉积学报，30（3）：451-460.

王秀平，牟传龙，贡云云，等. 2013. 苏里格气田Z30区块下石盒子组8段储层成岩演化与成岩相. 石油学报，34（5）：883-895.

王允诚，向阳，邓礼正，等. 2006. 油层物理学. 成都：四川科学技术出版社.

吴嘉鹏，陆金波，王英民，等. 2014. 塔里木盆地北部三叠系"二元"层序结构特征及演化模式. 沉积学报，32（2）：325-333.

谢继容，李国辉，唐大海. 2006. 四川盆地上三叠统须家河组物源供给体系分析. 天然气勘探与开发，29（4）：1-3.

徐昉昊，袁海锋，黄素，等. 2012. 川中地区须家河组致密砂岩气成藏机理. 成都理工大学学报（自然科学版），39（2）：158-163.

徐国盛，刘树根，李国蓉，等. 2001. 川西前陆盆地碎屑岩天然气跨层运移过程中的相态演变. 成都理工学院学报，28（4）：383-389.

杨克明. 2006. 川西拗陷须家河组天然气成藏模式探讨. 石油与天然气地质，27（6）：786-793.

杨克明. 2014. 四川盆地"新场运动"特征及其地质意义. 石油实验地质，36（4）：391-397.

杨克明，朱宏权. 2013. 川西叠覆型致密砂岩气区地质特征. 石油实验地质，35（1）：1-8.

杨克明，朱宏权，叶军，等. 2012. 川西致密砂岩气藏地质特征. 北京：科学出版社.

杨映涛，付菊，伍玲，等. 2013. 川西拗陷中段上三叠统须家河组二、四段物源分析. 石油地质与工程，27（6）：26-29.

杨映涛, 李琪, 张世华, 等. 2015. 水溶气脱溶的关键时期研究-以成都凹陷沙溪庙组为例. 岩性油气藏, 27 (3): 56-65.

杨玉祥, 李延钧, 张文济, 等. 2010. 四川盆地泸州西部须家河组天然气成藏期次. 天然气工业, 30 (1): 19-22.

叶军. 2003. 川西拗陷的天然气是深盆气吗? 天然气工业, 23 (S1): 1-5.

叶茂才, 易智强, 李剑波. 2000. 川西拗陷蓬莱镇组沉积体系时空配置规律. 成都理工大学学报, 27 (1): 54-59.

叶素娟, 李嵘, 张世华. 2014a. 川西拗陷中段侏罗系次生气藏地层水化学特征及与油气运聚关系. 石油实验地质, 36 (4): 487-494.

叶素娟, 李嵘, 张庄. 2014b. 川西拗陷中段上侏罗统蓬莱镇组物源及沉积体系研究. 沉积学报, 32 (5): 930-940.

叶素娟, 李嵘, 杨克明, 等. 2015. 川西拗陷叠覆型致密砂岩气区储层特征及定量预测评价. 石油学报, 36 (12): 1484-1494.

印峰, 刘若冰, 王威, 等. 2013a. 四川盆地元坝气田须家河组致密砂岩气地球化学特征及气源分析. 天然气地球科学, 24 (3): 621-627.

印峰, 刘若冰, 秦华. 2013b. 也谈致密砂岩气藏的气源-与戴金星院士商榷. 石油勘探与开发, 40 (1): 125-128.

袁政文, 许化政. 1996. 阿尔伯达深盆气研究. 北京: 石油工业出版社.

张富贵, 刘家铎, 孟万斌. 2010. 川中地区须家河组储层成岩作用与孔隙演化研究. 岩性油气藏, 22 (1): 30-36.

张国生, 赵文智, 杨涛, 等. 2012. 我国致密砂岩气资源潜力、分布与未来发展地位. 中国工程科学, 14 (6): 87-93.

张金川. 2003. 深盆气 (根缘气) 研究进展. 现代地质, 17 (2): 210.

张敏, 黄光辉, 李洪波, 等. 2013. 四川盆地上三叠统须家河组气源岩分子地球化学特征——海侵事件的证据. 中国科学: 地球科学, 43: 72-80.

张胜斌, 王琪, 李小燕, 等. 2009. 川中南河包场须家河组砂岩沉积-成岩作用. 石油学报, 30 (2): 225-231.

张士万, 孟志勇, 郭战峰, 等. 2014. 涪陵地区龙马溪组页岩储层特征及其发育主控因素. 天然气工业, 34 (12): 16-24.

张响响, 邹才能, 陶士振, 等. 2010. 四川盆地广安地区上三叠统须家河组四段低孔渗砂岩成岩相类型划分及半定量评价. 沉积学报, 28 (1): 50-57.

张响响, 邹才能, 朱如凯, 等. 2011. 川中地区上三叠统须家河组储层成岩相. 石油学报, 32 (2): 257-264.

张有瑜, 陶士振, 刘可禹, 等. 2015. 四川盆地须家河组致密砂岩气自生伊利石年龄分布与成藏时代. 石油学报, 36 (11): 1367-1379.

赵靖舟, 付金华, 姚泾利, 等. 2012. 鄂尔多斯盆地准连续型致密砂岩大气田成藏模式. 石油学报, 33 (1): 37-52.

赵文智, 王红军, 徐春春, 等. 2010. 川中地区须家河组天然气藏大范围成藏机理与富集条件. 石油勘探与开发, 37 (2): 146-157.

赵永刚, 陈景山, 蒋裕强, 等. 2006. 低孔低渗裂缝-孔隙型砂岩储层的分类评价——以川中公山庙油田沙一储层为例. 大庆石油地质与开发, 25 (2): 1-5.

郑荣才, 朱如凯, 翟文亮, 等. 2008. 川西类前陆盆地晚三叠世须家河期构造演化及层序充填样式. 中国地质，35（2）：246-255.

郑荣才，戴朝成，朱如凯，等.2009.四川类前陆盆地须家河组层序–岩相古地理特征.地质论评，55（4）：484-495.

朱志军，陈洪德，林良彪，等.2009.川西前陆盆地蓬莱镇组层序、岩相古地理特征及演化.地层学杂志，33（3）：318-325.

邹才能，陶士振，周慧，等.2008.成岩相的形成、分类与定量评价方法.石油勘探与开发，35（5）：526-540.

邹才能，陶士振，袁选俊，等.2009.连续型油气藏形成条件与分布特征.石油学报，30（3）：324-331.

邹才能，朱如凯，白斌，等.2011.中国油气储层中纳米孔首次发现及其科学价值.岩石学报，27（6）：1857-1864.

Beard D C, Weyl P K. 1973. Influence of texture on porosity and permeability of unconsolidated sand. AAPG Bulletin, 57（2）：349-369.

Ehrenberg S N. 1989. Assessing the relative importance of compaction process and cementation to reduction of porosity in sandstones；discussion；compaction and porosity evolution of Pliocene sandstones, Ventura Basin, California；discussion. AAPG Bulletin, 73（10）：1274-1276.

Ehrenberg S N. 1995. Measuring sandstone compaction from modal analysis of thin sections：How to do it and what the results mean. Journal of Sedimentary Research, 65A（2）：369-379.

Engelder T, Lash G G, Uzcategui R S. 2009. Joint sets that enhance production from Middle and Upper Devonian gas shales of the Appalachian Basin. AAPG Bulletin, 93（7）：857-889.

Holditch S H. 2006. Tight gas sands. Journal of Petroleum Technology, 58（6）：86-93.

Houseknecht D W. 1987. Assessing the relative importance of compaction processes and cementation to reduction of porosity in sandstones. AAPG Bulletin, 71（6）：633-642.

Lash G G, Engelder T. 2009. Tracking the burial and tectonic history of Devonian shale of the Appalachian Basin by analysis of joint intersection style. Geological Society of America Bulletin, 121（1-2）：265-277.

Lü Z X, Ye S J, Yang X, et al. 2015. Quantification and timing of porosity evolution in tight sand gas reservoirs：An example from the Middle Jurassic Shaximiao Formation, western Sichuan. Petroleum Science, 12（2）：207-217.

Masters J A. 1979. Deep basin gas trap, Western Canada. AAPG, 63（2）：152-181.

Morad S, Al-Ramadan K, Ketzer J M, et al. 2010. The impact of diagenesis on the heterogeneity of sandstone reservoirs：A review of the role of depositional facies and sequence stratigraphy. AAPG Bulletin, 94（8）：1267-1309.

Prinzhofer A, Battani A. 2003. Gas isotope tracing：An important tool for hydrocarbon exploration. Oil & Gas Science and Technology, 58（2）：299-311.

Prinzhofer A, Mello R M, Takaki T. 2000. Geochemical characterization of natural gas：A physical multivariable approach and its application in maturity and migration estimates. AAPG Bulletin, 84（8）：1152-1172.

Schmoker J W. 1995. National assessment report of USA oil and gas resources. Reston：USGS.

Su N, Zou L, Shen X, et al. 2014. Fracture patterns in successive folding in the western Sichuan basin, China. Journal of Asian Earth Sciences, 81：65-76.